"十二五"职业教育
国家规划教材修订版

高等职业教育机械类
新形态一体化教材

机械制图

U0610165

（SolidWorks 版）（第五版）

主编 刘力 王冰

高等教育出版社·北京

内容提要

　　本书是在"十二五"职业教育国家规划教材的基础上修订而成的,适用于高等职业院校(本科和专科)各专业机械制图课程教学,教材体系采用传统制图与计算机绘图融合形式,主要内容包括:制图的基本知识与技能,SolidWorks 绘图基础,点、直线和平面的投影,立体的投影,组合体,机件的基本表示方法,常用机件及结构要素的特殊表示法,零件图,装配图。

　　全书采用了我国最新颁布的《技术制图》与《机械制图》国家标准及与制图有关的其他国家标准,计算机绘图部分采用 SolidWorks 2013 中文版编写。与本书配套的习题集同时出版。

　　授课教师如需要本书配套的教学课件资源,可发送邮件至邮箱 *gzjx@pub.hep.cn* 索取。

　　本书可作为高等职业院校及成人院校机械类各专业机械制图课程的教材,也可供有关的工程技术人员参考。

　　本书第一版荣获 2002 年全国高等学校优秀教材二等奖。

图书在版编目(CIP)数据

　　机械制图:SolidWorks 版 / 刘力,王冰主编.--5 版.--北京:高等教育出版社,2022.9(2025.5 重印)
　　ISBN 978-7-04-055829-6

　　Ⅰ.①机…　Ⅱ.①刘…②王…　Ⅲ.①机械制图-高等职业教育-教材　Ⅳ.①TH126

　　中国版本图书馆 CIP 数据核字(2021)第 036592 号

机械制图(SolidWorks 版)(第 5 版)
JIXIE ZHITU(SolidWorks BAN)

策划编辑　张　璋	责任编辑　张　璋	封面设计　张志奇		版式设计　马　云
插图绘制　邓　超	责任校对　王　雨	责任印制　存　怡		

出版发行	高等教育出版社	网　　址	http://www.hep.edu.cn
社　　址	北京市西城区德外大街 4 号		http://www.hep.com.cn
邮政编码	100120	网上订购	http://www.hepmall.com.cn
印　　刷	北京华联印刷有限公司		http://www.hepmall.com
开　　本	787mm×1092mm　1/16		http://www.hepmall.cn
印　　张	21.75	版　　次	2013 年 7 月第 1 版
字　　数	520 千字		2022 年 9 月第 5 版
购书热线	010-58581118	印　　次	2025 年 5 月第 3 次印刷
咨询电话	400-810-0598	定　　价	48.80 元

第 五 版 序

本书是刘力、王冰主编的《机械制图》(第四版)的修订版。根据当前工程图学、计算机绘图软件和 3D 设计软件的发展趋势,结合目前高等职业教育的学情,在保留第四版基本结构的前提下,主要在以下几个方面进行了修订:

1. 将机械制图和 3D 设计软件 SolidWorks 相结合组织教学。SolidWorks 软件简单易学,其直观高效的建模特点、强大的二维工程图功能、遵从形体分析法的逻辑建模步骤,都对传统的机械制图教学内容有很大帮助。现代机械设计制造的逻辑步骤是:先利用计算机建模软件进行 3D 设计生成模型,再生成数字代码输入数字制造设备生产零件;或建模后生产 3D 打印文档,由 3D 打印机打印出模型;或建模后由 3D 模型生成 2D 工程图,再用传统生成方法生产零件。由此可见,将机械制图和 3D 设计软件结合起来进行教学,是适应现代设计制造技术发展方向的。

2. 本书删除了第 6 章轴测图及三维建模。原因是 AutoCAD 的三维建模能力没有 Solid-Works 的建模能力强大,而且不如 SolidWorks 简单易学。另外,利用 3D 软件建模后能直接生成轴测图,现代工程技术人员绘制轴测图的机会越来越少,对于稍微复杂一些的零件,绘制轴测图也是一个非常费时和困难的工作。对于"通过绘制轴测图培养学生空间想象能力"的观点本书作者不认可,如果能画出轴测图,那一定能画出三视图,因为轴测图比三视图难画。基于上述原因删除了这些内容。

3. 本书的重点和难点增加了二维码微课视频,同时增加了部分模型的三维动画,使得教材内容和形态更加丰富。

4. 修订了插图的润饰方法和技术。

本书由刘力、王冰担任主编。河北石油职业技术大学王冰对绪论(原作者刘力)、第 1 章(原作者肖华星)、第 3 章(原作者戎斌辉)、第 4 章(原作者谢阳)、第 5 章(原作者叶煜松)、第 6 章(原作者杨涤)、第 7~9 章(原作者王冰)、附录(原作者刘力)进行了修订,并编写了第 2 章,全书由王冰统稿。

参与本书配套多媒体资源制作的有(按姓氏笔画排序)于建国、王国永、李莉、段红波、谢颖。

限于作者的水平和能力,书中难免存在疏漏和不足,恳请使用本书的师生以及其他读者批评指正。

河北石油职业技术大学　王冰
2022 年 2 月

第 四 版 序

本书是刘力主编的《机械制图》(第 3 版)的修订版。本次修订是为了适应当前科学技术的发展以及本课程的教学现状和教学改革发展趋势,本版在保留前几版特色和基本结构不变的基础上,主要在以下几方面进行修订:

1. 本着精益求精的原则,力求打造精品。对全书进行了认真的修订,对部分文字内容进行了梳理。

2. 力求与国家标准《技术制图》《机械制图》以及相关国家标准规定同步。

3. 计算机绘图部分采用 AutoCAD 2012 中文版编写。

4. 对插图进行套红和润色处理,提高教材质量。

5. 同步开发有与教材相配套的助学、助教课件,学习指导等相关教学资源。

本书由刘力、王冰任主编。参加本次修订工作的有:肖华星(第 1 章)、刘力(绪论、第 2章、第 6 章、附录)、戎斌辉(第 3 章)、谢阳(第 4 章)、叶煜松(第 5 章)、杨涤(第 7 章)、王冰(第 8 章、第 9 章、第 10 章)。全书由刘力统稿。

本书由同济大学何铭新教授及江苏理工学院王槐德教授审阅,两位教授在百忙之中认真审阅,对本书提出了许多宝贵的意见和建议,编者在此致以衷心的感谢。

限于水平和能力,疏漏及不当之处在所难免,恳请使用本书的师生以及其他读者批评指正。

编者
2013 年 4 月

第 三 版 序

　　本书是普通高等教育"十一五"国家级规划教材。本次修订仍以《教育部关于加强高职高专教育人才培养工作的意见》为指导。本书作为立体化教材包的主教材,与之相配套的还有助学、助教课件,学习指导等相关教材。

　　本次修订工作广泛吸取了近年来教学经验和兄弟院校对教材前两版的使用意见以及部分专家对本教材的修订意见,在全面贯彻最新国家标准的基础上进行的。本次修订保持了前两版的编写格局,主要做了以下几方面的工作:

　　1. 力求与国家标准《技术制图》《机械制图》及与机械制图相关最新国家标准的规定同步。

　　2. 计算机绘图部分采用 AutoCAD 2008 中文版编写。

　　3. 重新绘制了部分插图。

　　4. 删去部分不常用的内容。

　　本书由刘力担任主编,王冰担任副主编,参加本次修订工作的成员有肖华星(第1章)、刘力(第2章、第6章)、戎斌辉(第3章)、谢阳(第4章)、叶煜松(第5章)、杨涤(第7章)、王冰(第8章、第9章、第10章)。全书由刘力统稿。

　　本书由高等教育出版社聘请《机械制图》国家标准的主要起草人——江苏技术师范学院王槐德教授、江苏大学卢章平教授审阅,两位教授在百忙之中认真审阅了本书,提出了许多宝贵的意见和建议,特别是在贯彻国家标准方面给予了具体的指导,对提高本版编写质量起到了很大的作用,作者在此致以衷心的感谢。

　　本次再版,作者努力使之更加适用,但限于我们的水平和能力,书中难免仍有缺点和错误,恳请使用本书的师生以及其他读者批评指正。

编者

2008 年 2 月

第 二 版 序

本书是普通高等教育"十五"国家级规划教材(高职高专教育),是"机械制图"课程主体化教学包的主教材,与之相配套的还有习题集,助学、助教课件,学习指导等。

本次修订仍以《教育部关于加强高职高专教育人才培养工作的意见》为指导,是在广泛吸取近年来的教学经验和兄弟院校对教材第一版的使用意见以及部分专家对本教材的修订意见,在全面贯彻最新国家标准的基础上进行的。本次修订仍保持第一版的编写格局,主要在以下几方面进行修订:

1. 力求与国家标准《技术制图》《机械制图》以及与机械制图相关国家标准规定同步,相关术语、定义都按新标准统一表述,图例、标记、附录等也做了相应修改。

2. 计算机绘图部分采用 AutoCAD 2002 中文版。

3. 重新绘制了部分插图。

本书由刘力任主编,王冰任副主编。参加本次修订工作的仍为第一版的全体编写人员,即刘力(第 2 章、第 6 章、附录)、王冰(第 8~10 章)、肖华星(第 1 章)、戎斌辉(第 3 章)、谢阳(第 4 章)、叶煜松(第 5 章)、杨涤(第 7 章)。全书由刘力统稿。

本书由国家标准《机械制图》的主要起草人——江苏技术师范学院王槐德教授审阅,王教授对本书提出了许多宝贵的意见和建议,特别是在贯彻国标方面给予了具体的指导,对提高教材质量起到了很大的作用,作者在此致以衷心的感谢。

限于我们的水平和能力,书中仍难免有缺点和错误,恳请使用本书的师生以及其他读者批评指正。

编者

2004 年 1 月

目　　录

I

目录

绪　　论

1. 课程的性质与地位

本课程是学习绘制和阅读机械图样的理论、方法和技术的一门技术基础课,是从事工程项目必须掌握的一门课程。

图样在表达设计思想,以及描绘物体形状、大小、精度等性质方面,具有语言和文字无法相比的形象、直观之优势。图 0-1 是机械产品设计与样机制作流程图,由该图可以看出,图样是产品设计与制造过程中不可缺少的技术资料。从规划整体设计、构思草案图、计划图到零件草图、零件建模、工程图、样机制作与试验等,在设计的各个阶段都离不开图样。

　　　　　　（过程）　　　　　　　　　　（结果）

整体规划→规划书:说明产品开发的意义、内容、费用等

设计计划→ { 设计规划书:说明产品整体设计工作的规划文件
　　　　　　 设计规格书:说明产品基本性能和参数的文件

草案图阶段→草案图:将最初构思表示成产品示意图形式

计划图阶段→ { 计划图:描绘产品全部信息数据的装配草图
　　　　　　　 设计书:说明产品参数、结构等数据的计算和选择依据的文件

零件草图阶段→ { 根据装配草图绘制全部非标准件的零件草图,选择标准件的型号
　　　　　　　　 零件表:标准件和非标准件零件明细栏

建模阶段→ { 零件模型:用 3D 设计软件(如 SolidWorks 软件)绘制零件模型
　　　　　　 装配体模型:用 3D 设计软件绘制装配体模型
　　　　　　 产品工作原理:用 3D 设计软件模拟产品的工作原理和运动情况

工程图阶段→用 3D 设计软件生成全部零件的零件图图样和装配图图样

样机制作阶段→ { 加工指导书:编制产品的加工作业指导文件、毛坯图、工序图等
　　　　　　　　 加工生产:由生产部门组织生产样机

样机试验阶段→ { 检查样机的性能和工作情况
　　　　　　　　 反馈修改意见
　　　　　　　　 修改设计方案,定型产品设计方案,更新全部技术文件

图 0-1　机械产品设计与样机制作流程图

由上图可以看出图样在设计阶段可以表达设计意图,在产品生产阶段又是加工和检验的重要依据。因此工程技术图样被称为工程界共同的技术语言,作为工程技术人员必须很好地掌握它。

2. 课程目的

工程技术图样应满足以下几个要求:

① 图样必须唯一准确地反映物体的形状,图样和物体必须是一一对应关系,不能产生歧义。

② 图样要具有一定的直观性,能够容易看懂表达的内容。

③ 图样要具有一定的度量性,根据图样能方便地确定物体各部分尺寸和比例。

④ 图样应容易绘制。

为满足上述要求,绘制工程技术图样,需要用科学的理论与方法指导,并有严密的统一标准。

通过本课程的学习,将使学生初步掌握绘制与阅读机械图样的理论和方法,掌握绘图技能并具备相应的空间想象力。

3. 课程任务

① 学习投影法(主要是正投影法)的基本理论及其应用。

② 学习、贯彻技术制图与机械制图国家标准及其有关规定。

③ 培养仪器绘图和徒手画图的能力。

④ 培养利用计算机软件绘制三维模型和生成工程图的能力。

⑤ 培养阅读机械图样的基本能力。

⑥ 培养空间想象力和构思能力。

⑦ 培养认真负责的工作态度和严谨细致的工作作风。

4. 课程内容

① 制图基础:制图基本知识与技能,SoildWorks绘图基础,点、直线和平面的投影,立体的投影,组合体,机件的基本表示法等。

② 机械制图:常用机件及结构要素的特殊表示法,零件图,装配图。

5. 学习方法

机械制图是用一组二维视图表示三维物体的课程,因此,要求学生必须具备一定的空间想象能力和逻辑思维能力。空间想象能力的培养要通过对制图投影理论的学习来培养,特别是要深刻理解三视图的形成及其投影规律,以及组成物体的几何元素点、线(直线和曲线)、面(平面和曲面)的投影。学习任何一个学科都要用到逻辑思维能力,逻辑思维能力在学习机械制图时尤其重要,绘图、读图和尺寸标注的基本方法是形体分析法,形体分析法的基本原理就是按照物体的生成过程进行绘图、读图和尺寸标注。所以,深刻理解形体分析法是培养逻辑思维能力有效途径,也是学好机械制图的有效方法。

随着计算机绘图软件的发展,特别是计算机三维建模技术的发展,机械制图的教学方法和学习方法都发生了很大变化,在学习机械制图时,可以通过创建三维模型培养读图能力和理解形体分析法,在由三维模型生成工程图的过程中既能掌握《机械制图》国家标准的相关规定,又能加深对投影理论的理解(如截交线和相贯线的投影),所以,在学习本课程时,既要重视仪器绘图、手绘草图,也要重视计算机三维建模软件(SolidWorks)的学习。

机械制图是一门既有理论又有实践的课程,不动手画图,只听教师讲课是学不好机械制图的,所以,认真完成习题集中的作业也是学好本课程的基本保证。

《机械制图》国家标准是机械图样的规范性文件,在学习相关《机械制图》国家标准的相关内容时,不用死记硬背,可以通过随用随查的办法学习,常用的标准经常查阅就记住了,不常用的标准知道有这个规定即可。在学习机械制图的过程中,要注意培养严谨、认真、耐心、细心的工作作风,要培养工程意识,用对待工程项目的心态完成制图作业。

6. 本书参考学时分配(推荐)

本书内容比较全面,适用于机械类、近机类等专业的学习,在实际教学中,授课教师可根据各专业的特点和需求选择相关的模块。本书的参考学时分配表(推荐)见下表。

参考学时分配表(推荐)

序号	授课内容	学时分配		
		理论课	实践课	小计
1	绪论及制图的基本知识与技能	6	2~4	8~10
2	SolidWorks 绘图基础	8	8	16
3	点、直线和平面的投影	6~8	2	8~10
4	立体的投影	8~10	2~4	10~14
5	组合体	8~10	4~8	12~18
6	机件的基本表示法	8~10	4~8	12~18
7	常用机件及结构要素的特殊表示法	6~8	2~4	8~12
8	零件图	6~8	4~8	10~16
9	装配图	6~8	4~8	10~16
合计		62~76	32~54	94~130

表中实践课含:习题课、上机实践、画图课等,理论课与实践课可根据学时灵活分配、穿插进行。如果 SolidWorks 单独设课,则相应章节内容学时数可以适当减少。本表中不含集中测绘实践周学时。

第1章

1

制图的基本知识与技能

学习目标和要求

1. 掌握国家标准中关于图纸幅面的大小和格式；制图字体的书写规则；比例的概念及用法；图线的种类；线型的画法及应用；尺寸标注的基本规则及标注方法。
2. 能正确使用常用绘图工具和仪器。
3. 掌握平面图形线段和尺寸分析及作图方法，能正确抄画平面图形。
4. 学会徒手绘图的基本方法。

重点和难点

1. 国家标准基本规定中：线型的画法及应用；标注尺寸的基本规则及标注方法。
2. 圆弧连接的作图方法。
3. 平面图形的作图方法（包括尺寸、线段分析和作图顺序）。

图样是生产过程中的重要技术资料和主要依据。要完整、清晰、准确地绘制出机械图样，除了需要有耐心细致和认真负责的工作态度外，还要求掌握正确的作图方法，能熟练地使用绘图工具。同时还必须遵守国家标准《技术制图》《机械制图》和《CAD 制图规则》等中的各项规定。本章主要介绍国家标准《技术制图》与《机械制图》中的基本规定，制图工具及仪器的使用，几何作图及平面图形尺寸分析、画图方法等。

1.1 国家标准《技术制图》和《机械制图》的基本规定

为了便于技术交流、档案保存和各种出版物的发行，使制图规格和方法统一，原国家质量监督检验检疫总局颁布了一系列有关制图的国家标准（简称"国标"）。在绘制技术图样时，必须掌握和遵守有关的规定。本节主要介绍图幅和格式、标题栏、复制图折叠方法、比例、字体、图线、尺寸注法等基本规定，其他有关标准将在以后的相关章节中介绍。

1.1.1 图纸幅面和格式（GB/T 14689—2008）

1. 图纸幅面尺寸

绘制技术图样时，应优先采用表 1-1 规定的图纸基本幅面尺寸。必要时也允许加长幅面,但应按基本幅面的短边整数倍增加。各种基本幅面和加长幅面如图 1-1 所示,其中粗实线部分为基本幅面(第一选择);细实线部分为第二选择的加长幅面;细虚线为第三选择的加长幅面。加长后幅面代号记作:基本幅面代号×倍数。如 A3×3,表示按 A3 图幅短边 297 mm 的 3 倍,即加长后图纸尺寸为 420 mm×891 mm。

表 1-1 图纸基本幅面尺寸   mm

幅面代号		A0	A1	A2	A3	A4
尺寸 $B×L$		841×118 9	594×841	420×594	297×420	210×297
图框	a	25				
	c	10			5	
	e	20		10		

基本幅面图纸中,A0 幅面为 1 m^2,长边是短边的 $\sqrt{2}$ 倍,因此 A0 图纸长边 $L = 1\ 189$ mm,短边 $B = 841$ mm,A1 图纸的面积是 A0 的 50%,A2 图纸的面积是 A1 的 50%,其余依次类推,其关系如图 1-1 所示。

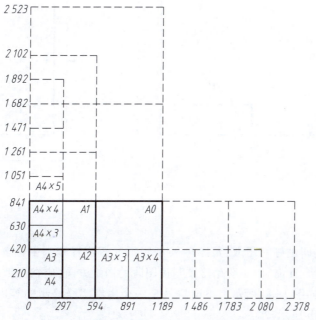

图 1-1 基本幅面尺寸关系及加长幅面尺寸

2. 图框格式和尺寸

在图纸上必须用粗实线画出图框。图框有两种格式:不留装订边和留有装订边。同一产品中所有图样均应采用同一种格式。两种格式如图 1-2 所示,尺寸按表 1-1 的规定画出。加长幅面的图框尺寸,按所选用的基本幅面大一号的周边尺寸确定。

为了使图样复制和缩微摄影时定位方便,应在图纸各边长的中点处分别画出对中符号。对中符号用粗实线绘制,线宽不小于 0.5 mm,长度从纸边界开始至伸入图框内约 5 mm,当对中符号处于标题栏范围内时,则伸入标题栏部分省略不画,如图 1-3 所示。

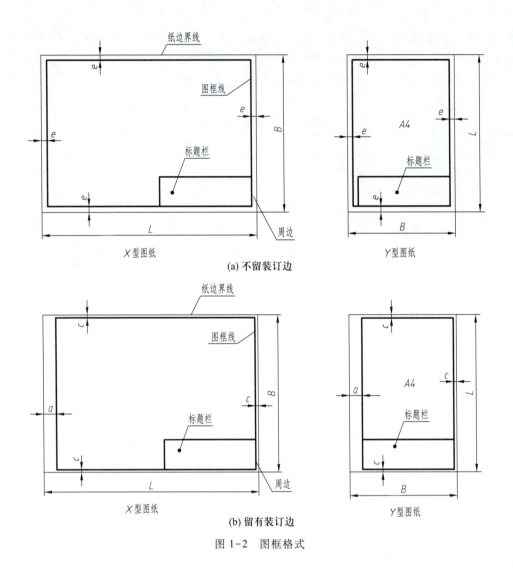

(a) 不留装订边

(b) 留有装订边

图 1-2 图框格式

为了利用预先印制好的图纸,允许将 X 型图纸的短边置于水平位置,或将 Y 型图纸的长边置于水平位置。此时,为了明确绘图与读图时的图纸方向,应在图纸下边对中符号处加画一个方向符号,如图 1-4a 所示。方向符号是一个用细实线绘制的等边三角形,其大小及所在位置如图 1-4b 所示。

1.1.2 标题栏(GB/T 10609.1—2008)

为使绘制的图样便于管理及查阅,每张图都必须有标题栏。通常,标题栏应位于图框的右下角,若标题栏的长边置于水平方向并与图纸长边平行时,则构成 X 型图纸;若标题栏的长边垂直于图纸长边时,则构成 Y 型图纸,如图 1-2 所示。读图的方向应与标题栏的方向一致。

GB/T 10609.1—2008《技术制图 标题栏》规定了两种标题栏分区型式,如图 1-5 所示。推荐使用如图 1-5a 所示型式,该型式标题栏的格式、分栏及尺寸如图 1-6 所示。

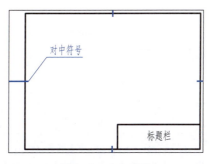

图 1-3 对中符号

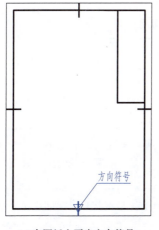

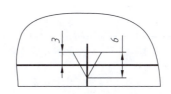

(a) 在图纸上画出方向符号   (b) 方向符号的大小与位置

图 1-4 方向符号

扫一扫
标题栏的格式、分栏及尺寸

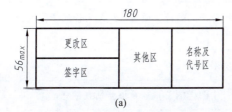

(a)   (b)

图 1-5 标题栏分区型式

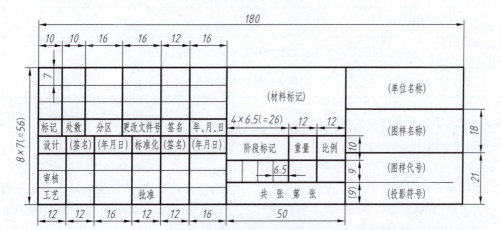

图 1-6 标题栏格式、分栏及尺寸

标题栏填写要求见表 1-2。

表 1-2　标题栏填写要求

区名		填写要求
更改区	标记	按有关规定或要求填写更改标记
	处数	填写同一标记所表示的更改数量
	分区	图纸有分区时,行用数字表示,列用大写拉丁字母表示,如 B3
	更改文件号	填写更改所依据的文件号
	签名和年月日	更改人姓名和更改时间
签字区	设计	设计人员签名、时间
	审核	审核人员签名、时间
	工艺	工艺人员签名、时间
	标准化	标准化人员签名、时间
	批准	批准人员签名、时间
其他区	材料标记	对于需要该项目的图样一般应按相应标准或规定填写所使用材料的标记
	阶段标记	按有关规定从左到右填写图样的各生产阶段标记(S、A、B)
	质量	填写所绘制图样相应产品的计算质量,以 kg 为计量单位时,允许不写计量单位
	比例	填写绘制图样时所采用的比例
	共×张　第×张	填写同一图样代号中图样的总张数及该张所在的张次
名称与代号区	单位名称	填写绘制图样单位的名称或单位代号,必要时,也可不填写
	图样名称	填写所绘制对象的名称
	图样代号	按有关标准或规定填写图样的代号
	投影符号	第一角画法或第三角画法的投影识别符号

1.1.3　复制图的折叠方法（GB/T 10609.3—2009）

　　GB/T 10609.3—2009 规定了复制图的折叠方法,折叠后的图纸幅面应是基本图幅的一种,一般是 A4 或 A3 大小,以便放入文件袋或装订成册保存。折叠时图纸正面应折向外方,并以手风琴式的方法折叠。折叠后的图纸,应使标题栏在右下外面,以便查阅。图纸折叠方法按要求可分为需要装订和不需装订两种形式。表 1-3 列出不需装订成册的复制图折成 A4 幅面的方法,图中折线旁边的数字表示折叠的顺序。

表 1-3 复制图的折叠方法

图幅	标题栏方位	
	在复制图的长边上	在复制图的短边上
A0		
A1		
A2		
A3		

1.1.4　比例（GB/T 14690—1993）

比例是指图中图形与其实物相应要素的线性尺寸之比。比例分为原值、缩小、放大三种。画图时,应尽量采用 1∶1 的比例画图。必要时也可以选用其他比例画图,但所用比例应符合表 1-4 中规定的系列。不论缩小或放大比例绘图,在图样上标注的尺寸均为机件设计要求的尺寸,而与比例无关,如图 1-7 所示。比例一般应注写在标题栏中的比例栏内。必要时,可在视图名称的下方或右侧标注比例。

表 1-4　比 例 系 列

种类	比例	
	第一系列	第二系列
原值比例	1∶1	
缩小比例	1∶2　1∶5　1∶10^n　1∶$2×10^n$ 1∶$5×10^n$	1∶1.5　1∶2.5　1∶3　1∶4　1∶6 1∶$1.5×10^n$　1∶$2.5×10^n$　1∶$3×10^n$　1∶$4×10^n$　1∶$6×10^n$
放大比例	2∶1　5∶1 1×10^n∶1　2×10^n∶1　5×10^n∶1	2.5∶1　4∶1 2.5×10^n∶1　4×10^n∶1

注:n 为正整数。

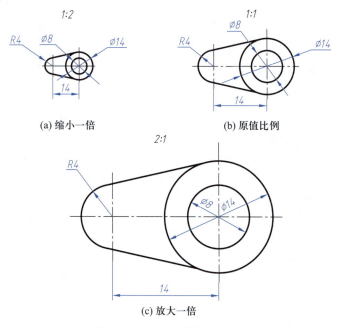

(a) 缩小一倍　　(b) 原值比例

(c) 放大一倍

图 1-7　用不同比例画出的图形

1.1.5　字体（GB/T 14691—1993）

在图样中除了表达机件形状的图形外,还应有必要的文字、数字、字母,以说明机件的大小、技术要求等。字的大小应按字号规定选用,字体号数代表字体的高度。高度(h)尺寸为 1.8 mm,2.5 mm,3.5 mm,5 mm,7 mm,10 mm,14 mm,20 mm,字体高度均按$\sqrt{2}$的比率递增。

1. 汉字

图样上的汉字应采用长仿宋体。写汉字时字号不能小于 3.5,字宽一般为 $h/\sqrt{2}$。
长仿宋体汉字的特点是:横平竖直,起落有锋,粗细一致,结构匀称,如图 1-8 所示。

10号字

字体工整 笔画清楚 间隔均匀 排列整齐

7号字

横平竖直 注意起落 结构均匀 填满方格

5号字

技术制图机械电子汽车船舶土木建筑矿山井坑港口纺织服装

图 1-8　长仿宋体汉字示例

2. 字母和数字

在图样中,字母和数字可写成斜体或直体,斜体向右倾斜,与水平基准线成 75°。在技术文件中字母和数字一般写成斜体。字母和数字分 A 型和 B 型,B 型的笔画宽度比 A 型宽,我国采用 B 型。用作指数、分数、极限偏差、注脚的数字及字母,一般应采用小一号字体。如图 1-9 所示是字母和数字的书写示例。

B型大写斜体

ABCDEFGHIJKLMNOP

QRSTUVWXYZ

B型小写斜体

abcdefghijklmnopq

rstuvwxyz

B型斜体

0123456789

B型直体

0123456789

图 1-9　字母和数字的书写示例

1.1.6　图线（GB/T 4457.4—2002 和 GB/T 17450—1998）

等同采用国际标准 ISO 128—20∶1996，1998 年我国发布了国家标准《技术制图　图线》（GB/T 17450—1998），规定了 15 种图线的基本线型。

基本线型适用于各种技术图样，各技术领域也有各自的图线应用规定。《机械制图　图样画法　图线》（GB/T 4457.4—2002）中规定了机械图样中选用的 4 种基本线型及其应用场合。表 1-5 列出的是机械制图中使用的由 4 种基本线型派生出的 9 种图线，常用图线应用示例如图 1-10 所示。

表 1-5　机械制图的图线型式及应用

序号	代码 No.	图线名称	图线型式	一般应用
1	01.1	细实线		过渡线、尺寸线、尺寸界线、剖面线、重合断面的轮廓线、指引线、螺纹牙底线及辅助线等
2		波浪线		断裂处的边界线；视图与剖视图的分界线
3		双折线		断裂处的边界线；视图与剖视图的分界线
4	01.2	粗实线		可见轮廓线；表示剖切面起讫和转折的剖切符号
5	02.1	细虚线		不可见轮廓线
6	02.2	粗虚线		允许表面处理的表示线
7	04.1	细点画线		轴线、对称中心线、剖切线等
8	04.2	粗点画线		限定范围表示线
9	05.1	细双点画线		相邻辅助零件的轮廓线、可动零件极限位置的轮廓线、轨迹线、中断线等

注：1. 表中 d 为线宽代号，可分别表示细线或者粗线线宽，d 的数值应按图样的类型和尺寸大小在下列数系中选取：0.13 mm，0.18 mm，0.25 mm，0.35 mm，0.5 mm，0.7 mm，1.0 mm，1.4 mm，2 mm。

2. 机械图样采用的线型分粗、细两种线宽，其宽度比为 2∶1，线型"代码"中小数点前为基本线型代码，小数点后"1"表示细线，"2"表示粗线。GB/T 4457.4—2002 中规定优先采用粗（细）线线宽分别为"0.5（0.25）mm 和 0.7（0.35）mm"两种组别线宽。

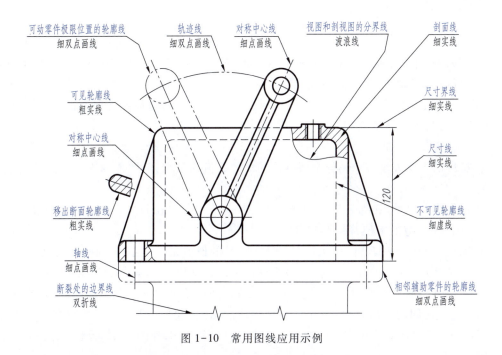

图 1-10　常用图线应用示例

手工绘制图样时,应注意:

① 同一图样中同类图线的宽度应基本一致。细虚线、细点画线及细双点画线的线段长度和间隔应各自大致相同。

② 两条平行线之间的距离应不小于粗实线的两倍宽度,其最小距离不得小于 0.7 mm。

③ 绘制圆的对称中心线时,圆心应为画线的交点,且要超出图形的轮廓线约 3~5 mm,如图 1-11 所示。

④ 在较小的图形上绘制细点画线和细双点画线有困难时,可用细实线代替。

⑤ 细虚线与细虚线相交或细虚线与其他线相交,应在画线处相交。当细虚线处在粗实线的延长线上时,粗实线应画到分界点而细虚线应留有空隙;当细虚线圆弧与细虚线直线相切时,细虚线圆弧应画到切点,而细虚线直线应留有空隙,如图 1-12 所示。

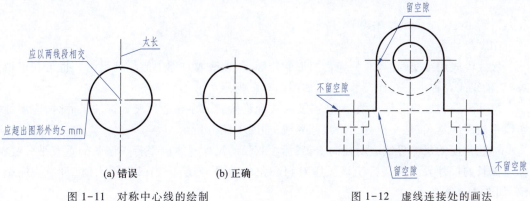

图 1-11　对称中心线的绘制　　　　图 1-12　虚线连接处的画法

1.1.7　尺寸注法（GB/T 4458.4—2003、GB/T 16675.2—2012）

在机械图样中,图形只是表达了零件的形状,若要表示实际大小,则必须在图样上标注尺寸。尺寸是加工制造零件的主要依据,不能有任何差错。如果尺寸标注错误、不完整或不合理,将给加工、检验带来困难,甚至在实际生产中产生废品而造成经济损失,所以尺寸标注必须遵守国标标准的相关规定。

1. 标注尺寸的基本规则

① 机件的真实大小应以图样上所标注的尺寸数值为依据,与图形的大小及绘图的准确性无关。

② 图样中的尺寸以 mm(毫米)为单位时,不需标注其单位符号(或名称),如采用其他单位,则应注明相应的单位符号。

③ 图样中所标注的尺寸,应为该图样所示机件的最后完工尺寸,否则应另附说明。

④ 机件的每一尺寸,一般只标注一次,并应标注在反映该结构最清晰的图形上。

此外,为了使标注的尺寸清晰易读,标注尺寸时可按下列尺寸绘制:尺寸线到轮廓线、尺寸线和尺寸线之间的距离取 6~10 mm,尺寸界线超出尺寸线 2~3 mm,尺寸数字一般为 3.5 号字,箭头长度≥6d(d 为粗实线的宽度),箭头尾部宽度为 d,如图 1-13 所示。

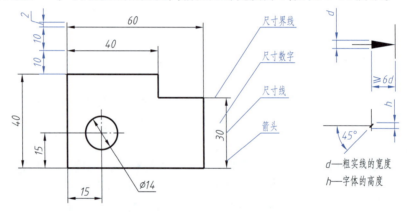

图 1-13　尺寸标注

2. 尺寸界线、尺寸线和尺寸数字

（1）尺寸界线

尺寸界线用细实线绘制,并应由图形的轮廓线、轴线或对称中心线处引出。也可利用轮廓线、轴线或对称中心线作尺寸界线,如图 1-14a 所示。

尺寸界线一般应与尺寸线垂直,必要时才允许倾斜。在光滑过渡处标注尺寸时,应用细实线将轮廓线延长,从交点处引出尺寸界线,如图 1-14b 所示。

标注角度的尺寸界线应沿径向引出;标注弦长的尺寸界线应平行于该弦的垂直平分线;标注弧长的尺寸界线应平行于该弧所对圆心角的角平分线,但当弧度较大时,可沿径向引出,如图 1-14c 所示。

（2）尺寸线

尺寸线用细实线绘制,尺寸线终端有箭头和斜线两种形式,如图 1-13 所示。箭头适用于

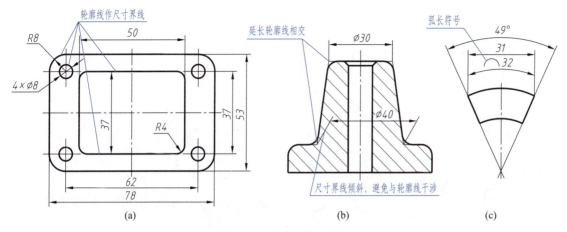

图 1-14　尺寸界线的画法

各种类型的图样,斜线只适用于尺寸线和尺寸界线垂直的图样。当尺寸线与尺寸界线垂直时,同一张图样中只能采用一种尺寸线终端形式。机械图样中一般采用箭头作为尺寸线终端。

　　标注线性尺寸时,尺寸线应与所注的线段平行。需要特别注意的是:尺寸线不能用其他图线代替,一般也不得与其他图线重合或画在其延长线上。

　　圆和圆弧的直径或半径的尺寸线终端应画成箭头,并按图 1-15a 所示的方法标注。当圆弧的半径过大或在图纸范围内无法标出其圆心位置(或不需要标出其圆心位置)时,可按图 1-15b 所示的方法标注。当对称机件的图形只画出一半时,尺寸线应略超过对称中心线,此时仅在尺寸线的一端画出箭头,如图 1-15c 所示。

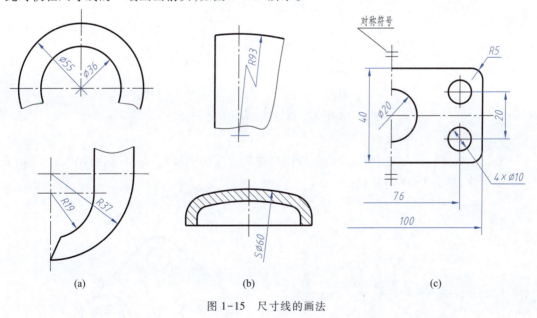

图 1-15　尺寸线的画法

　　在没有足够的位置画箭头或注写数字时,可按图 1-16 所示的形式标注,此时,允许用圆点或斜线代替箭头。

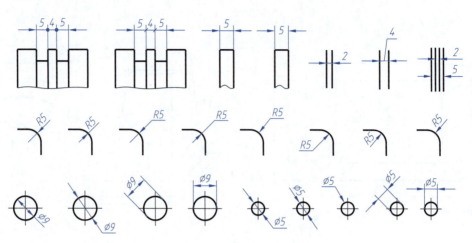

图 1-16　小尺寸的注法

（3）尺寸数字

　　线性尺寸数字的方向按图 1-17a 所示的方法标注，并尽可能避免在图示 30°范围内标注尺寸，当无法避免时应按图 1-17b 所示的方法标注。

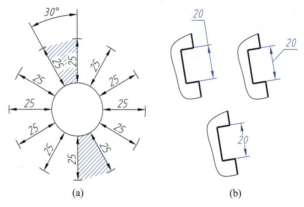

图 1-17　线性尺寸数字的方向

　　角度的数字一律写成水平方向，一般注写在尺寸线的中断处，也可写在尺寸线的上方，或引出标注，如图 1-18 所示。

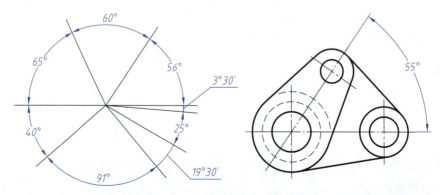

图 1-18　角度的数字注写方法

需要注意的是,尺寸数字不可被任何图线穿过,否则应将图线断开,如图 1-14b 所示剖面线的画法,如图 1-15c 所示的对称中心线画法,如图 1-17a 所示的剖面线画法。

3. 标注尺寸的符号和缩写词

标注尺寸时,应尽可能使用符号和缩写词,常用的符号、缩写词及注法图例见表 1-6。

表 1-6 标注尺寸的符号和缩写词

含义	符号或缩写词	图例	说明
直径	ϕ		圆心角大于 180° 时,要标注圆的直径,且尺寸数字前加"ϕ",结构相同的圆的直径注写"数量×ϕ"
半径	R		圆心角小于等于 180° 时,要标注圆的半径,且尺寸数字前加"R"
球面	S		标注球面直径或半径尺寸时,应在符号"ϕ"或"R"前再加符号"S"
厚度	t		标注板状零件的厚度时,可在尺寸数字前加注符号"t"
均布	EQS		均匀分布在圆上的孔可在尺寸数字后加注"EQS"表示均匀分布
45° 倒角	C		45° 倒角在尺寸数字前加注"C"

含义	符号或缩写词	图例	说明
弧长	⌒	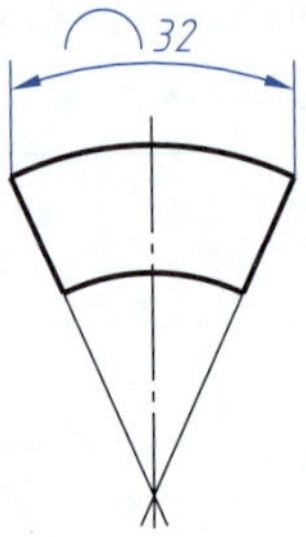	标注弧长时,应在尺寸数字前加注符号"⌒"
锥度	▷	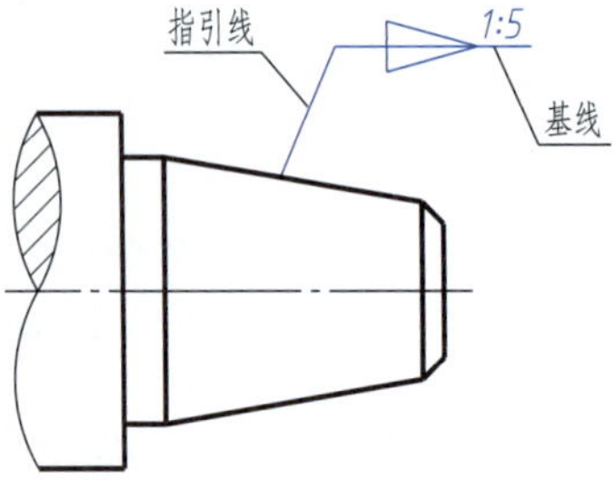	锥度符号配置在基线上,基线通过指引线和圆锥的轮廓线相连,基线平行于圆锥的轴线。锥度符号的方向要与圆锥方向相一致。锥度的定义如下图所示 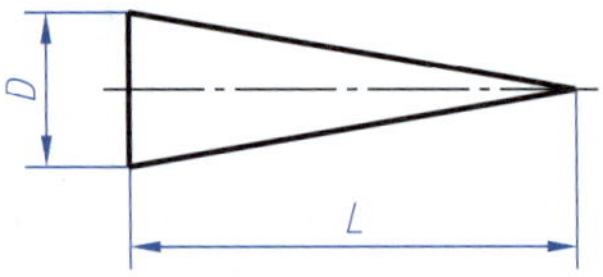 锥度=D/L
斜度	∠	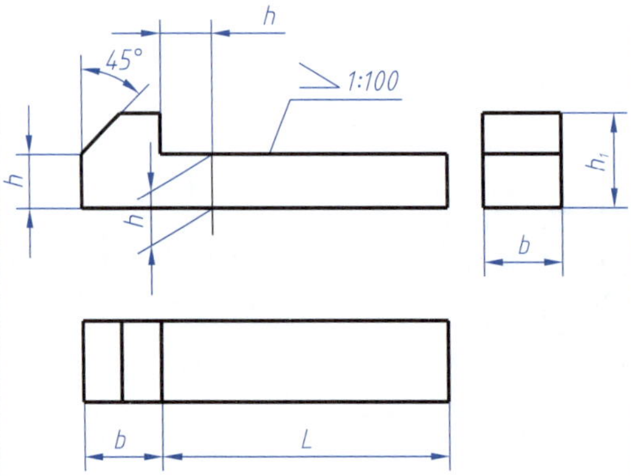	斜度符号配置在基线上方。斜度符号的方向要与斜面的方向一致。斜度的定义如下图所示 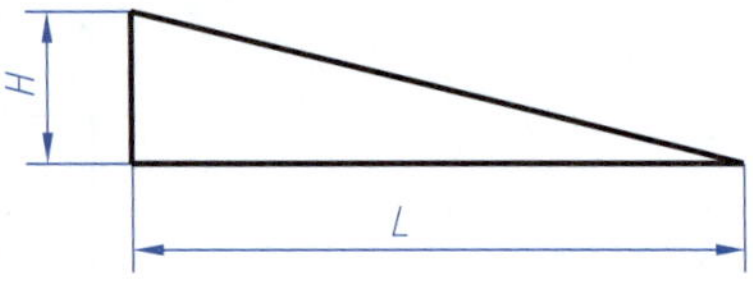 斜度=H/L

4. 尺寸的简化注法(GB/T 16675.2—2012)

标注尺寸时,在不致引起误解和不会产生理解多义性的情况下,应优先采用简化注法。

(1)同一图形上相同要素的标注

在同一图形中,对于尺寸相同的孔、槽等组成要素,可仅在一个要素上标注出其尺寸和数量,均匀分布的孔加注"EQS"表示,如图 1-19a 所示。当组成要素的定位和分布情况在图形中已经明确时,可不标注其角度,并省略"EQS",如图 1-19b 所示。相同结构的沟槽用"数量×宽度×直径"表示,如图 1-19c 所示。

(2)采用单边箭头和指引线的标注

标注尺寸时,可使用单边箭头,也可采用带箭头的指引线,还可采用不带箭头的指引线,

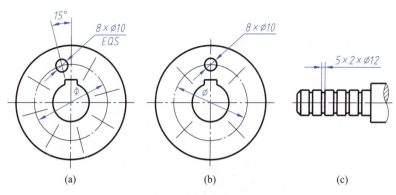

图 1-19　同一图形上相同要素的标注

如图 1-20 所示。

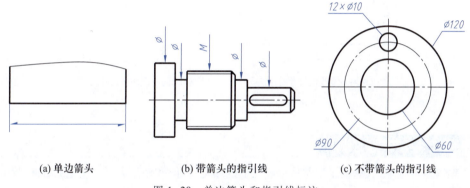

(a) 单边箭头　　　　　　(b) 带箭头的指引线　　　　　　(c) 不带箭头的指引线

图 1-20　单边箭头和指引线标注

（3）一组圆和圆弧的注法

一组同心圆弧可用共用的尺寸线和箭头依次表示,尺寸数字按箭头所示方向用逗号依次隔开,如图 1-21a 所示。圆心位于一条直线上的多个不同圆心的圆弧尺寸,可用共用的尺寸线标注,尺寸数字按箭头所示方向用逗号依次隔开,如图 1-21b 所示。一组同心圆或尺寸较多的台阶孔的尺寸,可用共用的尺寸线标注,尺寸数字按箭头所示方向用逗号依次隔开,如图 1-21c、d 所示。

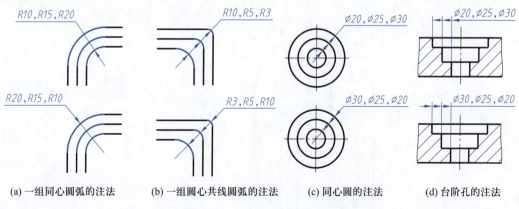

(a) 一组同心圆弧的注法　　(b) 一组圆心共线圆弧的注法　　(c) 同心圆的注法　　(d) 台阶孔的注法

图 1-21　一组圆和圆弧的注法

5. 同基准尺寸的注法

从同一基准出发的尺寸,可用共用的尺寸线(也可以断开)表示,基准处用小圆代替箭头,如图 1-22 所示。

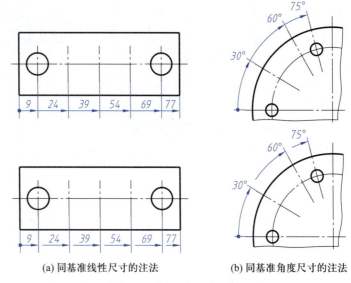

(a) 同基准线性尺寸的注法　　　　(b) 同基准角度尺寸的注法

图 1-22　同基准尺寸的注法

1.2　绘图工具和仪器的使用

要想快速准确地绘图,应了解常用绘图仪器的结构、性能和使用方法。随着加工制造工艺技术的进步,绘图仪器的功能与品质有了显著的改善。本节主要介绍学生常用的绘图工具及仪器。

1.2.1　铅笔

常用绘图铅笔有木杆和活动铅笔两种。铅芯的软硬程度分别以字母 B、H 前的数值表示。字母 B 前的数字越大表示铅芯越软,字母 H 前的数字越大表示铅芯越硬。标号 HB 表示软硬适中。画图时,通常用 H 或 2H 铅笔画底稿;用 B 或 HB 铅笔加粗加深完成全图;写字时用 HB 铅笔。铅笔芯可修磨成圆锥形或矩形,圆锥形铅芯用于画细线及书写文字,矩形铅芯用于描深粗实线。铅笔修磨后的形状如图 1-23 所示。

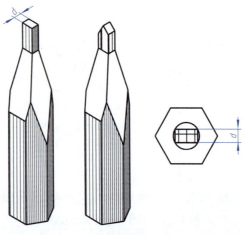

图 1-23　粗实线铅笔的修理

图样上的线条应清晰光滑,色泽均匀。用铅笔绘图时,用力要均匀。用圆锥形笔芯画长线时要经常转动笔杆,使图线粗细均匀。画线时笔身可向走笔方向倾斜约 60°,如图 1-24a 所示,但笔身沿走笔方向所属的平面应垂直于纸面或略向尺外方向倾斜,应保持铅笔与尺身之间没有空隙,如图 1-24b、c 所示。

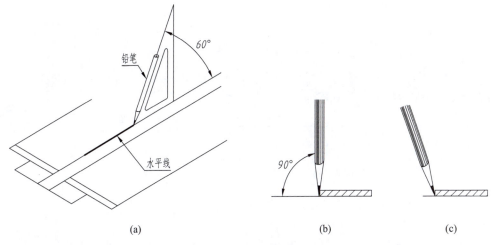

图 1-24　用铅笔画图

1.2.2　图板和丁字尺

　　图板是用来支承图纸的木板,板面应平坦光洁,木质纹理细密,软硬适中。两端硬木工作边应平直,防止图板变形。图板左侧边是丁字尺的导边。图板有大小不同的规格,根据需要来选用。

　　丁字尺由尺头和尺身两部分组成。丁字尺尺身的工作面是上侧面,主要用于绘制水平线,也可与三角板配合绘制一些特殊角度斜线,不能沿尺身下侧面画线。作图时应使尺头靠紧图板左边,然后上下移动丁字尺,直至对准画线的位置,再自左至右画水平线。画较长水平线时,用左手按住尺身,以防止尺尾翘起和尺身摆动,如图 1-25 所示。丁字尺不用时,应垂直悬挂,以免尺身弯曲或折断。

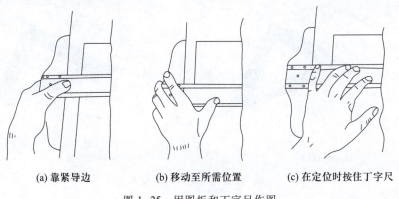

(a) 靠紧导边　　　　(b) 移动至所需位置　　　　(c) 在定位时按住丁字尺

图 1-25　用图板和丁字尺作图

1.2.3 三角板

三角板主要用于配合丁字尺画垂直线和画 30°、45°、60°的角度线,以及与水平线成 15°倍角的斜线,如图 1-26 所示。画垂直线时应自下而上画,如图 1-27 所示。用两块三角板配合也可画出任意直线的平行线或垂直线,如图 1-28 所示。

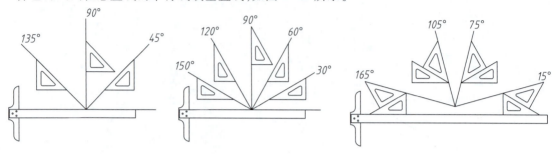

图 1-26 用三角板与丁字尺画特殊角度线

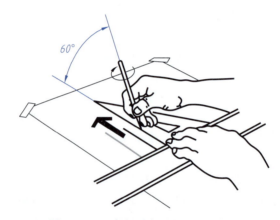

图 1-27 三角板配合丁字尺画垂直线

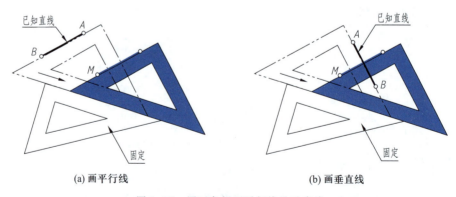

(a) 画平行线   (b) 画垂直线

图 1-28 用三角板画平行线及垂直线

1.2.4 圆规和分规

圆规用来画圆和圆弧。圆规的一脚装有带台阶的小钢针,称为针脚,用来固定圆心。圆规的另一脚可装上铅芯,称为笔脚,笔脚可替换使用铅芯、延长杆(画大圆用)和钢针(当分规用)。圆规的种类较多,常用的有大圆规、弹簧规和点圆规等,如图 1-29 所示。

用圆规画圆时,应使针脚稍长于笔脚,当针尖插入图板后,钢针的台阶应与铅芯尖端平齐,如图 1-30 所示。

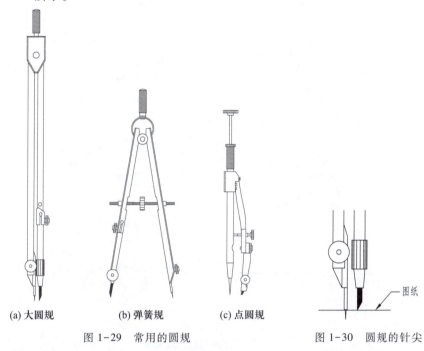

(a) 大圆规　　　　　(b) 弹簧规　　　　　(c) 点圆规

图 1-29　常用的圆规　　　　　　　图 1-30　圆规的针尖

笔脚上铅芯应削成矩形,以便画出粗细均匀的圆弧,铅芯的修理方法如图 1-31 所示。

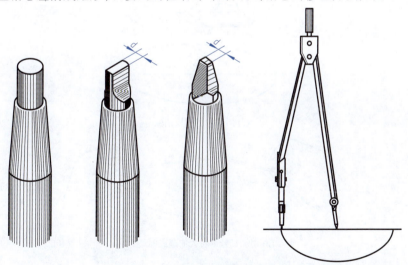

图 1-31　粗实线铅芯的修理和使用

扫一扫
粗实线铅
芯的修理
和使用

画圆或圆弧时,首先应确定圆心位置,并用细点画线画出正交(垂直相交)的中心线,再测量圆弧的半径,然后转动圆规手柄,均匀地沿顺时针方向画圆,如图 1-32 所示;画较大与特大的圆或圆弧时,笔脚与针脚均应弯折到与纸面垂直,如图 1-33 所示;画小圆时常用点圆规或弹簧规,如图 1-34 所示,也可用模板画小圆。

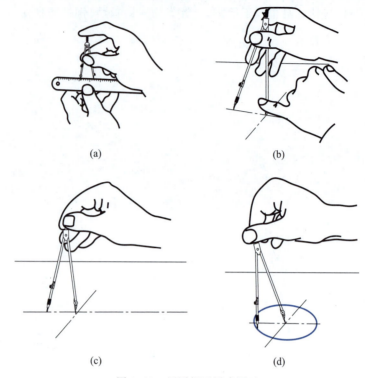

(a)

(b)

(c)

(d)

图 1-32　用圆规画圆或圆弧

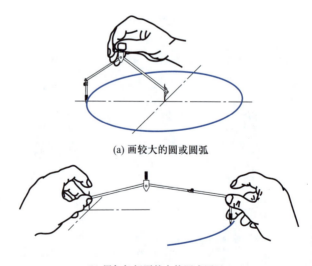

(a) 画较大的圆或圆弧

(b) 用加长杆画特大的圆或圆弧

图 1-33　画较大或特大的圆或圆弧

　　分规是等分线段、移置线段及从尺上量取尺寸的工具。分规的两腿端部有钢针,当两腿合拢时,两针尖应重合于一点,如图 1-35a 所示。分规常以试分法等分直线段、圆周或圆弧,现以三等分线段 AB 为例,作图过程如图 1-35b 所示:按目测将两针尖的距离调整到大约为

$AB/3$,在线段 AB 上连续量取三次。若分规的终点 C 恰好落在 B 点上,则试分完成。若 C 点落在 AB 内,与 B 点相距 b,则将针尖距离按目测增加 $b/3$ 再试分;若 C 点落在 AB 外,与 B 相距 b,则针尖距离按目测减少 $b/3$ 再试分。经过几次试分就可以完成。以同样的方法也可以等分圆周或圆弧。

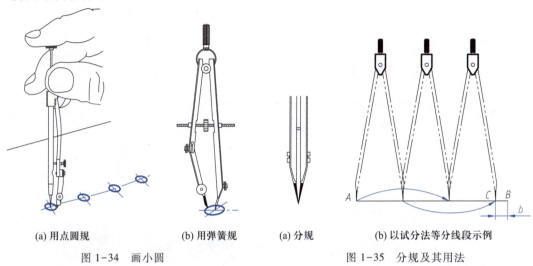

| (a) 用点圆规 | (b) 用弹簧规 | (a) 分规 | (b) 以试分法等分线段示例 |

图 1-34　画小圆　　　　　　　　　　　　图 1-35　分规及其用法

1.2.5　其他常用绘图工具

在工程制图中常用的绘图工具还有:比例尺(三棱尺)、曲线板和模板等。

作图时,为了方便尺寸换算,将工程上常用比例按照标准的尺寸刻度换算为缩小比例刻度或放大比例刻度刻在尺面上,具有此类刻度的尺称为比例尺。当确定了某一比例后,可以不用计算,直接按照尺面所刻的数值,截取或读出实际线段在比例尺上所反映的长度。

曲线板是用来画非圆曲线的绘图工具。使用曲线板绘制非圆曲线时,首先要定出曲线上足够数量的点,再徒手将各点连成曲线,然后从一端开始,选择曲线板上曲率相吻合的部分分段画出各段曲线。使用曲线板画非圆曲线时应注意,要留出各段曲线末端的一小段不画,用于连接下一段曲线,这样曲线才显得圆滑。如图 1-36 所示。

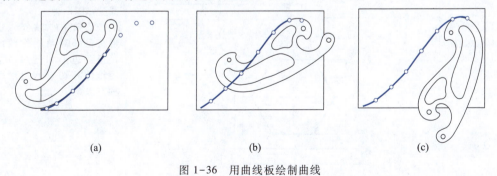

(a)　　　　　　　　　　　(b)　　　　　　　　　　　(c)

图 1-36　用曲线板绘制曲线

为了提高绘图速度,可使用各种功能的绘图模板直接描画图形。有适合绘制各种专用图样的模板,如六角螺栓模板、椭圆模板、字格符号模板等。模板作图快速简便,但作图时应注意对准定位线。

1.3　几何作图

所谓几何作图,就是依照给定的条件,准确地绘出预定的几何图形。若遇到一些复杂的图形,必须学会分析图形,并掌握基本的几何作图方法,才能准确无误地绘制出来。

● 1.3.1　基本作图方法

表 1-7 列出了常用的基本作图方法。

表 1-7　常用的基本作图方法

作图要求	图例	说明
等分直线段	 取 n 等份　任意角度　　　　已知线段作平行线	过已知线段的一端点,画任意角度的直线,并用分规自线段的起点量取 n 等份。将等分的最末点与已知线段的另一端点相连,构成一新的线段,再过任意角度直线上各等分点作该新线段的平行线且交于已知直线,交点即为已知线段的等分点
六等分圆周及画正六边形	六等分圆周和作正六边形　　　已知对角距作圆内接正六边形 已知对边距作圆外切正六边形	按作图方法,六等分圆周分为用三角板作图和圆规作图两种。 按已知条件,画正六边形有已知对角距作圆内接正六边形和已知对边距作圆外切正六边形两种方法

续表

作图要求	图例	说明
过点作已知斜度的斜度线	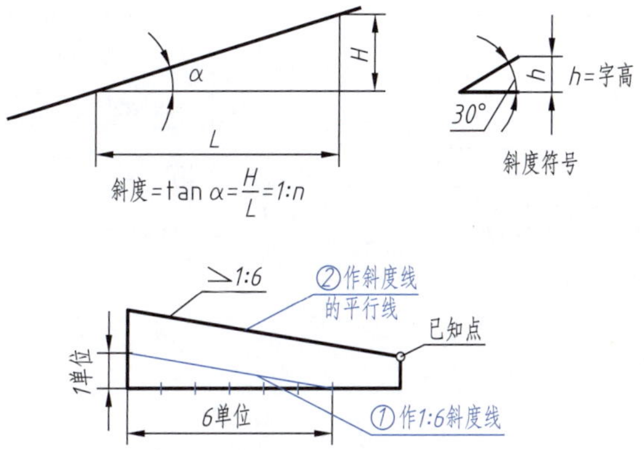	斜度是指一直线（或平面）相对另一直线（或平面）的倾斜程度，斜度大小用这两条直线（或平面）夹角的正切来表示，并把比值化为 $1:n$。图形中在比值前加注斜度符号"∠"，符号斜边的方向应与斜度的方向一致。 作图方法与步骤如左图所示
过点作已知锥度的锥度线	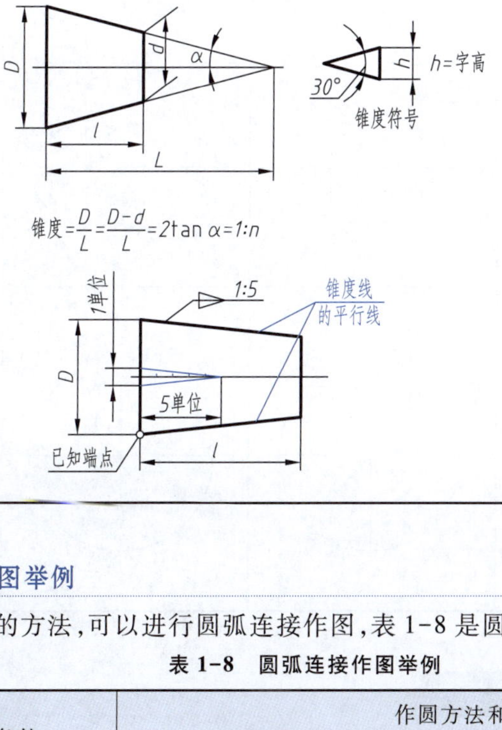	锥度是指正圆锥底圆直径与圆锥高度之比，即锥度 $=D/L=(D-d)/l$，并把比值化成 $1:n$ 的形式，在图形中用锥度符号"▷"作比值的前缀，符号方向应与锥度方向一致。 作图方法与步骤如左图所示

1.3.2 圆弧连接作图举例

根据基本作图的方法，可以进行圆弧连接作图，表 1-8 是圆弧连接作图举例。

表 1-8 圆弧连接作图举例

作图要求	已知条件	作圆方法和步骤		
		1. 求连接弧圆心 O	2. 求连接点（切点）A、B	3. 画连接弧并描粗
圆弧连接两已知直线	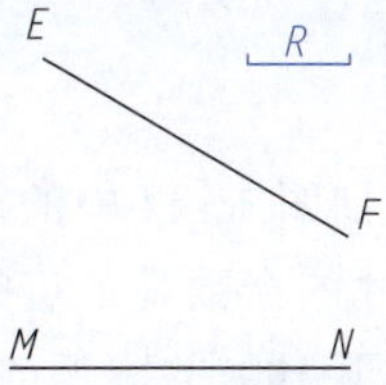	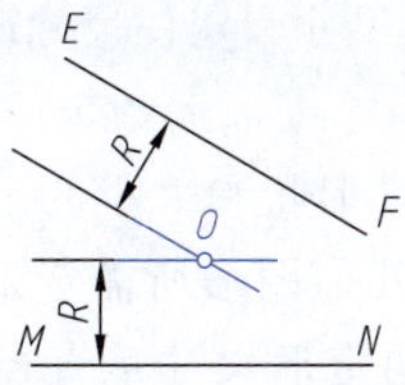	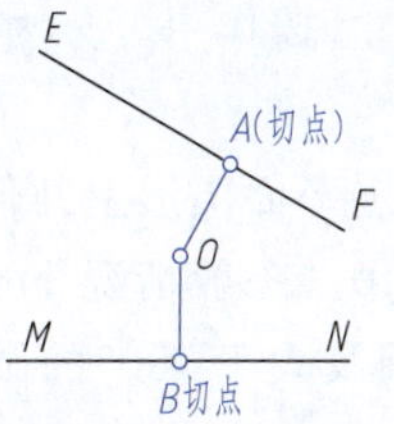	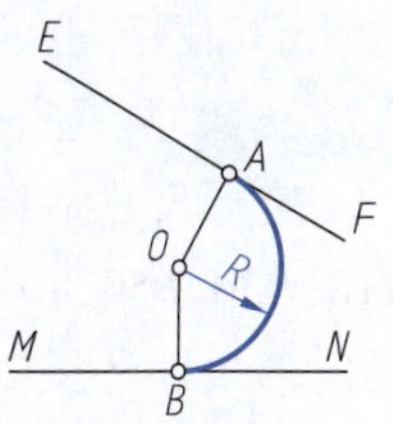

续表

作图要求	已知条件	作圆方法和步骤		
		1. 求连接弧圆心 O	2. 求连接点（切点）A、B	3. 画连接弧并描粗
圆弧连接已知直线和圆弧				
圆弧外切连接两已知圆弧				
圆弧内切连接两已知圆弧				
圆弧分别内、外切连接两已知圆弧				

1.4　平面图形的尺寸分析及画法

1.4.1　平面图形的尺寸分析

平面图形上的尺寸,按作用可分为定形尺寸和定位尺寸两类。

1. 定形尺寸

定形尺寸是指确定平面图形上几何元素形状和大小的尺寸,如图 1-37 中的 $\phi15$, $\phi30$、$R18$, $R30$, $R50$, 80 和 10。一般情况下确定几何图形所需定形尺寸的个数是一定的,如直线的定形尺寸是长度,圆及大于 $180°$ 的圆弧的定形尺寸是直径,小于 $180°$ 的圆弧的定形尺寸是半径,正多边形的定形尺寸是边长,矩形的定形尺寸是长和宽两个尺寸等。

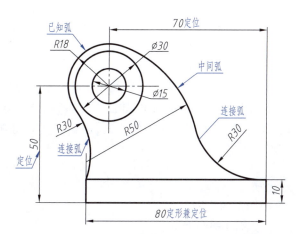

图 1-37 平面图形的尺寸分析与线段分析

2. 定位尺寸

定位尺寸是指确定各几何元素相对位置的尺寸,如图 1-37 中的 70、50 和 80。确定平面图形位置需要两个方向的定位尺寸,即水平方向和垂直方向,也可以以极坐标的形式定位,即半径加角度。

注意:有时一个尺寸可以兼有定形和定位两种作用。如图 1-37 中的 80,既是矩形的长,也是 $R50$ 圆弧的横向定位尺寸。

3. 尺寸基准

定位尺寸要有基准,定位尺寸的起点叫作尺寸基准,平面图形中尺寸基准是点或线,常用的点基准有圆心、球心、多边形中心点、角点等,常用的线基准往往是图形的对称中心线或图形中的边线。如图 1-37 所示就是以底边和右侧边为基准的。

1.4.2 线段分析

平面图形由若干条线段构成,准确作图时必须依据图样中所注尺寸。每一条线段都应在知道其定形、定位尺寸后才能着手作图。但是在一幅图形中并不是每一条线段都注有齐全的定形及定位尺寸,有些线段的定形或定位尺寸是通过与相邻线段之间的几何约束来确定的。常见的几何约束有:平齐、平行、垂直、相切等。如果一个线段具有某些几何约束,在图中就应相应地去掉一些定形或定位尺寸,而这样的线段可以通过几何作图的方法准确地作出。由于几何约束是相对的,因此在绘制靠几何关系定形或定位的线段时,一定要先画出几何约束的基准线段。

绘制平面图形的关键问题是如何确定正确的作图顺序。确定作图顺序的关键是对平面图形进行线段分析,分析图形的构成、各线段的几何关系,每个线段的定形、定位尺寸是否齐全。根据线段所具有的定形、定位尺寸情况,可以将线段分为以下三类。

1. 已知线段

定形、定位尺寸齐全的线段称为已知线段。作图时该线段可以直接根据尺寸作图,如图 1-37 所示的 $\phi15$ 和 $\phi30$ 的圆、$R18$ 的圆弧、80 和 10 的直线均属已知线段。

2. 中间线段

只有定形尺寸和一个定位尺寸的线段称为中间线段。作图时必须根据该线段与相邻已知线段的几何关系,通过几何作图的方法确定另一定位尺寸后才能作出,如图 1-37 所示 $R50$ 的圆弧。

3. 连接线段

只有定形尺寸、没有定位尺寸的线段称为连接线段。其定位尺寸需根据与该线段相邻的两线段的几何关系,通过几何作图的方法求出,如图 1-37 所示的两个 $R30$ 的圆弧。

注意:在两条已知线段之间,可以有多条中间线段,但必须且只能有一条连接线段。否则,尺寸将出现缺少或多余。

1.4.3　平面图形的绘图步骤

根据上面的分析,平面图形的作图步骤归纳如下:

① 画基准线、定位线,如图 1-38a 所示。

② 画已知线段,如图 1-38b 所示。

③ 画中间线段,如图 1-38c 所示。

④ 画连接线段,如图 1-38d 所示。

⑤ 整理全图,仔细检查无误后加深图线,标注尺寸,如图 1-37 所示。

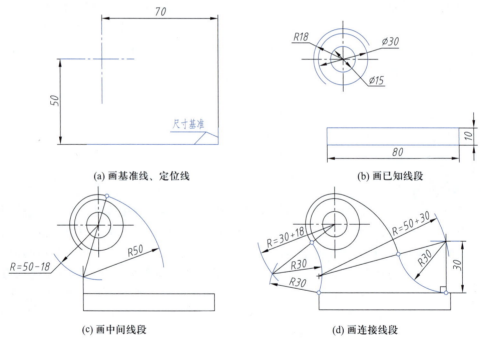

(a) 画基准线、定位线　　　　　　　　　　(b) 画已知线段

(c) 画中间线段　　　　　　　　　　(d) 画连接线段

图 1-38　平面图形的作图步骤

1.4.4　平面图形的尺寸标注

平面图形尺寸标注的基本要求是:正确、齐全、清晰。在标注尺寸时,应分析图形各部分的构成,确定尺寸基准,先标注定形尺寸,再标注定位尺寸。通过几何作图可以确定的线段,不要标注尺寸。尺寸标注应符合国家标准的有关规定,尺寸在图上的布局要清晰。尺寸标注完成后应进行检查,看是否有遗漏或重复。可以按画图过程进行检查,画图时没有用到的尺寸是重复尺寸,应去掉,如果按标注尺寸无法完成作图,说明尺寸不足,应补上所需尺寸。

表1-9为几种平面图形的尺寸标注示例。

表1-9 平面图形的尺寸标注示例

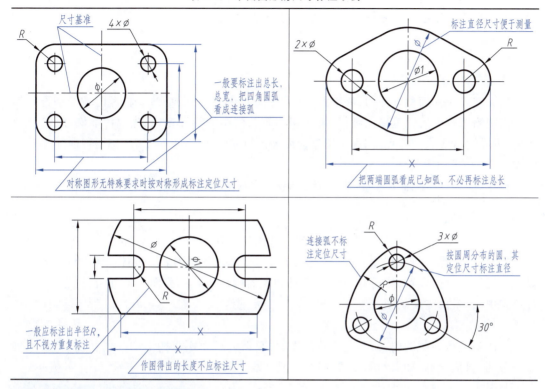

1.5 绘图的基本方法与步骤

1.5.1 仪器绘图

1. 画图前的准备

画图前应准备好图板、丁字尺、三角板等绘图工具和仪器,按各种线型的要求削好铅笔和圆规上的铅芯,并备好图纸。

2. 确定图幅,固定图纸

根据图样的大小和比例,选取图纸幅面。

制图时必须将图纸用胶带纸固定在图板上。图纸固定在距图板左边40~60 mm处;图纸的下边与图板下边应至少留有丁字尺尺身1.5倍宽度的距离;图纸的上边应与丁字尺的尺身工作边平齐。

3. 画图框和标题栏

按国家标准要求画出图框和标题栏。

4. 布置图形的位置

图样在图纸上布置的位置要力求匀称,不宜偏置或过于集中于某一角。根据每个图形的长、宽尺寸,同时要综合考虑标注尺寸和有关文字说明等所占用的位置来确定各图形的位置,画出图形的基准线。

5. 画底稿

用 H 或 2H 铅笔尽量轻、细、准地绘好底稿。底稿线应分出不同线型，但不必分粗细，一律用细线画出。作图时应先画主要轮廓，再画细节。

6. 标注尺寸

应将尺寸界线、尺寸线、箭头一次性画出，再填写尺寸数字。

7. 检查、描深

描深之前应仔细检查全图，修正图样中的错误，擦去多余的图线。描深时按线型选择铅笔。先用铅芯较硬的铅笔描深细线，再用铅芯较软的铅笔描深粗线；先描深非圆曲线、圆及圆弧，再描深直线。描深直线时，应按先横后竖再斜的顺序，从上至下、从左至右进行。

8. 全面检查，填写标题栏

描深后，再一次全面检查全图，确认无误后，填写标题栏，完成全图。

1.5.2　徒手画图

徒手画的图又称为草图。它是以目测估计图形与实物的比例，不借助绘图工具和仪器（或部分使用绘图工具和仪器）徒手绘制的图样。草图通常用来表达设计意图。设计人员将设计构思先用草图表示，然后再用绘图工具和仪器画出正式工程图。另外，在机器测绘、零件修配中，也常用徒手画图。

1. 画草图的要求

草图是徒手绘制的图，而不是潦草的图，作草图时可以不求图形的几何精度，但要做到线型分明、自成比例，如果作图不清，将影响其要表达的效果。

2. 草图的绘制方法

绘制草图时应使用软一些的铅笔（如 HB、B 或 2B），铅笔削长一些，铅芯呈圆形，粗、细各一支，分别用于绘制粗、细线。

画草图时，可以用带有方格的专用草图纸，或者在有一定透明度的白纸下面垫一张有格子的纸，以便控制图线的平直和大小。

（1）直线的画法

画直线时，可先标出直线段的两端点，从一个端点画到另一个端点。当直线段较长时，可在两点之间先顺次画一些短线，再连成一条直线。运笔时手腕要灵活，目光应注视线条的端点，不可只盯着笔尖。

如图 1-39 所示，水平线应自左至右画出；垂直线应自上而下画出；斜线斜度较大时可自左上向右下或右上向左下画出，斜度较小时可自左向右上画出，还可转动图纸至一定角度后用水平或垂直线的方式画出。

（2）圆的画法

画圆时，应先画中心线。较小的圆在中心线上定出半径的四个端点，再通过这四个端点画圆；稍大的圆可以先过圆心作两条斜线，再在各线上定出半径的长度点，然后过中心线和斜线上的八个半径长度点画圆。圆的直径较大时，可以用手作圆规，以小拇指支撑于圆心，使铅笔与小拇指的距离等于圆的半径，笔尖接触纸面不动，转动图纸，即可得到所需的圆，如图 1-40 所示。画直径很大的圆时，也可在一纸条上作出半径长度的记号，使其一端置于圆心，另一端置于铅笔，旋转纸条，便可以画出所需的圆。

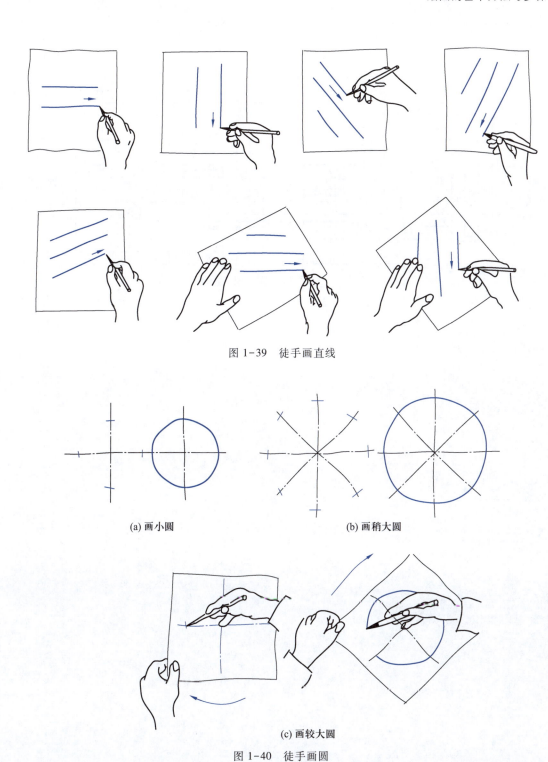

图 1-39　徒手画直线

(a) 画小圆　　　　　　　　　(b) 画稍大圆

(c) 画较大圆

图 1-40　徒手画圆

3. 绘制平面图形示例

　　徒手绘制平面图形时,也与使用尺、规作图时一样,要进行图形的尺寸分析和线段分析,先画已知线段、再画中间线段、最后画连接线段。在方格纸上画平面图形时,主要轮廓线和定位中心线应尽可能利用方格纸上的线条,图形各部分之间的比例可按方格纸上的格数来确定。如图 1-41所示为徒手绘制平面图形的示例。

模型
图 1-41

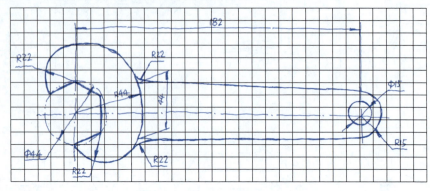

图 1-41　徒手绘制平面图形的示例

2

SolidWorks 绘图基础

学习目标和要求

1. 了解 SolidWorks 软件的打开方法。
2. 熟悉 SolidWorks 软件的绘图方法和绘图特点。
3. 掌握利用 SolidWorks 软件绘制草图的方法和步骤,智能尺寸标注命令的用法,添加几何关系的作用。
4. 了解 SolidWorks 软件特征的概念。
5. 掌握常用特征的建模方法和修改方法。

重点和难点

1. 草图命令的用法。
2. 绘制草图的方法和步骤。
3. 特征命令的操作方法和修改方法。

在学习本章时,要在理解的基础上边学边上机练习,采用"教学做"的学习方法可以提高学习效果,要采用案例教学法来教学和学习。

扫一扫

启动
SolidWorks

2.1 SolidWorks 2013 概述

2.1.1 启动 SolidWorks

安装完 SolidWorks 之后,会在计算机的桌面上生成相应的快捷方式,双击该快捷方式即可启动 SolidWorks。启动之后的 SolidWorks 的工作界面如图 2-1 所示。

在这个工作界面下,可以创建新的 SolidWorks 文件,或打开已经创建好并保存的 Solid-Works 文件,或其他设置工作。单击"新建"按钮,弹出如图 2-1 所示的"新建 SolidWorks 文件"对话框,其中:

按钮:选中该按钮,再单击"确定"按钮,进入创建三维零件界面。

35

按钮：选中该按钮，再单击"确定"按钮，进入创建三维装配体界面。

 按钮：选中该按钮，再单击"确定"按钮，进入创建工程图界面。必须在创建零件或装配体之后，才能创建工程图。

上述三个按钮，对应 SolidWorks 的"零件""装配体"和"工程图"三个功能模块。

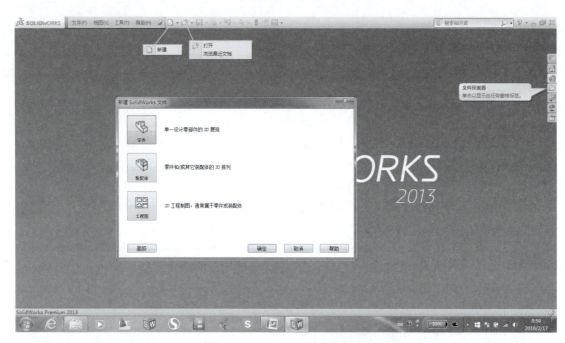

图 2-1　SolidWorks 的工作界面

2.1.2　SolidWorks 的文件操作

1. 保存文件

单击"新建 SolidWorks 文件"对话框的一个功能按钮之后，进入对应的工作界面。完成一定的工作后要保存文件，单击标准工具栏中的 按钮，将打开"另存为"对话框。在"另存为"对话框中选择要保存的文件位置，输入文件名称，然后保存文件。三种文件的保存类型如下：

① SolidWorks 三维零件：文件类型为.prt 或.sldprt。

② SolidWorks 三维装配体：文件类型为.asm 或.sldasm。

③ SolidWorks 工程图：文件类型为.drw 或.slddrw。如果将工程图存储为 dwg 文件，则可以用 AutoCAD 软件打开和编辑该文件。

需要注意的是：SolidWorks 的设计过程是先根据零件草图创建零件的三维模型，由零件创建装配体模型，再由零件模型生成零件的工程图（零件图），或由装配体模型生成装配体的工程图（装配图）。其中，装配体与其零件是关联的，如果修改零件，装配体将自动修改，如果零件被删除,对应的装配体将出错;零件的工程图(零件图)和零件是关联的,如果零件被修改,工程图(零件图)将自动修改;装配体的工程图(装配图)是和装配体与零件关联的,装配体与零件被修改,工程图(装配图)将自动修改。所以,当将一个部件的装配体(或工程图)从一台计算机复制到另一台计算机时,需将零件一起复制,并且零件的存储路径不能改变,否则,打开装配体(或工程图)时,将提示查找零件。

2. 打开文件

单击最上方标准工具栏中的![按钮]按钮,将打开"打开"对话框,如图 2-2 所示。该对话框右下角的"快速过滤器"可以根据需要显示或隐藏某类文件。

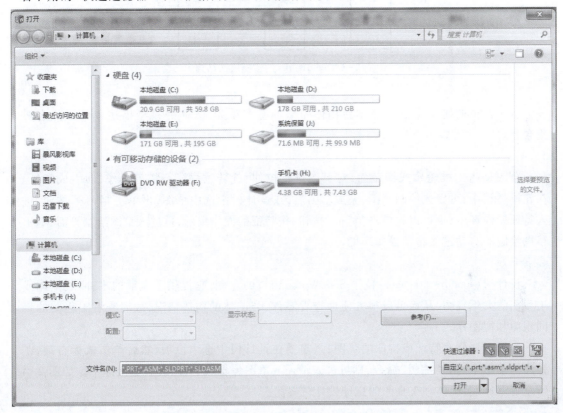

图 2-2 "打开"对话框

2.1.3 SolidWorks 的基本概念

1. 实体建模

实体建模就是用软件构造物体的三维模型。在 SolidWorks 中,建模过程的层次结构如图 2-3 所示。SolidWorks 的实体建模中,零件建模是核心,特征创建是关键,草图绘制是基础。

2. 特征

特征是指可以通过组合生成零件的各种形状(如凸台、切除、孔等)及操作(如圆角、倒角、筋、抽壳等)。SolidWorks 的零件建模是基于特征的建模。特征是 SolidWorks 的一个专业术语,它兼有形状和功能两种属性,包括几何形状、拓扑关系、典型功能、制造技术、公差要求

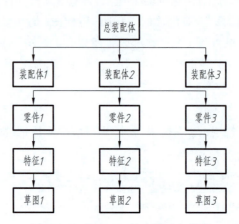

图 2-3　SolidWorks 的建模层次结构

等。基于特征的建模是把特征作为物体模型的基本单元,物体的模型描述成特征的有机集合。

3. 草图

草图是指二维轮廓或横截面,对草图进行拉伸、旋转、放样、扫描等操作,即生成特征。在建模过程中,可以先绘制草图,完成草图后,在设计树中选中草图,再单击"特征"按钮,进入特征操作环境;也可以先单击"特征"按钮,按特征的操作提示,再进入草图绘制界面,退出草图绘制后自动进入特征操作环境。

4. 设计树

设计树(Feature Manager)位于 SolidWorks 窗口的左侧,它提供了激活的零件、装配体或工程图的大纲视图,从而可以很方便地查看零件、装配体的构造情况,或者查看工程图的不同视图和视图样式。

如果需要修改特征或特征的草图,只需要在设计树中选中该项,然后单击鼠标右键,在弹出的菜单中选择"编辑"命令,即可进入特征或草图编辑状态,修改后退出即可。如图 2-4 所示为零件、装配体和工程图的三种设计树案例。

(a) 零件设计树　　　　　　　　(b) 装配体设计树　　　　　　(c) 工程图设计树

图 2-4　设计树

5. 基准面

基准面是无限延伸的二维平面,可以作为草图特征的绘图平面和参考平面,也可以作为放置特征的放置平面,还可以作为标注尺寸的基准或零件装配的基准。所以,基准面是 SolidWorks 中一个非常重要的概念。

用户在创建零件或装配体时,如果使用默认的零件或装配体模板,则在进入设计模式后,系统会自动建立三个默认的正交基准面——前视、上视和右视基准面。在设计树中,单击它们即可在绘图区域中显示基准面。在开始绘制草图时,系统提示选择基准面,在等轴测视图下的三个正交基准面如图 2-5 所示。

用户也可以单击绘图区域的左上方的"特征"工具条上的"参考几何体"工具箱中的"基准面"创建自己的基准面(见 2.3.3 节)。

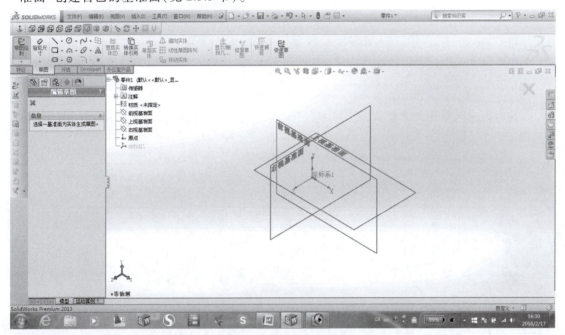

图 2-5 基准面和坐标系

6. 坐标系

SolidWorks 系统默认的坐标系原点是三个默认正交基准面的公共点,三个正交基准面相当于坐标平面,两个基准面的交线相当于坐标轴,如图 2-5 所示。

用户也可以单击"特征"工具条上的"参考几何体"工具箱中的"坐标系"创建自己的坐标系。

2.2 SolidWorks 的草图绘制

SolidWorks 的大部分特征是由二维草图开始的,草图绘制在三维建模中占有重要地位。

草图是一个平面轮廓,用于定义特征的截面形状、尺寸和位置。通常,SolidWorks 的零件建模都是从绘制二维草图开始,然后生成特征,并在模型上添加更多的特征。

2.2.1 绘制草图的方法

在零件建模状态下,绘制草图的操作方法如下:

第一步:单击"草图"工具条上的 草图绘制 按钮

第二步:选择绘制草图的基准面。可以单击设计树上的"前视基准面""上视基准面"或"右视基准面",选择如图 2-5 所示的系统默认的基准面绘制草图,也可以选择已经生成的模型表面作为绘制草图的基准面。基准面要根据零件建模的具体要求来选择,根据要生成的特征来选择。

第三步:单击如图 2-6 所示"标准视图"工具条上的 ↥ (正视于)按钮。

图 2-6 "标准视图"工具条

这时便进入草图绘制模式,此时"草图"工具条上的按钮被激活,同时状态行中显示"在编辑草图 1",如图 2-7 所示。

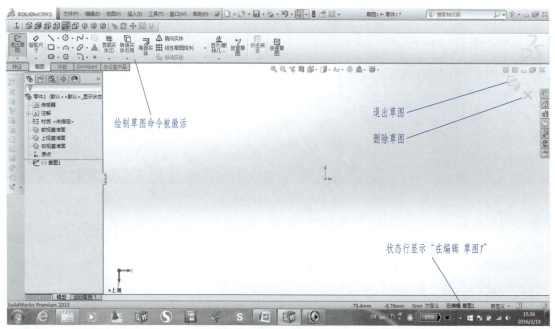

图 2-7 草图绘制模式

第四步:单击"草图"工具条上的草图绘制命令绘制草图。理论上第一个草图实体可以绘制在基准面的任何位置,然后通过标注尺寸和添加草图几何关系固定草图实体的位置,但是,为了简化草图实体的定位尺寸,第一个草图实体的定位点可以选在草图基准面的原点,或已建模型的特征点上。

第五步:完成草图后,单击"草图"工具条上的"退出草图"按钮,或单击"绘图"窗口右上角的"退出草图"按钮。

完成草图绘制之后,在设计树上将出现"草图1"项,如果在设计树上选择该草图,则"特征"工具条上的特征命令将被激活,就可以生成特征了。

2.2.2 绘制草图的命令

绘制和编辑草图的命令大部分都在"草图"工具条上,"草图"工具条如图 2-8 所示。在绘制草图时常用的有基本图形绘制命令和编辑草图命令。

扫一扫
基本图形
绘制命令

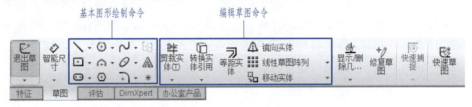

图 2-8 "草图"工具条

1. 基本图形绘制命令

基本图形绘制命令包括"草图"工具条上的"直线""圆""矩形""圆弧""多边形""圆角"等命令。在 SolidWorks 中,单击一个命令按钮之后,在绘图区域的左侧就会出现相应的命令操作面板。选中已经绘制的草图实体之后,也会出现操作面板,在操作面板中可以对草图实体的属性进行编辑和修改。

(1) 直线命令

"直线"工具箱中有两个命令,一个是"直线"命令,一个是"中心线"命令,如图 2-9 所示。"直线"命令用来绘制草图的轮廓线,"中心线"命令用来绘制草图的对称中心线、中心线、轴线。两者绘制的图线意义不同,直线是轮廓线,中心线是构造线(构造线在由草图生成特征后将被忽略),不能混用,否则绘制的草图不能生成特征。

图 2-9 "直线"工具箱

绘制直线的操作方法如下:单击"草图"工具条上的 ✎ (直线)按钮,此时"直线"操作面板打开,鼠标指针变为 ✎,在绘图区域单击拾取直线的起点,然后释放鼠标,再拾取直线的终点(或拾取直线的起点后,按住鼠标左键拖动到直线的终点,再释放鼠标)。

绘制直线时,如果鼠标指针指向了已绘制草图的特征点(如线段的端点、圆心等),系统会自动捕捉这些特征点,并在鼠标指针的右下角出现相应的提示符号。绘制的直线接近水平或竖直时也会自动捕捉,并在鼠标指针的右下角出现水平或竖直提示符号。

如果要对绘制的直线进行修改,选择直线的端点拖动可以移动端点(如果直线的端点没有固定);选择直线拖动可以移动直线;选择直线后,在"直线"操作面板中为直线添加几何关系;选择直线后,在"直线"操作面板中,选择 ☑ **作为构造线(C)** 复选框,可以将直线转换为中心线,或将中心线转换为直线。

(2) 圆命令

"圆"工具箱中有两个命令,一个是"圆"命令,一个是"周边圆"命令,如图 2-10 所示。

"圆"命令通过拾取圆心,拖动半径绘制一个圆;"周边圆"命令,通过拾取 3 个点绘制一个圆。

（3）矩形命令

如图 2-11 所示,"矩形"工具箱中有 5 个命令,常用的是"边角矩形"和"中心矩形"命令。"边角矩形"命令通过拾取矩形的两个对角点绘制一个矩形;"中心矩形"命令通过拾取矩形的中心和一个角点绘制一个矩形。

（4）圆弧命令

如图 2-12 所示,"圆弧"工具箱中有 3 个命令,"圆心/起/终点画弧"命令需要拾取圆心、圆弧的起点和圆弧的终点;"切线弧"命令首先拾取已经绘制草图实体(所绘圆弧与该草图实体相切)的一个端点,然后再拾取圆弧的终点;"3 点圆弧"命令需要拾取圆弧上的 3 个点才能绘出圆弧,3 个点的拾取顺序为:起点,终点,中间点。

 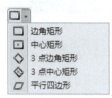 

图 2-10　"圆"工具箱　　　图 2-11　"矩形"工具箱　　　图 2-12　"圆弧"工具箱

（5）多边形命令

单击"多边形"按钮后,在绘图区域的左侧将打开"多边形"操作面板,在面板中输入多边形的边数,选择是用"内切圆"或是"外接圆"绘制多边形,然后在绘图区域拾取多边形的中心和角点,即可绘制一个多边形,如图 2-13 所示。如果作为构造线(中心线)绘制多边形,则需选中"作为构造线"复选框。

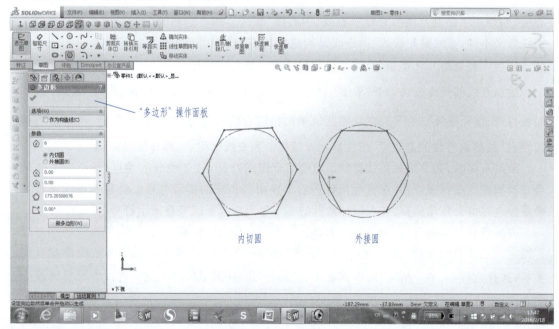

图 2-13　多边形命令的应用

（6）圆角命令

如图 2-14 所示，"圆角"工具箱中有两个命令，"绘制圆角"命令需要拾取已经绘制好的两个草图实体，并在"绘制圆角"操作面板（图 2-15）中输入圆角参数（半径值），根据需要选择"标注每个圆角的尺寸"复选框，最后单击"对勾"按钮完成圆角的绘制。"绘制倒角"和"绘制圆角"命令的操作方法类似。

图 2-14 "圆角"工具箱　　图 2-15 "绘制圆角"操作面板

2. 编辑草图命令

编辑草图命令包括"草图"工具条上的"剪裁实体""转换实体引用""等距实体""镜向实体""线性草图阵列"等命令。

（1）剪裁实体

"剪裁实体"工具箱中有两个命令，一个是"剪裁实体"命令，一个是"延伸实体"命令，如图 2-16 所示。该命令的功能和 AutoCAD 中的"修剪""延伸"命令类似。

扫一扫
"剪裁实体"
工具箱

SolidWorks 的"剪裁实体"命令有两个功能：一个是剪裁直线、圆弧等草图实体，使其截断于与另一直线、圆弧等实体的交点处；另一个功能是删除直线、圆弧等实体。操作方法是单击"剪裁实体"按钮，然后拾取要剪裁或删除的草图实体即可。

图 2-16 "剪裁实体"工具箱

"延伸实体"命令是将一个草图实体延伸到另一个草图实体，并与其相交。操作方法是单击"延伸实体"按钮，然后单击要延伸的草图实体即可。

（2）转换实体引用

转换实体引用的功能是将零件的边、环、面等形状投射到草图基准面中，生成一个草图实体。

如图 2-17 所示，已经完成了如图 a 所示的零件模型，要想生成如图 c 所示的模型，可以按下列方法操作：

第一步：单击 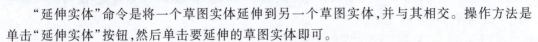 按钮，选择图 a 所示模型的底面为草图基准面。

第二步:单击"草图"工具条上的 转换实体引用 按钮。

第三步:拾取图 a 所示模型的上表面,则模型的上表面图形投射到草图基准面,生成如图 b 所示的草图实体。

第四步:退出绘制草图。

第五步:在设计树中选择该草图,单击"特征"工具条上的"拉伸凸台"按钮,给定拉伸距离即可得到如图 c 所示的模型。

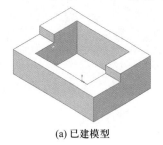
(a) 已建模型

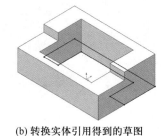
(b) 转换实体引用得到的草图

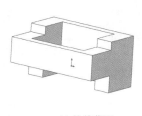
(c) 拉伸草图

图 2-17　转换实体引用操作案例

（3）等距实体

等距实体是指在距离选中草图实体给定距离的位置生成一个形状相同的草图实体。该命令和 AutoCAD 中的"偏移"命令类似。操作方法如下:

第一步:单击"草图"工具条上的 等距实体 按钮。

第二步:在打开的"等距实体"操作面板中输入距离值,并选择需要的复选框,如图 2-18 所示。

图 2-18　"等距实体"操作面板

第三步:在草图中选择一个或多个草图实体。如果高亮显示的等距方向不是想要的方向,可以在"等距实体"操作面板中选中"反向"复选框。如果需要双向等距就选中"双向"复选框。"选择链"复选框用来生成所有连续草图实体的等距实体。

第四步:单击"对勾"按钮,结束命令。

（4）镜向实体

"镜向实体"命令类似于 AutoCAD 中的"镜向"命令,是将已经绘制的草图沿镜向轴对称生成镜向实体。当生成镜向实体时,SolidWorks 会在每一对相应的草图点之间应用一个对称几何关系,如果修改被镜向的草图实体,则镜向实体将随之改变。

如图 2-19 所示,已经完成了如图 a 所示的草图实体,要想生成如图 b 所示的草图实体,在草图编辑状态下,可以按下列方法操作:

第一步:单击"草图"工具条上的 ⚠ 镜向实体按钮,在打开的"镜向"操作面板中,单击"要镜向的实体"下面的矩形框,使其变成蓝色,如图 2-20 所示。

第二步:在草图上拾取要镜向的草图实体,如图 2-19a 所示。

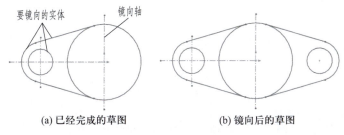

(a) 已经完成的草图　　　　　　　(b) 镜向后的草图

图 2-19　镜向实体案例

扫一扫
镜向实体案例

第三步:在"镜向"操作面板中,单击"镜向点"下面的矩形框,使其变成蓝色。

第四步:在草图上拾取镜向轴,如图 2-19a 所示。此时镜向效果高亮显示,满意后单击"对勾"按钮完成操作。

(5) 线性草图阵列

"线性草图阵列"工具箱中有两个命令,一个是"线性草图阵列"命令,一个是"圆周草图阵列"命令,如图 2-21 所示。这两个命令和 AutoCAD 中的"阵列"命令类似。

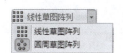

图 2-20　"镜向"操作面板　　　　　图 2-21　"线性草图阵列"工具箱

1) 线性草图阵列

如图 2-22 所示,已经完成了矩形和其左上角圆的绘制,要想生成两行、三列均布的 6 个圆,需要使用"线性草图阵列"命令,操作方法如下:

第一步:单击"线性草图阵列"按钮,在打开的"线性阵列"操作面板中,单击"X-轴"矩形框,在下方矩形框中分别输入距离和列数。

第二步:在"线性阵列"操作面板中单击"Y-轴"矩形框,在下方矩形框中分别输入距离和行数。

第三步:单击"线性阵列"操作面板中"要阵列的实体"下方的矩形框,到绘图区域选择要阵列的草图实体。

第四步:查看在绘图区域高亮显示的阵列效果,确认方向是否正确,如果方向不正确,单击"X-轴"或"Y-轴"左侧的"切换阵列方向"按钮,改变阵列方向。

第五步:单击"线性阵列"操作面版左上角的"对勾"按钮,完成操作。

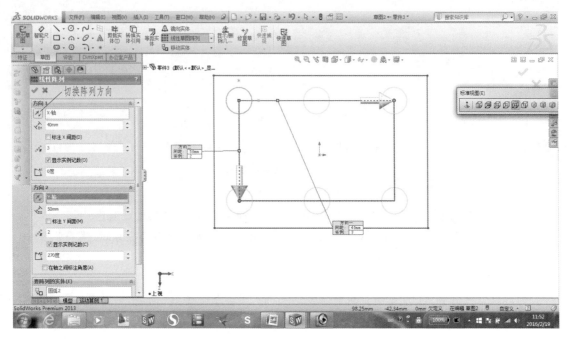

图 2-22　线性草图阵列的操作方法

2）圆周草图阵列

如图 2-23 所示，已经完成了一个圆、一个小圆和中心线的绘制，要想生成沿圆周均匀分布的 6 个小圆，需要使用"圆周草图阵列"命令，操作方法如下：

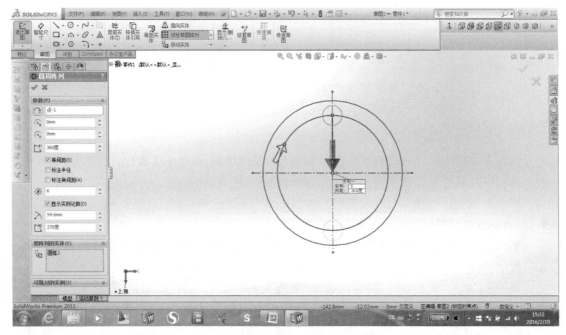

图 2-23　圆周草图阵列的操作方法

第一步:单击"圆周草图阵列"按钮,在打开的"圆周阵列"操作面板中,单击最上面的矩形框,使其显示为蓝色,然后在绘图区域拾取阵列中心点。

第二步:在"圆周阵列"操作面板中,分别输入阵列圆周角(缺省值是 360°)和项数。

第三步:单击"圆周阵列"操作面板中"要阵列的实体"下方的矩形框,到绘图区域选择要阵列的草图实体。

第四步:单击"圆周阵列"操作面板左上角的"对勾"按钮,完成操作。

2.2.3　尺寸标注

SolidWorks 2013 采用的是尺寸驱动建模方法,即通过标注尺寸和添加草图几何关系来固定草图实体的大小和位置。当草图实体的大小和位置完全确定后,就由蓝色变为黑色。所以,标注尺寸和添加几何关系是绘制草图非常重要的工作任务。

SolidWorks 2013 提供的智能尺寸标注系统,可以根据选中草图实体的几何性质,自动判断是标注长度、直径、半径或角度。智能尺寸标注的操作方法如下:

第一步:单击"草图"工具条上的智能尺按钮。

第二步:在绘图区域拾取要标注的草图实体。如果拾取的是一个草图实体,如直线、圆、圆弧等,就标注其形状尺寸长度、直径、半径等;如果拾取的是两个草图实体,就标注两个草图实体之间的尺寸,如拾取两条平行直线,就标注两平行直线的距离,如拾取一个点和一条直线,就标注点到直线的距离。

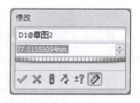

图 2-24　"修改"操作面板

第三步:拖动尺寸到合适的位置单击,将弹出如图 2-24 所示的"修改"操作面板,在面板中输入实际的尺寸值或数学表达式,单击"对勾"按钮,完成标注。

2.2.4　草图几何关系

草图几何关系是指草图实体之间,或草图实体与基准面、基准轴、特征要素(特征的角点、边线)等之间的几何约束关系。

1. 常用几何关系的类型

SolidWorks 2013 系统提供的常用的草图几何关系见表 2-1。

扫一扫
草图几何
关系

表 2-1　草图几何关系

几何关系	符号	要选择的草图实体	约束
水平	一　水平(H)	一条直线	直线呈水平
竖直	｜　竖直(V)	一条直线	直线呈竖直
共线	／　共线(L)	两条或多条直线	选中实体在一条直线上
垂直	⊥　垂直(U)	两条直线	两条直线互相垂直
平行	＼　平行(E)	两条直线	两条直线互相平行

续表

几何关系	符号	要选择的草图实体	约束
相等	= 相等(Q)	两条或多条直线,两个或多个圆弧,两个或多个圆	直线长度相等,圆弧半径相等,圆的直径相等
相切	⌒ 相切(A)	直线和圆弧,圆弧和圆弧	两个草图实体相切
同心	◎ 同心(N)	两个或多个圆弧,两个或多个圆	圆或圆弧同心
重合	〆 重合(D)	一个点和一条直线,一个点和一个圆弧	点在直线或圆弧上
交叉点	〤 交叉点(I)	两条线和一个点	点在两条线的交点上
固定	〴 固定(F)	任何一个实体	实体的大小和位置被固定

2. 添加几何关系

在绘制草图状态下,为草图实体添加几何关系的操作方法如下:

第一步:选择要添加几何关系的实体,选择多个实体时请按住键盘上的 Shift 键选择。

第二步:在打开的操作面板中选择几何关系。选择的草图实体类型不同,操作面板中供选择的几何关系不同。

第三步:单击操作面板左上角的"对勾"按钮,完成操作。

3. 显示/隐藏和删除几何关系

显示或隐藏几何关系的操作如下:单击"视图"下拉菜单,在下拉列表中找到

㐃 草图几何关系(E) 选项,单击该按钮可以显示或隐藏草图几何关系。

如果要删除几何关系,先显示草图几何关系,然后选中要删除的几何关系图标,单击鼠标右键,在弹出的菜单中选择"删除几何关系"选项即可。

2.3　SolidWorks 的特征

2.3.1　基于草图的特征

基于草图的特征是以二维草图为截面,经过拉伸、旋转、扫描和放样等生成实体。Solid-Works 的"特征"工具条如图 2-25 所示。

图 2-25　"特征"工具条

1. 拉伸凸台和拉伸切除

拉伸凸台特征是将草图轮廓沿草图基准面法线方向拉伸出一个凸台实体;拉伸切除特征是在已建模型的基础上切除一个凸台实体。这两个特征的操作方法基本相同,操作步骤

如下：

第一步：在已绘制完成草图的基础上，在设计树中选中要拉伸的草图。

第二步：单击"特征"工具条上的"拉伸凸台"/"拉伸切除"按钮，打开"凸台-拉伸"/"切除-拉伸"操作面板，如图 2-26 所示。操作面板中开始和终止条件的意义如下：

① 开始条件：草图基准面——从草图基准面开始拉伸；

曲面/面/基准面——从选择的曲面、面或基准面开始拉伸；

顶点——从通过选择顶点，并平行于草图基准面的平面开始拉伸；

等距——从距离草图基准面给定距离的平面开始拉伸。

② 终止条件：给定深度——拉伸到给定尺寸；

完全贯穿——拉伸贯穿到所有实体；

成形到一顶点——拉伸到通过该顶点，并平行于草图基准面的平面；

成形到一面——拉伸到选择的面；

到离指定面指定的距离——拉伸到离选择面指定的距离；

成形到实体——拉伸到选择的实体；

两侧对称——从开始处向两侧对称拉伸。

第三步：在操作面板中设定好参数后单击"对勾"按钮，完成操作。

扫一扫

拉伸凸台
特征操作

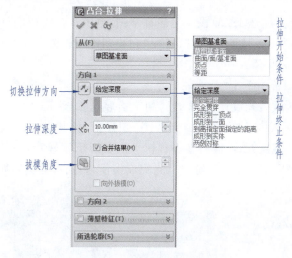

图 2-26 "凸台-拉伸"操作面板

2. 旋转凸台和旋转切除

旋转凸台特征是由草图轮廓绕旋转轴旋转给定的角度形成的特征；旋转切除特征是在已有模型的基础上切除一个旋转特征。这两个特征的操作方法基本相同，操作步骤如下：

第一步：在已绘制完成草图的基础上，在设计树中选中要拉伸的草图。

第二步：单击"特征"工具条上的"旋转凸台"/"旋转切除"按钮，打开"旋转"/"切除-旋转"操作面板，如图 2-27 所示。

第三步：在操作面板中单击"旋转轴"下方的矩形框，到绘图区域的草图上拾取旋转轴。旋转轴可以是中心线，也可以是轮廓线。

第四步：设置旋转条件和旋转角度，然后单击"对勾"按钮，完成操作。

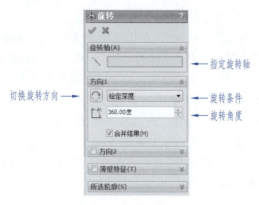

图 2-27　"旋转"操作面板

3. 扫描和扫描切除

扫描特征是由轮廓草图沿路径草图移动形成的特征,所以扫描特征之前,需要绘制两个草图,一个作轮廓草图,一个作路径草图,两个草图的基准面不能平行或共面;扫描切除特征是在已有模型的基础上切除一个扫描特征。这两个特征的操作方法基本相同,操作步骤如下:

第一步:首先绘制两个草图,草图 1 是轮廓草图,草图 2 是路径草图,如图 2-28a 所示。

第二步:单击"特征"工具条上的"扫描"/"扫描切除"按钮,打开"扫描"/"扫描-旋转"操作面板,如图 2-28b 所示。

第三步:在操作面板中单击"拾取轮廓草图"矩形框,使其变蓝,然后到绘图区域拾取轮廓草图 1(或在绘图区域展开设计树,在设计树上拾取轮廓草图 1)。

第四步:在操作面板中单击"拾取路径草图"矩形框,使其变蓝,然后到绘图区域拾取路径草图 2(或在绘图区域展开设计树,在设计树上拾取路径草图 2)。

第五步:单击操作面板中的"对勾"按钮,完成操作,扫描后的实体如图 2-28c 所示。

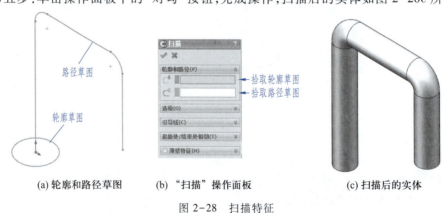

(a) 轮廓和路径草图　　(b) "扫描"操作面板　　(c) 扫描后的实体

图 2-28　扫描特征

4. 放样凸台和放样切割

放样凸台特征和扫描特征不同,它可以有多个轮廓截面,截面之间的特征形状按照"非均匀有理 B 样条"算法实现光滑过渡。放样切割特征是在已有模型的基础上切除一个放样

特征。这两个特征的操作方法基本相同,操作步骤如下:

第一步:首先绘制两个或多个截面草图,如图 2-29a 所示,草图 1 是矩形截面,草图 2 是圆截面,草图 2 的基准面和草图 1 的基准面平行,是用户定义的基准面。

第二步:单击"特征"工具条上的"放样凸台"/"放样切割"按钮,打开"放样"/"切除-放样"操作面板,如图 11-29b 所示。

第三步:在操作面板中单击"拾取截面草图"矩形框,使其变蓝,然后到绘图区域拾取轮廓草图 1 和草图 2(或在绘图区域展开设计树,在设计树上拾取轮廓草图 1 和草图 2),如图 2-29b 所示。

第四步:单击操作面板中的"对勾"按钮,完成操作,如图 2-29c 所示。

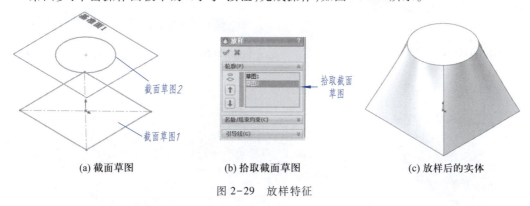

(a) 截面草图　　　　　(b) 拾取截面草图　　　　　(c) 放样后的实体

图 2-29　放样特征

5. 筋(肋板)

筋(肋板)特征是由开环的草图轮廓生成的特殊类型的拉伸特征,在草图轮廓和已建模型实体之间添加指定方向和厚度的筋(肋板),不能生成切除特征。操作步骤如下:

第一步:已经创建的模型如图 2-30a 所示。

第二步:绘制筋草图。选择筋的平行对称中心面为草图基准面,筋草图是一个开环草图,即不能封闭,如图 2-30b 所示。

第三步:单击"特征"工具条上的"筋"按钮,打开"筋"操作面板,如图 2-30c 所示。

第四步:在"筋"操作面板中,选择筋厚度的方式(对称方式),输入筋厚度,选择拉伸方向。查看在绘图区域高亮显示的拉伸效果,如图 2-30d 所示。

第五步:拉伸效果满足要求后,单击"对勾"按钮完成操作,如图 2-30e 所示.

2.3.2　基于实体的特征

基于实体的特征是对已经创建的特征可以进行倒角/圆角、线性阵列等编辑操作,从而生成新的特征。

1. 倒角/圆角

倒角和圆角是在已经创建的实体模型上生成三维倒角和圆角。操作方法是单击"特征"工具条上的"倒角"/"圆角"按钮,在打开的"倒角"/"圆角"操作面板中输入倒角/圆角值,在绘图区域拾取要倒角/圆角的棱边或面,最后单击"对勾"按钮完成操作。

2. 异型孔

SolidWorks 2013 中,异型孔包括柱形沉头孔、锥形沉头孔、通用孔、直螺纹孔、锥螺纹孔、

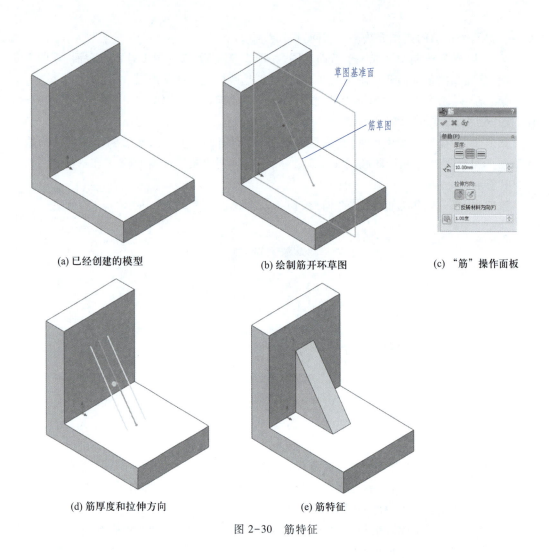

(a) 已经创建的模型　　(b) 绘制筋开环草图　　(c) "筋" 操作面板

草图基准面

筋草图

(d) 筋厚度和拉伸方向　　(e) 筋特征

图 2-30　筋特征

旧制孔六种。每种孔用一组参数驱动大小和形状。孔的位置如果能由实体的特征点确定，就可以直接拾取，如果不能由实体的特征点确定，可以用一个二维平面草图确定孔的位置，这样如果修改孔的位置，只需要修改该草图即可。

下面以直螺纹孔为例，说明异型孔的操作步骤。

第一步：创建要钻孔零件的实体模型，并绘制草图确定钻孔位置，如图 2-31a 所示。

第二步：单击 "特征" 工具条上的 "异型孔向导" 按钮，打开 "孔规格" 操作面板，如图 2-31b 所示。

第三步：在 "孔规格" 操作面板中，选择孔类型（直螺纹孔）、标准（GB）、类型（螺纹孔）、孔规格（大小）、终止条件（给定深度）、钻孔深度、螺纹深度等参数，如图 2-31b 所示。

第四步：单击 "孔位置" 操作面板，如图 2-31c 所示，单击 "3D 草图" 按钮，在绘图区域的草图上拾取孔的位置。

第五步：单击 "对勾" 按钮完成操作，如图 2-31d 所示。

3. 阵列

阵列是将已经创建的特征作为原始样本，通过指定阵列参数产生多个子特征。原始特

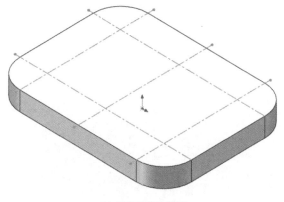

(a) 创建模型和草图

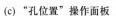

(c) "孔位置"操作面板

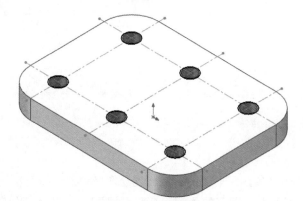

(d) 异型孔特征

(b) "孔规格"操作面板

图 2-31　异型孔

征和子特征是关联的,修改原始特征,子特征随之改变。

（1）线性阵列

线性阵列是指沿一条或两条直线路径,生成多个子特征的方法。操作方法如下:

第一步:单击"特征"工具条上的"线性阵列"按钮,打开"线性阵列"操作面板。

第二步:单击面板中"方向 1"下方的矩形框,到绘图区域的实体模型上拾取一个棱边作为线性阵列的一条路径,单击路径上的箭头,确定阵列方向。然后输入阵列的距离和个数,如图 2-32 所示。

第三步:单击面板中"方向 2"下方的矩形框,到绘图区域的实体模型上拾取一个棱边作为线性阵列的第二条路径,单击路径上的箭头,确定阵列方向。然后输入阵列的距离和个数。

第四步:单击"要阵列的特征"下方的矩形框,在绘图区域内拾取要阵列的对象。

第五步:单击"对勾"按钮,完成操作。

（2）圆周阵列

圆周阵列是指绕一个轴心,沿圆周路径生成多个子特征的方法。操作方法如下:

第一步:单击"特征"工具条上的"线性阵列|圆周阵列"按钮,打开"圆周阵列"操作

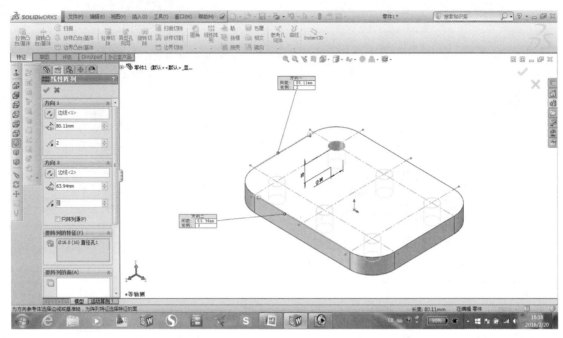

图 2-32　线性阵列

面板。

　　第二步:单击面板中"参数"下方的矩形框,到绘图区域的实体模型上拾取一个圆柱面作为圆周阵列的路径。然后输入阵列的角度和个数,如图 2-33 所示。均匀分布时,选中"等间距"复选框。

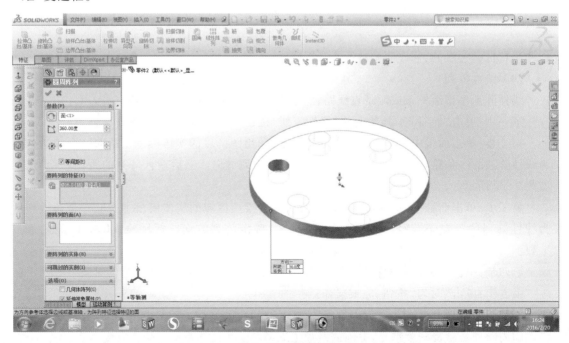

图 2-33　圆周阵列

第三步：单击"要阵列的特征"下方的矩形框，在绘图区域内拾取要阵列的对象。

第四步：单击"对勾"按钮，完成操作。

4. 镜向

对称的特征可以只创建一半特征，另一半特征用镜向实体的方法产生。镜向的特征和原始的特征是有关联关系的，修改原始特征，镜向特征随之改变。操作方法如下：

第一步：单击"特征"工具条上的"线性阵列丨镜向"按钮，打开"镜向"操作面板。

第二步：单击面板中"镜向面/基准面"下方的矩形框，到绘图区域的实体模型上拾取一个平面（或基准面）作为镜向面，如图 2-34 所示。

第三步：单击"要镜向的特征"下方的矩形框，在绘图区域内拾取要镜向的对象。

第四步：单击"对勾"按钮，完成操作。

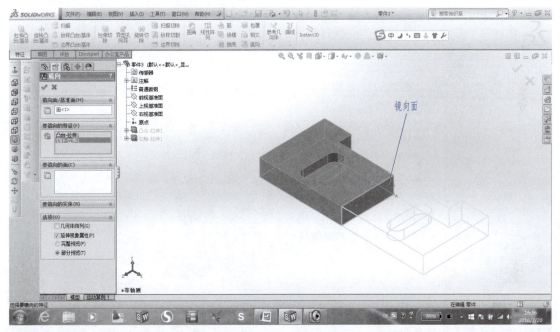

图 2-34 镜向

2.3.3 基准面和基准轴

1. 基准面

SolidWorks 2013 中，除系统提供的三个默认的基准面之外，用户也可以根据建模的需要创建自己的基准面。通过创建用户基准面，有时可以简化建模方法。

几何上确定一个平面的方法有以下几种：

① 将已有的平面偏移一个距离确定一个新平面。

② 将已有的平面绕一条线旋转一定角度确定一个新平面。

③ 两条平行直线确定一个新平面。

④ 两条相交直线确定一个新平面。

⑤ 直线和直线外一点确定一个新平面。

⑥ 过一点作一个已知平面的平行平面确定一个新平面。

创建基准面的方法是单击"特征|参考几何体|基准面",在绘图区域选择创建基准面的几何元素,如实体的平面、棱线、角点、其他基准面、曲面、草图上的点和线等,选择的第一个几何元素显示在"基准面"操作面板的"第一参考"部分,然后可以给"第一参考"添加约束(平行、垂直、距离、角点等),也可以到绘图区域选择"第二参考""第三参考"。当确定一个基准面的条件满足后,操作面板的"信息"栏将显示"完全定义",单击"对勾"按钮,完成操作。

　　创建基准面的操作步骤如下:

　　第一步:单击"特征|参考几何体|基准面",打开"基准面"操作面板。

　　第二步:在绘图区域展开设计树,在设计树上选择"上视基准面",上视基准面即为"第一参考",为上基准面添加"平行"约束,如图 2-35 所示。

　　第三步:在绘图区域单击零件实体的圆柱面,圆柱面即为"第二参考",为第二参考添加"相切"约束,则确定基准面的条件足够,"信息"栏目显示"完全定义"。

　　第四步:单击"对勾"按钮,完成操作。

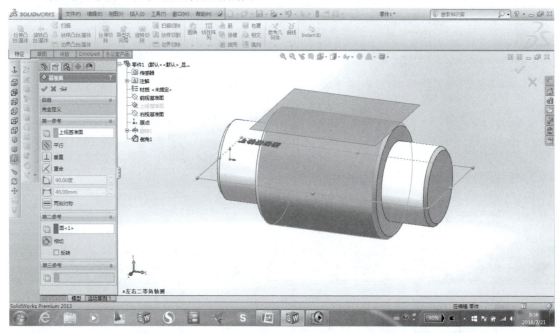

图 2-35　确定基准面

2. 基准轴

　　基准轴是一条几何直线,没有长度的概念,必须依附于一个几何实体(如基准面、平面、柱面、点等)。基准轴可以用作基准面等其他特征的参考,在创建装配体时,可以用来作为配合的要素。

　　创建基准轴的方法是单击"特征|参考几何体|基准轴",在绘图区域选择创建基准轴的几何元素,如柱面、棱线、点等,然后单击"对勾"按钮,完成操作。

2.4　SolidWorks 建模案例

　　用户可以通过对案例的学习,掌握 SolidWorks 的命令、操作面板的使用方法、建模风格和逻辑步骤,逐步培养简捷高效的建模逻辑思维方法。

【例 2-1】 根据图 1-41 所示扳手的草图,创建其三维模型。

【形体分析】 扳手由扳手头部和手柄两部分组成。扳手头部由正六边形和 3 段圆弧组成,手柄部分由一段圆弧(*R*15)和两段直线组成,手柄尾部有一个 ϕ15 的孔。

【逻辑步骤】 先绘制扳手头部→再绘制手柄→最后拉伸切除 ϕ15 的孔。

【建模步骤】

第一步:绘制扳手头部。

① 单击标准工具栏上的"新建"按钮,在打开的"新建 SolidWorks 文件"对话框中单击"零件"按钮,然后单击"确定"按钮。

② 单击"草图"工具条上的"草图绘制"命令,选择"上视基准面"为草图基准面,单击"多边形"按钮,在操作面板中将边数改为 6,在原点画一个多边形,选择多边形的一条竖边,添加几何关系为"竖直",标注尺寸为 44,使草图"完全定义",如图 2-36a 所示。

③ 用"圆"命令绘制 3 个圆,两个小圆的圆心是六边形的顶点,半径等于六边形的边长(捕捉六边形相邻的另一个顶点即可);大圆的圆心为原点,半径等于 44,如图 2-36b 所示。

④ 单击"剪裁实体"按钮,将剪裁模式设置为"剪裁到最近端",剪裁草图,如图 2-36c 所示,单击"退出草图"按钮,完成草图的绘制。

需要注意的是,绘制草图的方法和步骤不是唯一的,有多种方法,如该例中三段圆弧也可以用"3 点圆弧"命令绘制,再标注尺寸和添加几何关系,无论哪种方法,图线必须"完全定义"(显示为黑色,图线状态显示在绘图区域右下侧的状态行上),如果"欠定义"(显示为蓝色的图线)就要添加几何关系或标注尺寸,如果"过定义"(黄色警告)就要删除几何关系或多余的尺寸。

⑤ 在设计树中选中草图 1,单击"特征"工具条上的"拉伸凸台",将拉伸高度修改为 8,在"方向 1"下拉列表中选择"两侧对称",单击"对勾"按钮完成建模。

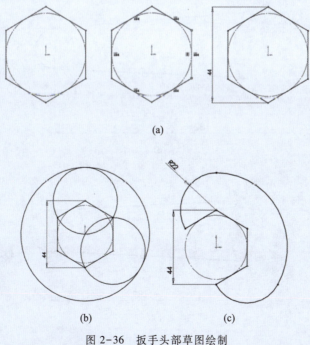

图 2-36 扳手头部草图绘制

第二步:绘制手柄部分。

① 单击"草图"工具条上的"草图绘制"按钮,选"上视基准面"为草图基准面,用"圆"命令绘制一个圆,并标注定形尺寸为 φ30 和定位尺寸为 182,选择圆的圆心和原点,添加几何关系为"水平",使圆"完全定义",如图 2-37a 所示。

② 用"直线"命令绘制手柄两侧的线段(注意不要捕捉圆和实体的特征点自动添加几何关系),用"3 点圆弧"命令绘制左侧的圆弧(R44),如图 2-37b 所示。

③ 选择圆弧和扳手头部实体上的轮廓线,添加几何关系"相等"和"同心",选择直线和 φ30 的圆添加几何关系"相切",标注尺寸,使草图"完全定义",剪裁草图,完成草图绘制,如图 2-37c 所示(图中的草图几何关系符号,可以单击"视图"下拉菜单中的

✛ 草图几何关系(E) 选项显示或隐藏),单击"退出草图"按钮。

④ 在设计树中选中草图 2,单击"特征"工具条上的"拉伸凸台",修改拉伸高度为 5,在"方向 1"下拉列表中选择"两侧对称",单击"对勾"按钮完成手柄部分的建模。

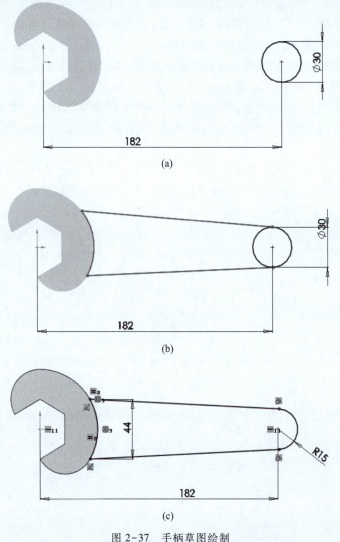

图 2-37 手柄草图绘制

第三步:绘制右端小孔。

① 单击"特征"工具条上的"拉伸切除"命令,选择手柄上表面为草图基准面,进入绘制草图状态,用"圆"命令画圆,圆心捕捉 $R15$ 的圆心,标注尺寸 $\phi15$,退出草图,在"方向1"下拉列表中选择"完全贯穿",单击"对勾"按钮完成拉伸切除。

② 单击"特征"工具条上的"绘制圆角"命令,在操作面板中将圆角半径修改为 22,在模型上拾取扳手头部和手柄交界处需要画圆角的全部棱线,点"对勾"按钮完成两个圆角。完成后的模型如图 2-38 所示。

③ 单击标准工具栏上的"保存"按钮,将文件保存在用户指定的文件夹中。

扫一扫

扳手建模
案例

图 2-38　扳手模型

【例 2-2】　根据图 2-39a 所示手柄的图样,创建其三维模型。

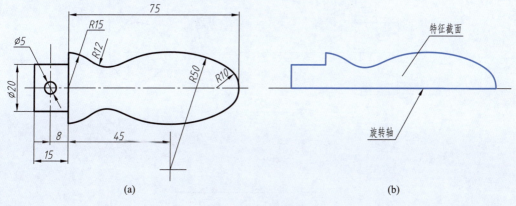

图 2-39　手柄图样

【形体分析】　手柄是一个回转曲面,特征截面如图 2-39b 所示。

【逻辑步骤】　先绘制手柄的主体部分→再拉伸切除 $\phi5$ 的孔。

【建模步骤】

第一步:绘制手柄的主体部分。

① 单击标准工具栏上的"新建"按钮,在打开的"新建 SolidWorks 文件"对话框中单击"零件"按钮,然后单击"确定"按钮。

② 单击"草图"工具条上的"草图绘制"按钮,选"上视基准面"为草图基准面,用"直线"工具箱中的"中心线"命令从原点画一条轴线,再用"直线"命令绘制 $\phi20$ 圆柱的截面

轮廓线,并标注尺寸,使草图"完全定义",如图 2-40a 所示。

③ 用圆弧命令绘制 $R15$ 的圆弧,为其圆心和轴线添加几何关系为"重合"和竖线为"重合"。用"圆"命令绘制 $R10$ 的圆弧,将其圆心和轴线重合,并标注定形尺寸 $\phi20$ 和定位尺寸 75。用圆弧命令绘制 $R50$ 的圆弧,选中该圆弧和 $\phi20$ 的圆,添加几何关系为"相切",标注圆心定位尺寸 45 和定形尺寸 $R50$,使草图"完全定义",如图 2-40b 所示。

④ 用圆弧命令绘制 $R12$ 的圆弧,为 $R12$ 和 $R50$ 圆弧添加几何关系为"相切", $R12$ 和 $R15$ 添加几何关系为"相切",标注尺寸 $R12$,使草图"完全定义",剪裁草图,用"直线"命令将草图截面封闭,完成草图绘制,如图 2-40c 所示,退出草图。

⑤ 选择草图,单击"特征"工具条上的"旋转凸台"按钮,旋转角度选择为"360.00度",单击"对勾"按钮完成主体的建模。

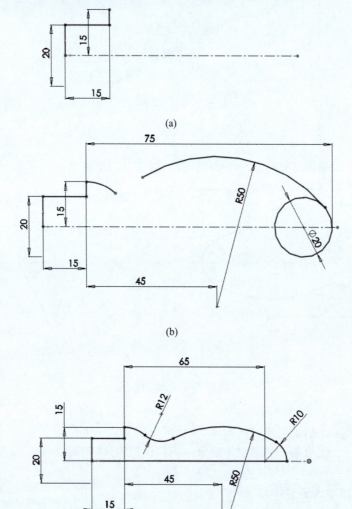

图 2-40　手柄旋转截面草图

第二步:拉伸切除 $\phi5$ 的孔。

① 单击"特征"工具条上的"拉伸切除"按钮,选择"前视基准面"为草图基准面,用"圆"命令画圆,选择圆心和原点,添加几何关系为"水平",并标注尺寸,使草图"完全定义",如图 2-41 所示,单击"退出草图"按钮。

② 在打开的"切除-拉伸"操作面板中输入拉伸长度(长度大于圆柱直径即可),在"方向 1"下拉列表中选择"两侧对称",单击"对勾"按钮完成建模。

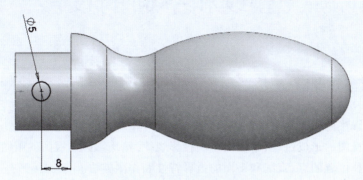

扫一扫

手柄建模
案例

图 2-41　手柄拉伸切除草图

3

点、直线和平面的投影

🎯 学习目标和要求

1. 了解投影法的概念及分类。
2. 理解三视图的形成过程,掌握三视图投影规律,熟练掌握三视图的画图方法与步骤。
3. 掌握各种位置的点、直线和平面的投影特性和作图方法。
4. 了解两直线相对位置的投影特性,会根据投影判断两直线的相对位置(平行、相交、交叉)。
5. 掌握直线上取点以及在平面内取点或直线的作图方法。
6. 了解换面法的基本原理和基本作图。

🔍 重点和难点

1. 三视图的投影规律。
2. 各种位置点、直线和平面的投影特性及空间位置的判断。
3. 平面上取点或直线的作图方法。

在生产实际中,设计和制造部门普遍使用工程图样来表达设计思想和要求,而工程图样中的图形是使用投影的方法获得的。本章介绍投影法的一些基本知识以及点、直线和平面的投影规律(或投影特性)和作图方法。

3.1 投影法及三视图的形成

3.1.1 概述

投影法是指投射线通过物体,向选定的面投射,并在该面上得到图形的方法。

如图 3-1 所示,设定平面 P 为投影面,不属于投影面的定点 S 为投射中心。过空间点 A 由投射中心 S 可引直线 SA,SA 为投射线。投射线 SA 与投影面 P 的交点 a,称作空间点 A 在投影面 P 上的投影。同理,b 是空间点 B 在投影面 P 上的投影(注:空间点以大写字母表示,如 A 和 B,其投影用相应的小写字母表示,如 a 和 b)。

3.1.2 投影法分类

1. 中心投影法

投射线汇交于一点(投射中心)的投影法,称为中心投影法。所得的投影称为中心投影,如图 3-1 、图 3-2 所示。

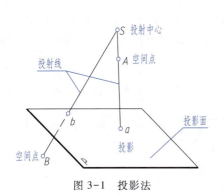

图 3-1 投影法

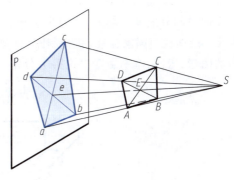

图 3-2 中心投影法

2. 平行投影法

投射线相互平行的投影法,称为平行投影法。根据投射线与投影面的相对位置,平行投影法又分为:

① 斜投影法——投射线倾斜于投影面。由斜投影法得到的投影,称为斜投影,如图 3-3 所示。

② 正投影法——投射线垂直于投影面。由正投影法得到的投影,称为正投影,如图 3-4 所示。

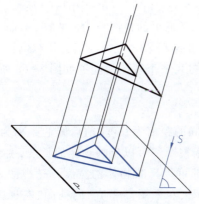

图 3-3 平行投影法—斜投影法

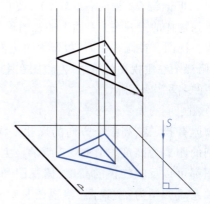

图 3-4 平行投影法—正投影法

绘制工程图样主要使用正投影法,本书中如不作特别说明,"投影"即指"正投影"。

3.1.3 三视图的形成

一般工程图样大都是采用正投影法绘制的正投影图,根据有关标准和规定,用正投影法所绘制出的物体的图形称为视图。

1. 三投影面体系

　　如图 3-5 所示,三投影面体系由三个相互垂直的投影面组成,其中 V 面为正立投影面,简称为正面;H 面为水平投影面,简称为水平面;W 面为侧立投影面,简称为侧面。在三投影面体系中,两个投影面之间的交线称为投影轴,V 面与 H 面的交线为 OX 轴,H 面与 W 面的交线为 OY 轴,V 面与 W 面的交线为 OZ 轴。三条投影轴的交点为投影原点,记为 O。三个投影面把空间分成 8 个部分,称为 8 个分角。分角 I,II,III,IV,…,VIII 的划分顺序如图 3-5 所示。根据我国国家标准《机械制图》的规定,机械图样是将物体放在第 I 分角进行投影所得的图形,因此,本书主要讨论第 I 分角投影。

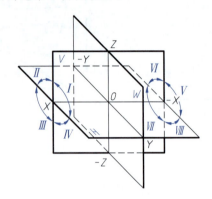

图 3-5　三投影面体系

2. 三视图的形成

　　如图 3-6a 所示,将物体放在三投影面体系第 I 分角内,分别向三个投影面投射,可以得到三个不同的视图。为了使所得的三个视图平齐,保持 V 面不动,假想将 H 面绕 OX 轴向下旋转 $90°$,W 面绕 OZ 轴向右旋转 $90°$,使它们与 V 面平齐,如图 3-6b 和图 3-6c 所示。这样,便可得到物体的三视图。V 面上的视图称为主视图,H 面上的视图称为俯视图,W 面上的视图称为左视图。在画视图时,投影面的边框及投影轴不必画出,三个视图的相对位置不能变动,即俯视图在主视图的下边,左视图在主视图的右边,三个视图的配置如图 3-6d 所示,三个视图的名称均不必标注。

3. 三视图之间的度量对应关系

　　物体有长、宽、高三个方向的尺寸。物体左右间的距离为长度,前后间的距离为宽度,上下间的距离为高度,如图 3-7 所示。主视图和俯视图都可以反映物体的长度,主视图和左视图都可以反映物体的高度,俯视图和左视图都可以反映物体的宽度。三视图之间的投影关系可归纳为:主视图、俯视图长对正,主视图、左视图高平齐,俯视图、左视图宽相等,即"长对正,高平齐,宽相等"。这种"三等"关系是三视图的重要特性,也是画图和读图的主要依据。

4. 三视图与物体方位的对应关系

　　物体有上、下、左、右、前、后六个方位,如图 3-7 所示,主视图能反映物体的左右和上下关系,左视图能反映物体的上下和前后关系,俯视图能反映物体的左右和前后关系。

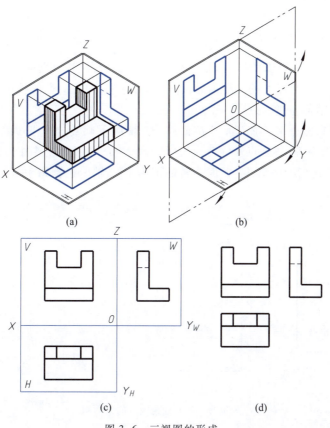

(a)　　　　　　　　(b)

(c)　　　　　　　　(d)

图 3-6　三视图的形成

扫一扫

三视图的
形成

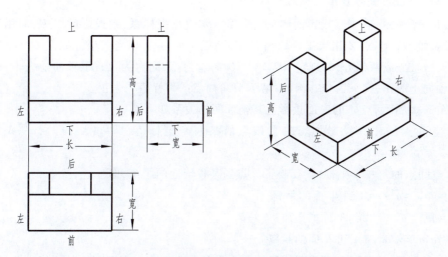

图 3-7　三视图的度量对应关系和方位关系

3.2　点的投影

3.2.1　点的三面投影

如图 3-8a 所示，三投影面体系第 I 分角内有一点 A，将其分别向 V、H、W 面投射，即得点的三面投影。其中，V 面上的投影称为正面投影，记为 a'；H 面上的投影称为水平投影，记为 a；W 面上的投影称为侧面投影，记为 a''。

移去空间点 A，保持 V 面不动，将 H 面绕 OX 轴向下旋转 $90°$，W 面绕 OZ 轴向右旋转 $90°$，使它们与 V 面平齐，得到点 A 的三面投影图，如图 3-8b 所示。图中 OY 轴被假想分为两条，随 H 面旋转的记为 OY_H 轴，随 W 面旋转的记为 OY_W 轴。投影图中不必画出投影面的边界，如图 3-8c 所示。

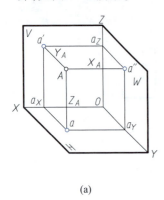 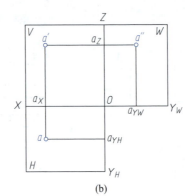 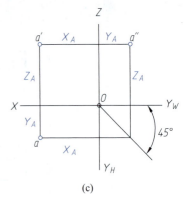

(a)　　　　　　　　　　　　(b)　　　　　　　　　　　　(c)

图 3-8　第 I 分角内点的投影图

3.2.2　点的三面投影与直角坐标的关系

如图 3-5 所示，若将三投影面体系当作笛卡尔直角坐标系，则投影面 V、H、W 相当于坐标面，投影轴 OX、OY、OZ 相当于坐标轴 X、Y、Z，投影原点 O 相当于坐标原点 O。投影原点把每个投影轴分成两部分，并规定：OX 轴从 O 向左为正，向右为负；OY 轴向前为正，向后为负；OZ 轴向上为正，向下为负。因此，第 I 分角内点的坐标值均为正。

由图 3-8 所示，点 A 的三面投影与其坐标间的关系如下：

① 空间点的任一投影均反映了该点的某两个坐标值，即 $a(X_A, Y_A)$，$a'(X_A, Z_A)$，$a''(Y_A, Z_A)$。

② 空间点的每一个坐标值，反映了该点到某投影面的距离，即：

$X_A = aa_{YH} = a'a_Z = A$ 到 W 面的距离；

$Y_A = aa_X = a''a_Z = A$ 到 V 面的距离；

$Z_A = a'a_X = a''a_{YW} = A$ 到 H 面的距离。

由上可知，点 A 的任意两个投影反映了点的三个坐标值。有了点 A 的一组坐标 (X_A, Y_A, Z_A)，就能唯一确定该点的三面投影 (a, a', a'')。

3.2.3　点的三面投影规律

如图 3-8a 所示，投射线 Aa 和 Aa' 构成的平面 Aaa_Xa' 垂直于 H 面和 V 面，则必垂直于

OX 轴,因而 $aa_x \perp OX$,$a'a_x \perp OX$。当 a 随 H 面绕 OX 轴旋转与 V 面平齐后,a、a_x、a' 三点共线,且 $a'a \perp OX$ 轴,如图 3-8b 所示。同理可得,点 A 的正面投影与侧面投影的连线垂直与 OZ 轴,即 $a'a'' \perp OZ$。

空间点 A 的水平投影到 OX 轴的距离和侧面投影到 OZ 轴的距离均反映该点的 Y 坐标,故 $aa_x = a''a_z = Y_A$。

综上所述,点的三面投影规律为:

① 点的正面投影与水平投影的连线垂直于 OX 轴。

② 点的正面投影与侧面投影的连线垂直于 OZ 轴。

③ 点的水平投影与侧面投影具有相同的 Y 坐标。这条规律在作图时,可用过点 O 的 45°线来体现,如图 3-8c 所示,也可以 O 为圆心画圆弧来体现。

【例 3-1】 已知点 A 的两面投影 a 和 a',求作 a''。

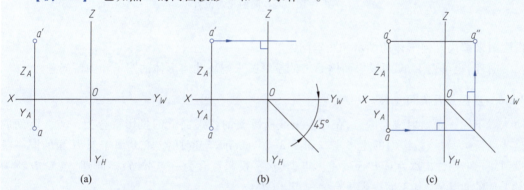

图 3-9 已知点的两面投影,求作其第三面投影

【解】 作图方法和步骤如下:

① 过 a' 向右作 OZ 轴垂线;过 O 作 45°斜线,如图 3-9b 所示。

② 过 a 向右作 OY_H 轴垂线与 45°斜线相交,过交点向上作 OY_W 轴垂线与过 a' 向右所作 OZ 轴垂线相交,交点即为 a'',如图 3-9c 所示。

3.2.4 两点间的相对位置

两点间的相对位置是指空间两点之间上下、左右、前后的位置关系。

根据两点的坐标,可判断空间两点间的相对位置。两点中,X 坐标值大的在左;Y 坐标值大的在前;Z 坐标值大的在上。如图 3-10a 所示,$X_A > X_B$,则点 A 在点 B 之左;$Y_A > Y_B$,则点 A 在点 B 之前;$Z_A > Z_B$,则点 A 在点 B 之上。即点 A 在点 B 之左、前、上方,如图 3-10b 所示。

3.2.5 点的两面投影

如图 3-10a 所示,图中删去 OZ 轴、OY_H 轴以及这两轴之右的一切内容,保留 OX 轴以及原 OZ 轴、OY_H 轴之左的所有内容,就可将这个图看作是在相互垂直的正立投影面 V 与水平投影面 H 组成的 V、H 两投影面体系中的点 A、点 B 的两面投影图,形成的过程已在上述点的三面投影形成过程中陈述了,只是未设侧立投影面 W 而已。显而易见,在这个两面投影图中清楚地表示了点 A、点 B 的坐标和两点间的相对位置,因此也可用 V、H 两投影面体系中的

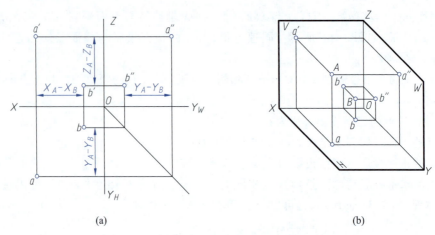

(a)　　　　　　　　　　　　　　　　　(b)

图 3-10　两点间的相对位置

投影图来解决几何形体的图示和图解问题。

同理,也可用 V、W 两投影面体系中的投影图来解决几何形体的图示和图解问题。

3.2.6　重影点及其可见性

属于同一条投射线上的点,在该投射线所垂直的投影面上的投影重合为一点。空间的这些点,称为对该投影面的重影点。如图 3-11a 所示,空间两点 A、B 属于对 H 面的同一条投射线,则点 A、B 称为对 H 面的重影点,其水平投影重合为一点 $a(b)$。同理,点 C、D 称为对 V 面的重影点,其正面投影重合为一点 $c'(d')$。

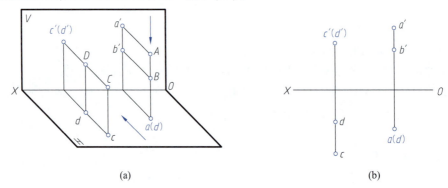

(a)　　　　　　　　　　　　　　　　　(b)

图 3-11　重影点和可见性

当空间两点在某投影面上的投影重合时,其中必有一点的投影遮挡着另一点的投影,这就出现了重影点的可见性问题。如图 3-11b 所示,点 A、B 为对 H 面的重影点,由于 $Z_A>Z_B$,点 A 在点 B 的上方,故 a 可见,b 不可见(点的不可见投影需表明时可加括号表示)。同理,点 C、D 为对 V 面的重影点,由于 $Y_C>Y_D$,点 C 在点 D 的前方,故 c' 可见,d' 不可见。

显然,重影点是那些两个坐标值相等,第三个坐标值不等的空间点。因此,判断重影点的可见性,是根据它们不等的那个坐标值来确定的,即坐标值大的可见,坐标值小的不可见。

3.3 直线的投影

3.3.1 直线的投影

直线的投影可由属于该直线的两点的投影来确定。一般用直线段的投影表示直线的投影，即作出直线段上两端点的投影，则该两点的同面投影（不同几何元素在同一投影面上的投影，称为同面投影）的连线即为直线段的同面投影，如图 3-12 所示。

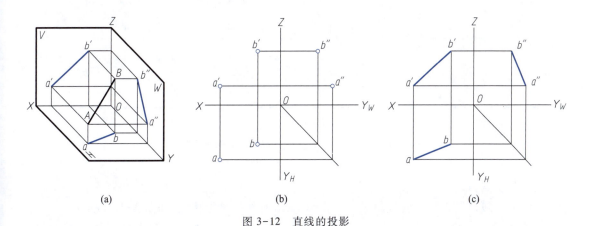

(a)   (b)   (c)

图 3-12 直线的投影

3.3.2 各种位置直线的投影

根据直线在投影面体系中对投影面所处的位置不同，可将直线分为一般位置直线、投影面平行线和投影面垂直线三类。其中，后两类统称为特殊位置直线。

直线 { 一般位置直线：与三个投影面都倾斜的直线
特殊位置直线 { 投影面平行线——平行于某投影面，倾斜于其余两投影面的直线（正平线、水平线、侧平线）
投影面垂直线——垂直于某投影面，平行于其余两投影面的直线（正垂线、铅垂线、侧垂线）

直线对投影面 H、V、W 的倾角，分别用 α、β、γ 表示，如图 3-13a 所示。

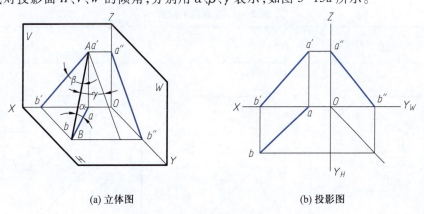

(a) 立体图   (b) 投影图

图 3-13 一般位置直线的投影

直线相对于投影面所处的位置不同，表现出的投影特性也有所不同。

当直线与投影面垂直，如图 3-14a 所示，直线的投影将表现为一个点（积聚性）；当直线与投影面平行，如图 3-14b 所示，直线的投影 *ab* 将能反映空间直线 *AB* 的实长（实形性）；当直线与投影面倾斜，直线的投影将表现为长度缩短的线段，如图 3-14c 所示。

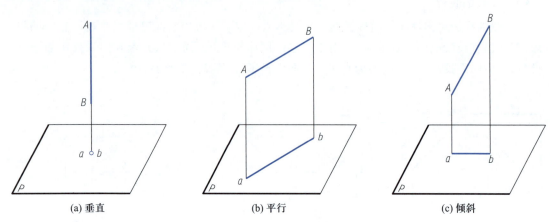

(a) 垂直	(b) 平行	(c) 倾斜

图 3-14　直线相对于投影面位置不同时的投影特性

1. 一般位置直线

由于一般位置直线同时倾斜于三个投影面，故有如下投影特性，如图 3-13 所示：

① 直线的三面投影都倾斜于相应的投影轴，它们与投影轴的夹角，均不反映直线对投影面的真实倾角。

② 直线的三面投影的长度都小于实长，其投影长度与直线对各投影面的倾角有关，即 $ab = AB\cos\alpha$，$a'b' = AB\cos\beta$，$a''b'' = AB\cos\gamma$。

2. 投影面平行线

投影面平行线中，与正面平行的称为正平线；与水平面平行的称为水平线；与侧面平行的称为侧平线。

表 3-1 列出了三种投影面平行线的立体图、投影图、投影特性和实例。

表 3-1　投影面平行线

名称	正平线	水平线	侧平线
立体图			

名称	正平线	水平线	侧平线
投影图			
投影特性	$a'b'$ 反映实长和实际倾角 α、γ；$ab /\!/ OX$，$a''b'' /\!/ OZ$，长度缩短	cd 反映实长和实际倾角 β、γ；$c'd' /\!/ OX$，$c''d'' /\!/ OY_W$，长度缩短	$e''f''$ 反映实长和实际倾角 α、β；$e'f' /\!/ OZ$，$ef /\!/ OY_H$，长度缩短
实例			

从表 3-1 中正平线的立体图可知：

由于 $ABb'a'$ 是矩形，故 $a'b' /\!/ AB$，$a'b' = AB$；

由于 AB 上各点与 V 面等距，即 Y 坐标相等，故 $ab /\!/ OX$，$a''b'' /\!/ OZ$；

由于 $a'b' /\!/ AB$，$ab /\!/ OX$、$a''b'' /\!/ OZ$，故 $a'b'$ 与 OX、OZ 的夹角，即为 AB 对 H 面、W 面的真实倾角 α、γ。

同时还可以看出：$ab = AB\cos \alpha < AB$，$a''b'' = AB\cos \gamma < AB$。

通过以上证明可得出表 3-1 中所列的正平线的投影特性。同理，也可得出水平线和侧平线的投影特性。

从表 3-1 中可概括出投影面平行线的投影特性：

① 在所平行的投影面上的投影反映实长（实形性）；它与相应投影轴的夹角分别反映直线对另两投影面的真实倾角。

② 在另两投影面上的投影，分别平行（或垂直）于相应的投影轴，且长度缩短。

3. 投影面垂直线

投影面垂直线中，与正面垂直的称为正垂线；与水平面垂直的称为铅垂线；与侧面垂直的称为侧垂线。

表 3-2 列出了三种投影面垂直线的立体图、投影图、投影特性和实例。

表 3-2　投影面垂直线

名称	正垂线	铅垂线	侧垂线
立体图			
投影图			
投影特性	$a'(b')$ 积聚成一点； $ab /\!/ OY_H$，$a''b'' /\!/ OY_W$，都反映实长	$c(d)$ 积聚成一点； $c'd' /\!/ OZ$，$c''d'' /\!/ OZ$，都反映实长	$e''(f'')$ 积聚成一点； $ef /\!/ OX$，$e'f' /\!/ OX$，都反映实长
实例			

续表

名称	正垂线	铅垂线	侧垂线
实例	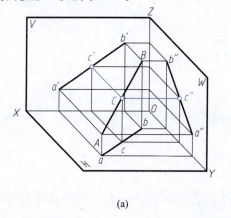		

从表 3-2 中正垂线 AB 的立体图可知：

因为 $AB \perp V$ 面，所以 a'、b' 积聚成一点；

因为 $AB \parallel W$ 面，$AB \parallel H$ 面，AB 上各点的 X 坐标、Z 坐标分别相等，所以 $ab \parallel OY_H$、$a''b'' \parallel OY_W$，且 $a''b'' = AB$、$ab = AB$。

于是就得出表 3-2 中所列的正垂线的投影特性。同理，也可得出铅垂线和侧垂线的投影特性。

从表 3-2 中可概括出投影面垂直线的投影特性：

① 在与直线垂直的投影面上的投影积聚成一点（积聚性）。

② 在另外两个投影面上的投影垂直（或平行）于相应的投影轴，且均反映实长（实形性）。

3.3.3 点与直线

点与直线的从属关系有点从属于直线和不从属于直线两种情况。

1. 点从属于直线

① 点从属于直线，则点的各面投影必从属于直线的同面投影。

如图 3-15 所示，点 C 从属于直线 AB，其水平投影 c 从属于 ab，正面投影 c' 从属于 $a'b'$，侧面投影 c'' 从属于 $a''b''$。

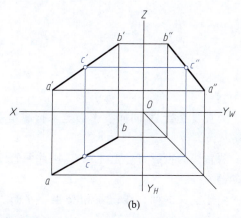

(a)　　　　　　　　　　(b)

图 3-15　从属于直线的点

反之,在投影图中,如点的各面投影从属于直线的同面投影,则该点必定从属于此直线。

② 从属于直线的点分割线段之长度比等于其投影分割线段投影长度之比。

如图 3-15 所示,点 C 将线段 AB 分为 AC、CB 两段,则 $AC : CB = ac : cb = a'c' : c'b' = a''c'' : c''b''$。

2. 点不从属于直线

若点不从属于直线,点的投影则不具备上述性质。

如图 3-16 所示,虽然点 k 从属于 ab,但是点 k' 不从属于 $a'b'$,故点 K 不从属于直线 AB。

3.3.4 两直线的相对位置

两直线的相对位置有三种情况:相交、平行、交叉(既不相交,又不平行,也称异面)。

1. 两直线相交

两直线相交,其交点同属于两直线,为两直线所共有。两直线相交,同面投影必相交。其同面投影的交点,即为两直线交点的同面投影。

如图 3-17 所示,直线 AB 与 CD 相交,其同面投影 $a'b'$ 与 $c'd'$,ab 与 cd,$a''b''$ 与 $c''d''$ 均相交,其交点 k'、k 和 k'' 即为 AB 与 CD 的交点 K 的三面投影(交点的投影应符合点的投影规律)。

两直线的投影符合上述特点,则两直线必定相交。

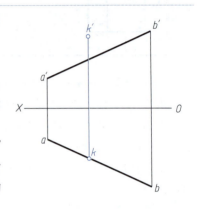

图 3-16 点不从属于直线

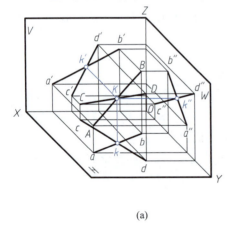

(a)　　　　　　　　　　(b)

图 3-17 两直线相交

2. 两直线平行

两直线平行,其同面投影必定平行或是重合。如图 3-18 所示,$AB /\!/ CD$,则 $a'b' /\!/ c'd'$,$ab /\!/ cd$,$a''b'' /\!/ c''d''$。

两直线的投影符合上述特点,则此两直线必定平行。

3. 两直线交叉

由于交叉的两直线既不相交也不平行,因此不具备相交两直线和平行两直线的投影特点。

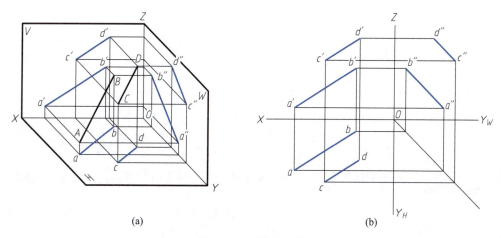

(a)   (b)

图 3-18　两直线平行

若交叉两直线的投影中,有某投影相交,这个投影的交点是同处于一条投射线上且分别从属于两直线的两个点,即重影点的投影。

如图 3-19 所示,正面投影的交点 $1'(2')$,是对 V 面重影点 I(从属于直线 CD)和 II(从属于直线 AB)的正面投影。水平投影的交点 $3(4)$,是对 H 面重影点 III(从属于直线 AB)和 IV(从属于直线 CD)的水平投影。

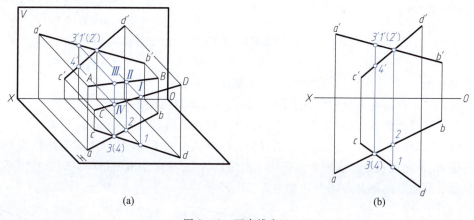

(a)   (b)

图 3-19　两直线交叉

根据重影点可见性的判断可知,正面投影中 $1'$ 可见,$2'$ 不可见(因 $Y_I > Y_{II}$);水平投影中 3 可见,4 不可见(因 $Z_{III} > Z_{IV}$)。

3.4　平面的投影

3.4.1　平面的表示法

通常用平面上的点、直线或平面图形等几何元素的投影表示平面的投影,如图 3-20 所示。

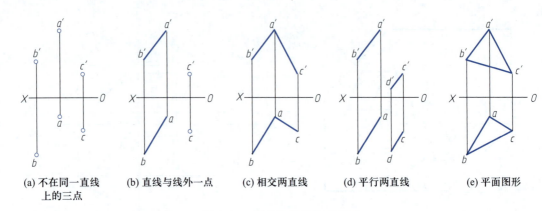

(a) 不在同一直线　　(b) 直线与线外一点　　(c) 相交两直线　　(d) 平行两直线　　(e) 平面图形
上的三点

图 3-20　用几何元素表示平面

3.4.2　各种位置平面的投影

根据平面在三投影面体系中对投影面所处的位置不同,可将平面分为一般位置平面、投影面垂直面和投影面平行面三类。其中,后两类统称为特殊位置平面。

一般位置平面:对 V、H、W 面都倾斜

平面　特殊位置平面

投影面垂直面(垂直于一个投影面,倾斜于另外两个投影面)　正垂面:$\perp V$,倾斜于 H、W 面；铅垂面:$\perp H$,倾斜于 V、W 面；侧垂面:$\perp W$,倾斜于 H、V 面

投影面平行面(平行于一个投影面,垂直于另外两个投影面)　正平面://V,$\perp H$,$\perp W$；水平面://H,$\perp V$,$\perp W$；侧平面://W,$\perp V$,$\perp H$

平面对 H、V、W 三个投影面的倾角,分别用 α、β、γ 表示。

平面相对于投影面所处的位置不同,表现出的投影特性也有所不同。

当平面与投影面垂直,如图 3-21a 所示,平面的投影将表现为一条线(积聚性);当平面与投影面平行,如图 3-21b 所示,平面的投影将能反映空间平面的实形(实形性);当平面与投影面倾斜,平面的投影将表现为面积缩小的原形的类似形(这里所指的类似形是指平面多边形投影成同边数的平面多边形),如图 3-21c 所示。

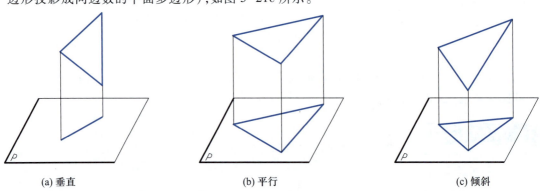

(a) 垂直　　　　　　(b) 平行　　　　　　(c) 倾斜

图 3-21　平面相对于投影面位置不同时的投影特性

1. 一般位置平面

如图 3-22 所示，△ABC 对 V、H、W 面都倾斜，是一般位置平面。

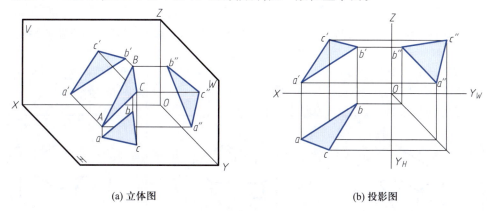

(a) 立体图 　　　　　　　　　　　　　(b) 投影图

图 3-22　一般位置平面

如图 3-22b 所示是 △ABC 的投影图，三个投影都是 △ABC 的类似形（即同边数平面多边形），且均不能直接反映该平面对投影面的真实倾角。

由此可得处于一般位置的平面的投影特性：它的三个投影都表现为原形的类似形，且面积缩小。

2. 投影面垂直面

表 3-3 列出了三种投影面垂直面的立体图、投影图、投影特性和实例。

表 3-3　投影面垂直面的投影特性

名称	正垂面	铅垂面	侧垂面
立体图			
投影图			

名称	正垂面	铅垂面	侧垂面
投影特性	正面投影积聚成直线,并反映真实倾角 α、γ; 水平投影、侧面投影仍为平面图形,面积缩小	水平投影积聚成直线,并反映真实倾角 β、γ; 正面投影、侧面投影仍为平面图形,面积缩小	侧面投影积聚成直线,并反映真实倾角 α、β; 正面投影、水平投影仍为平面图形,面积缩小
实例			

现以正垂面为例,讨论投影面垂直面的投影特性:

① 正垂面 $ABCD$ 的正面投影 $a'b'c'd'$ 积聚为一倾斜于投影轴 OX、OZ 的直线段。

② 正垂面的正面投影 $a'b'c'd'$ 与 OX 轴的夹角反映了该平面对 H 面的倾角 α,与 OZ 轴的夹角反映了该平面对 W 面的倾角 γ。

③ 正垂面的水平投影和侧面投影是与平面 $ABCD$ 形状类似的图形。

同理可得铅垂面和侧垂面的投影特性,见表 3-3。

由此可得投影面垂直面的投影特性:

① 在所垂直的投影面上的投影,积聚成直线;它与相应投影轴的夹角,分别反映该平面对另两投影面的真实倾角。

② 在另外两个投影面上的投影为面积缩小的原形的类似形。

3. 投影面平行面

表 3-4 列出了三种投影面平行面的立体图、投影图、投影特性和实例。

表 3-4　投影面平行面的投影特性

名称	正平面	水平面	侧平面
立体图	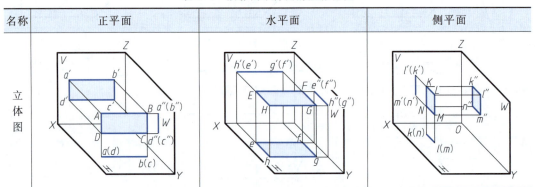		

续表

名称	正平面	水平面	侧平面
投影图	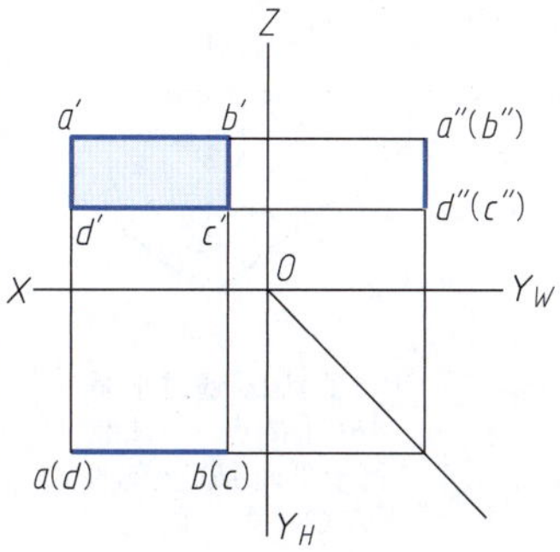	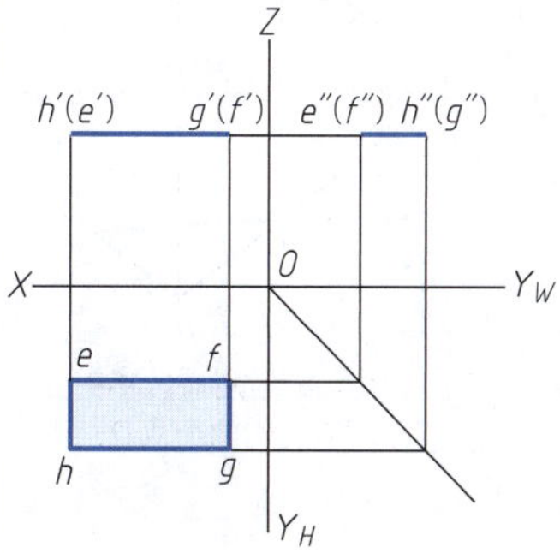	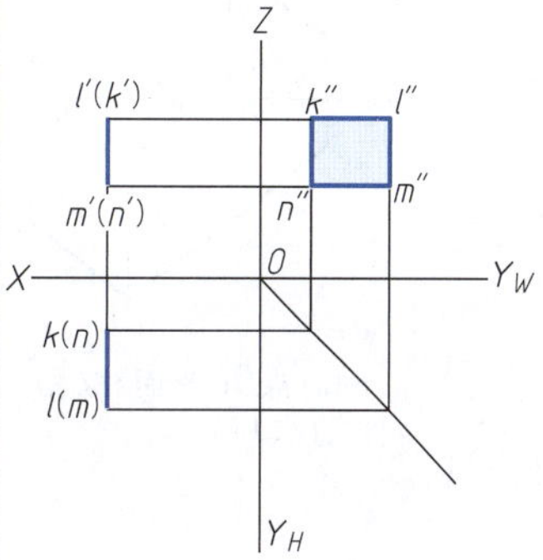
投影特性	正面投影反映实形；水平投影 // OX，侧面投影 // OZ，并分别积聚成直线	水平投影反映实形；正面投影 // OX，侧面投影 // OY_W，并分别积聚成直线	侧面投影反映实形；正面投影 // OZ，水平投影 // OY_H，并分别积聚成直线
实例	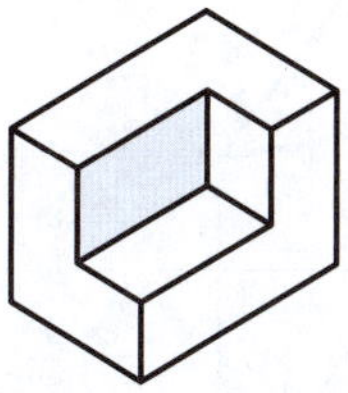	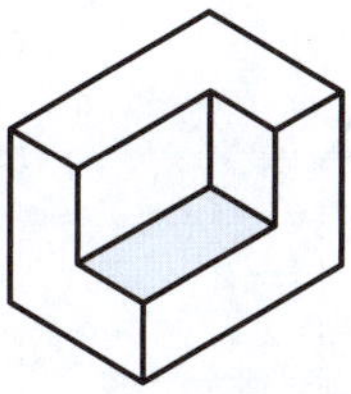	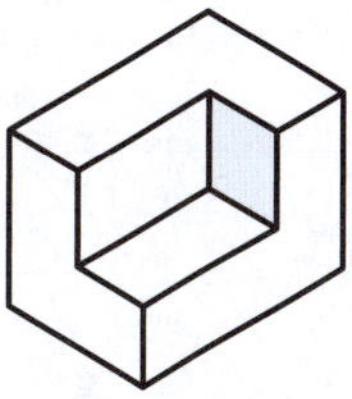

现以水平面为例，讨论投影面平行面的投影特性：

① 水平面 $EFGH$ 的水平投影 $efgh$ 反映该平面图形的实形。

② 水平面 $EFGH$ 的正面投影和侧面投影均积聚为直线段，且 $h'(e')g'(f')$ // OX 轴，$e''(f'')h''(g'')$ // OY_W 轴。

同理可得正平面和侧平面的投影特性，见表 3-4。

由此可得投影面平行面的投影特性：

① 在所平行的投影面上的投影反映实形。

② 在另外两个投影面上的投影分别积聚为直线，且平行（或垂直）于相应的投影轴。

3.5 平面内的点和直线

3.5.1 平面内的点和直线

点和直线在平面内的几何条件是：

① 点从属于平面内的任一直线，则该点在该平面内。

② 若直线通过平面内的两个点；或通过平面内的一个点，且平行于该平面内的任一直线，则该直线在该平面内。

由上述几何条件可知：如图 3-23 所示点 D、直线 DE 和 DF 位于相交两直线 AB、BC 所确定的平面 ABC 内。

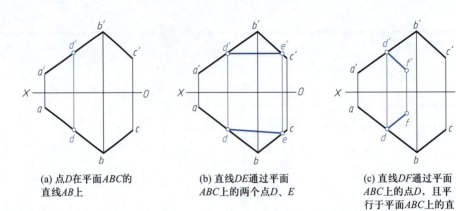

(a) 点D在平面ABC的
直线AB上

(b) 直线DE通过平面
ABC上的两个点D、E

(c) 直线DF通过平面
ABC上的点D，且平
行于平面ABC上的直
线BC

图 3-23　平面内的点和直线

【例 3-2】　如图 3-24a 所示，判断点 D 是否在 △ABC 内。

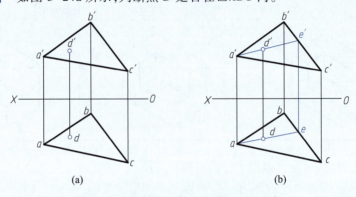

(a)　　　　　　　　　　　　(b)

图 3-24　判断点 D 是否在平面 △ABC 内

【解】　若点 D 能位于平面 △ABC 内的一条直线上，则点 D 在平面 △ABC 内；否则，就不在平面 △ABC 内。

判断过程如下：如图 3-24b 所示，连接点 A、D 的同面投影，并延长到与 BC 的同面投影分别相交于 e'、e，连接 e' 和 e。如图中所示，因为 e'e⊥OX，便可认为 e'、e 是直线 BC 上的同一点 E 的两面投影，于是点 D 在平面 △ABC 的直线 AE 上，就此判断出点 D 是在平面 △ABC 内。

【例 3-3】　如图 3-25a 所示，已知平行四边形 ABCD 的两面投影，在其上取一点 K，使点 K 在 H 面之上 10 mm，在 V 面之前 15 mm。

【解】　可在 □ABCD 内取位于 H 面之上 10 mm 的水平线 EF，再在 EF 上取位于 V 面之前 15 mm 的点 K。

作图过程如图 3-25b 所示：

① 先在 OX 上方 10 mm 处作出 e'f'，再由 e'f' 作 ef。

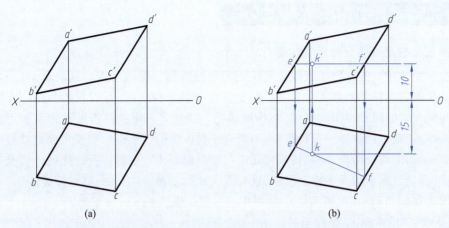

图 3-25 在平行四边形 *ABCD* 内取与两投影面为已知距离的点 *K*

② 在 *ef* 上取位于 *OX* 之前 15 mm 的点 *k*,即为所求点 *K* 的水平投影。由 *k* 作出点 *K* 的正面投影 *k'*。

3.5.2 平面内的投影面平行线

平面内的投影面平行线,应该满足两个条件:其一,该直线的投影应满足投影面平行线的投影特性;其二,该直线应满足直线在平面内的几何条件。

【例 3-4】 如图 3-26 所示,在平面 △*ABC* 内任作一条水平线 *DE*。

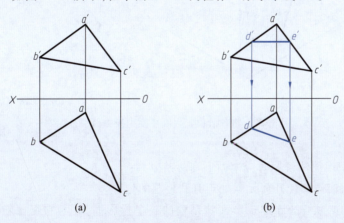

图 3-26 作平面内的水平线

【解】 作图过程如图 3-26b 所示:

在正面投影中,任作 *d'e'* ∥ *OX*,并与 *a'b'* 交于 *d'*、与 *a'c'* 交于 *e'*,*d'e'* 即为平面 △*ABC* 内的一条水平线 *DE* 的正面投影;再根据 *d'*、*e'* 求出 *d*、*e*,连接 *de*,即得该直线的水平投影。

3.6　用换面法求直线的实长和平面的实形

●3.6.1　换面法的基本概念与基本作图

从投影面平行线的投影能直接反映实长和对投影面的倾角可以得到启示：当几何元素在两个互相垂直的投影面体系中对某一投影面处于特殊位置时，可以直接利用一些投影特性解决几何元素的图示和图解问题，使作图简化。若几何元素在两投影面体系中不处于这样的特殊位置，则可以保留一个投影面，用垂直于被保留的投影面的新投影面代替另一投影面，组成一个新的两投影面体系，使几何元素在新投影面体系中对新投影面处于便利解题的特殊位置，在新投影面体系中作图求解，这种方法称为变换投影面法，简称换面法。

如图 3-27a 所示，在投影面体系 V/H 中有一般位置直线 AB，需求作其实长和对 H 面倾角 α。设一个新投影面 V_1 平行于平面 $ABba$，由于 $ABba \perp H$，则 $V_1 \perp H$。于是用 V_1 代替 V 面，AB 在新投影面体系 V_1/H 中就成为 V_1 面平行线，作出它的 V_1 面投影 $a_1'b_1'$，就反映出 AB 的实长和对 H 面倾角 α。具体的作图过程如图 3-27b 所示。

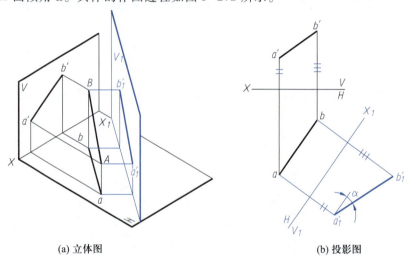

(a) 立体图　　　　　　　　　　　　　(b) 投影图

图 3-27　将一般位置直线变换为投影面平行线

扫一扫

将一般位置直线变换为投影面平行线

由此可见，用换面法解题时应遵循下列两条原则：

① 新投影面应选择使几何元素处于有利解题的位置。

② 新投影面必须垂直于原投影面体系中的一个投影面，并与它组成新投影面体系，必要时可连续变换。

如图 3-27b 所示，选定了新投影面 V_1，也就是确定了新投影轴 X_1。在新体系 V_1/H 中，$a_1'a \perp X_1$；a_1' 与 X_1 的距离，是点 A 与 H 面的距离，也就是在原体系 V/H 中 a' 与 X 的距离。利用上述投影特性就可以作出点 A 的新投影 a_1'，同理也可作出点 B 的新投影 b_1'，从而连得直线 AB 的新投影 $a_1'b_1'$。由点的原投影面体系中的投影求作它的新投影，是原投影面体系和新投影面体系之间进行换面法的基本作图法，具体的作图步骤如下：

① 按实际需要确定新投影轴后，由点的保留投影作垂直于新投影轴的投影连线。

② 在这条投影连线上，从新投影轴向新投影面一侧，量取点的被代替的投影与被代替

的投影轴之间的距离,就得到该点所求的新投影。

无论替换 V 面或是 H 面,都可按这两个步骤作图。连续换面时,也是连续地按这两个步骤作图。进行第一次换面后的新投影面、新投影轴、新投影的标记,分别加注脚标"1";第二次换面后则加注脚标"2";依此类推。这两个步骤同样也可用在 V/W 两投影面体系中进行换面。

用换面法解题和作图时,投影轴的符号通常只标注一个字母,不标注字母"O",并在投影轴两侧分别标注出该侧所表示的投影面的名称。

3.6.2 直线的换面法

1. 一次换面可将一般位置直线变换为投影面平行线

新投影轴应平行于直线所保留的投影。如图 3-27a 所示,为了使 AB 在 V_1/H 中成为 V_1 面平行线,可以用一个既垂直于 H 面、又平行于 AB 的 V_1 面替换 V 面,通过一次换面即可达到目的。按照投影面平行线的投影特性,新投影轴 X_1 在 V_1/H 中应平行于保留投影 ab。作图过程如图 3-27b 所示。

① 在适当位置作 $X_1 /\!/ ab$(设置新投影轴时,应使几何元素在新投影面体系中的两个投影分别位于新投影轴的两侧)。

② 按换面法的基本作图法分别求作点 A、B 的新投影 a_1'、b_1',连线 $a_1'b_1'$ 即为所求。

AB 就成为在 V_1/H 中的投影面平行线,$a_1'b_1'$ 反映实长,$a_1'b_1'$ 与 X_1 的夹角就是 AB 对 H 面的倾角 α。

同理,若保留 AB 的 V 面投影 $a'b'$,可将 AB 变换为 V/H_1 中的投影面平行线,则 a_1b_1 反映实长,a_1b_1 与 X_1 的夹角就是 AB 对 V 面的倾角 β。

2. 一次换面可将投影面平行线变换为投影面垂直线

新投影轴应垂直于直线所保留的反映实长的投影。

如图 3-28a 所示,在 V/H 中有正平线 AB。因为垂直于 AB 的平面也垂直于 V 面,故可用 H_1 面来替换 H 面,使 AB 成为 V/H_1 中的 H_1 面垂直线。在 V/H_1 中,新投影轴 X_1 应垂直于

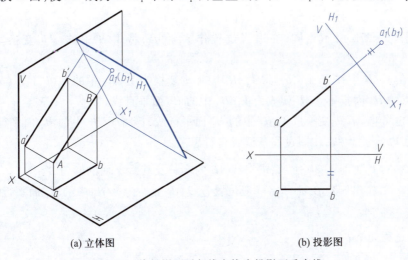

(a) 立体图　　　　　　　　　　　　(b) 投影图

图 3-28　将投影面平行线变换为投影面垂直线

$a'b'$。作图过程如图 3-28b 所示。

① 在适当位置作 $X_1 \perp a'b'$。

② 按换面法的基本作图法求得点 A、B 互相重合的投影 a_1 和 b_1，$a_1(b_1)$ 即为 AB 积聚成一点的 H_1 面投影。AB 就成为 V/H_1 中的 H_1 面垂直线。

同理，也可经一次换面将水平线变换成新投影体系 V_1/H 中的投影面垂直线，作图过程请读者自行思考。

3. 两次换面可将一般位置直线变换为投影面垂直线

具体步骤为先将一般位置直线变换为投影面平行线，再将投影面平行线变换为投影面垂直线。

如图 3-29a 所示，由于与 AB 相垂直的平面是一般位置平面，与 H、V 面都不垂直，所以不能用一次换面就达到这个目的。可先将 AB 变换为 V_1/H 中的 V_1 面平行线，再将 V_1/H 中的 V_1 面平行线 AB 变换为 V_1/H_2 中的 H_2 面垂直线，作图过程如图 3-29b 所示：

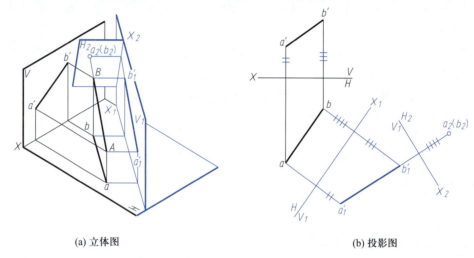

(a) 立体图　　　　　　　　　　(b) 投影图

图 3-29　将一般位置直线变换为投影面垂直线

① 与图 3-27b 所示相同，在适当位置作 $X_1 \parallel ab$，将 V/H 中的 $a'b'$ 变换为 V_1/H 中的 $a_1'b_1'$。

② 再在 V_1/H 中作 $X_2 \perp a_1'b_1'$，将 V_1/H 中的 ab 变换为 V_1/H_2 中的 $a_2(b_2)$，$a_2(b_2)$ 即为 AB 积聚成一点的 H_2 面投影。AB 就成为 V_1/H_2 中的 H_2 面垂直线。

同理，也可将 AB 先变换成 V/H_1 中的 H_1 面平行线，再将 V/H_1 中的 H_1 面平行线变换成 V_2/H_1 中的 V_2 面垂直线，作图过程请读者自行思考。

【例 3-5】　如图 3-30 所示，求直线 AB 的实长及其对 V 面的倾角 β。

【解】　要作出倾角 β，必须将一般位置直线 AB 变换为 V/H_1 中的 H_1 面平行线，这时，X_1 应平行于 $a'b'$。

作图过程如下：

① 作 $X_1 \parallel a'b'$。

② 按换面法的基本作图法分别作出点 A、B 的 H_1 面投影 a_1、b_1。连线 a_1b_1 即为 AB 的

实长；a_1b_1 与 X_1 的夹角也就是 AB 对 V 面的倾角 β。

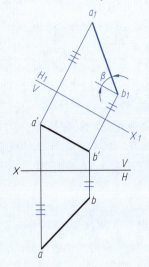

图 3-30　求 AB 的实长及倾角 β

3.6.3　平面的换面法

1. 一次换面可将一般位置平面变换为投影面垂直面

新投影轴应与平面内的投影面平行线反映为实长的投影相垂直。

如图 3-31a 所示，在 V/H 中有一般位置平面 $\triangle ABC$，要将它变换为 V_1/H 中的 V_1 面垂直面，可在 $\triangle ABC$ 内任取一条水平线，例如 AD，再用垂直于 AD 的 V_1 面来替换 V 面。由于 V_1 面垂直于 $\triangle ABC$，又垂直于 H 面，就可将 V/H 中的一般位置平面 $\triangle ABC$ 变换为 V_1/H 中的 V_1 面垂直面，$a_1'b_1'c_1'$ 积聚成直线。这时，新投影轴 X_1 应与 $\triangle ABC$ 内平行于原有的 H 面的直线 AD 的 H 面投影 ad 相垂直。作图过程如图 3-31b 所示：

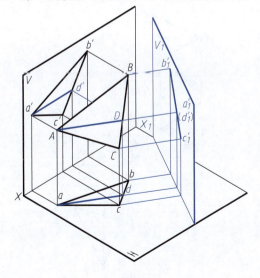

(a) 立体图　　　　　　　　　　(b) 投影图

图 3-31　将一般位置平面变换为投影面垂直面

① 在 V/H 中作 △ABC 内的水平线 AD：先作 $a'd'$ // X，再由 $a'd'$ 作出 ad。

② 作 $X_1 \perp ad$，按换面法的基本作图法作出点 A、B、C 的新投影 a_1'、b_1'、c_1'，连成一直线，即为 △ABC 具有积聚性的 V_1 面投影。在 V_1/H 中 △ABC 是 V_1 面的正垂面，$a_1'b_1'c_1'$ 与 X_1 的夹角，就是 △ABC 对 H 面的真实倾角 α。

同理，也可将 V/H 中的一般位置平面经一次换面变换成 V/H_1 中的 H_1 面垂直面，从而显示这个平面对 V 面的真实倾角 β，作图过程请读者自行思考。

2. 一次换面可将投影面垂直面变换为投影面平行面

新投影轴应平行于该平面积聚为直线的保留投影。

如图 3-32 所示，在 V/H 中加 H_1 面与正垂面 △ABC 相平行，则 H_1 面也垂直于 V 面，△ABC 就可以从 V/H 中的正垂面变换为 V/H_1 中的 H_1 面平行面。这时，X_1 应与 $a'b'c'$ 相平行。作图过程如下：

① 作 X_1 // $a'b'c'$。

② 按换面法的基本作图法作出点 A、B、C 的新投影 a_1、b_1、c_1，连成 △ABC 的 H_1 面投影，在 V/H_1 中 △ABC 是 H_1 面平行面，H_1 面投影 △$a_1b_1c_1$ 即为 △ABC 的实形。

若需求作 V/H 中铅垂面的实形，应怎样作图？请读者自行思考。

3. 两次换面可将一般位置平面变换为投影面平行面

具体步骤为先将一般位置平面变换为投影面垂直面，再将投影面垂直面变换为投影面平行面。

如图 3-33 所示，在 V/H 中有一般位置平面 △ABC，要求作该面的实形。将 V/H 中的一般位置平面 △ABC 变换为 V_1/H 中的 V_1 面垂直面，再将 V_1/H 中处于 V_1 面垂直面位置的 △ABC 变换为 V_1/H_2 中的 H_2 面平行面，即可获得反映 △ABC 的实形的 H_2 面投影。具体作图过程如下：

① 与图 3-31b 所示相同，先在 V/H 中作 △ABC 内的水平线 AD 的两面投影 $a'd'$ 和 ad，再作 $X_1 \perp ad$，按换面法的基本作图法作出点 A、B、C 的 V_1 面投影 a_1'、b_1'、c_1'，连成 △ABC 的积聚为直线的 V_1 面投影 $a_1'b_1'c_1'$。

② 与图 3-32 所示相同，作 X_2 // $a_1'b_1'c_1'$，按换面法的基本作图法，由 △abc 和 $a_1'b_1'c_1'$ 作出 △$a_2b_2c_2$，即为 △ABC 在 V_1/H_2 中的 H_2 面投影 △$a_2b_2c_2$，反映 △ABC 的实形。

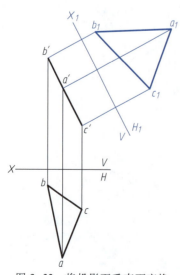

图 3-32　将投影面垂直面变换
为投影面平行面

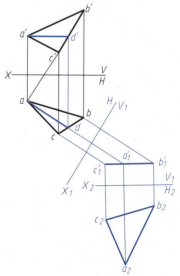

图 3-33　将一般位置平面变换为
投影面平行面

同理,也可将 V/H 中的一般位置平面先变换成 V/H_1 中的 H_1 面垂直面,再变换成 V_2/H_1 中的 V_2 面平行面,从而获得反映这个平面实形的 V_2 面投影。请读者自行思考。

读者还可联想到 V/W 投影体系与 V/H 投影体系一样,也是相互垂直的两投影面体系,这里所讲述的换面法原理和作图方法也都适用于 V/W 投影体系。

【例 3-6】　如图 3-34 所示,已知 V/W 中的侧垂面 $\triangle ABC$ 的两面投影,求作其实形。

【解】　解题的原理和方法与图 3-32 所示相同。加 V_1 面 $// \triangle ABC$,则 V_1 面也垂直于 W 面,$\triangle ABC$ 变换为 V_1/W 中的 V_1 面平行面,它的 V_1 面投影 $\triangle a_1'b_1'c_1'$ 就反映实形。作图过程如下:

① 作新投影轴 $Z_1 // a''b''c''$。

② 按换面法的基本作图法,由点 A、B、C 的投影 a'、b'、c' 和 a''、b''、c'' 作出新投影 a_1'、b_1'、c_1'。

③ 将 a_1'、b_1'、c_1' 连成 $\triangle a_1'b_1'c_1'$,即反映 $\triangle ABC$ 的实形。

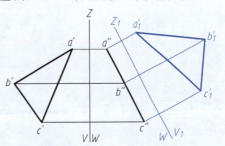

图 3-34　作侧垂面 $\triangle ABC$ 的实形

第 4 章

4

立体的投影

学习目标和要求

1. 熟练掌握基本体的投影画法、立体表面上取点和线。
2. 掌握平面与立体相交时截交线的投影特点、形状分析及其求截交线的作图方法。
3. 掌握两立体表面相交时相贯线的投影特点、形状分析及其求相贯线的作图方法。
4. 会用 SolidWorks 创建截交体和相贯体的模型和视图。

重点和难点

1. 基本体的视图及其投影规律。
2. 曲面立体截交线的性质及其投影。
3. 两回转曲面相交的相贯线的性质及其投影。

　　立体由若干表面围成。表面均为平面的立体称为平面立体,表面为曲面或平面与曲面相结合的立体称为曲面立体。工程制图中,通常把棱柱、棱锥、圆柱、圆锥、球、圆环等简单立体称为基本几何体,简称基本体。

4.1 基本体的投影及其表面取点

4.1.1 平面立体的投影及其表面取点

　　平面立体的表面都是平面多边形,绘制平面立体的投影就是把组成这个平面立体表面的所有平面多边形的轮廓线的投影都表示出来,可见的投影画粗实线,不可见的投影画细虚线,在不致引起误解时,本书常简称实线和虚线。在平面立体表面上取点,也就是在这些多边形上取点,用第 3 章所述的在平面上取点的方法就可作出。棱柱和棱锥是平面立体中的基本体,棱柱由称为棱面的诸侧面和两端的顶面与底面(顶面与底面也可称作端面)所围成;棱面与棱面的交线称棱线,棱线互相平行;棱面与顶面、底面或端面的交线称顶边、底边,或端面的边。棱锥由称为棱面的侧面三角形和一个底面所围成;棱面与棱面的交线称棱线;诸棱线交汇于一点,称顶点;棱面与底面的交线称底边。

1. 棱柱

　　(1)棱柱的投影

如图 4-1a 所示为一正六棱柱的三面投影的形成过程。其顶面和底面均为水平面,它们的水平投影重合并反映实形——正六边形,正面及侧面投影积聚成直线。六棱柱有六个棱面,前、后两个为正平面,它们的正面投影重合并反映实形——矩形,水平投影及侧面投影积聚成直线。其他 4 个棱面均为铅垂面,其水平投影积聚成直线,正面投影和侧面投影仍为矩形,但小于实形。

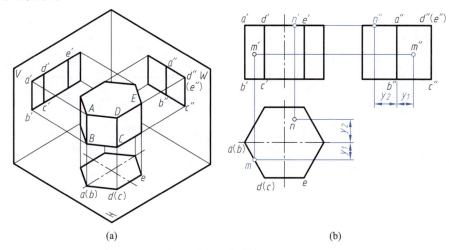

图 4-1 棱柱的投影及表面取点

棱线 AB 为铅垂线,水平投影积聚为一点 $a(b)$,正面投影 $a'b'$ 和侧面投影 $a''b''$ 均反映实长。顶边 DE 为侧垂线,侧面投影积聚为一点 $d''(e'')$,水平投影 de 和正面投影 $d'e'$ 均反映实长。底边 BC 为水平线,水平投影 bc 反映实长,正面投影 $b'c'$ 和侧面投影 $b''c''$ 均小于实长,其余的棱线和底边可作类似分析。通过分析就可知道在图 4-1a 的轴测图中所示的三面投影的形状,然后按投影规律,画出如图 4-1b 所示的正六棱柱的三面投影。

作投影图时,可先画正六棱柱的水平投影(正六边形),再根据投影规律(长对正,高平齐,宽相等)和棱柱高度作出其他两面投影。

(2)棱柱表面取点

首先确定点所在的平面,并分析该平面的投影特性,若该平面垂直于某一投影面,则点在该投影面上的投影必定落在这个平面的积聚性投影上。

如图 4-1b 所示,已知棱柱表面上点 M 的正面投影 m',求作点 M 的其他两面投影 m 和 m''。因为 m' 可见,因此点 M 必定在棱面 $ABCD$ 上。此棱面是铅垂面,其水平投影积聚成直线,点 M 的水平投影 m 必在其上,便可由 m' 作出 m,再由 m' 和 m 根据高平齐、宽相等的规律,作出侧面投影 m''。又已知点 N 的水平投影 n,求点 N 的其他两面投影 n' 和 n''。因为 n 可见,所以点 N 必定在六棱柱顶面上,n' 和 n'' 分别在顶面的积聚成直线的同面投影上,从而就可由 n 作出 n' 和 n''。

2. 棱锥

(1)棱锥的投影

如图 4-2a 所示为正三棱锥三面投影的形成过程,其底面 △ABC 为水平面,因此它的水平投影反映底面实形,正面投影和侧面投影积聚成直线。棱面 △SAC 为侧垂面,它的侧面投影积聚成直线,水平投影和正面投影仍为三角形,但小于实形。棱面△SAB、△SBC 为一般位置平面,它们的三面投影均为三角形,也小于实形。通过分析就可知道在图 4-2a 的轴测图中所示的三面投影的形状,然后画出如图 4-2b 所示的正三棱锥的三面投影。

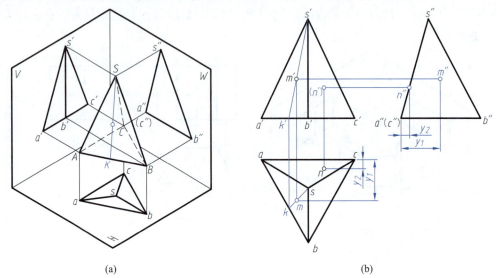

(a)　　　　　　　　　　　　　　　(b)

图 4-2　棱锥的投影及表面取点

作投影图时先画出底面三角形的各面投影,再作出顶点 S 的各面投影,然后连接各棱线即得正三棱锥的三面投影。

（2）棱锥表面取点

首先确定点所在的平面,再分析该平面的投影特性。该平面为一般位置平面时,可采用辅助直线法求出点的投影。

如图 4-2b 所示,已知正三棱锥表面上点 M 的正面投影 m',求作点 M 的其他两面投影 m 和 m''。因为 m' 可见,因此点 M 必定在棱面△SAB 上。△SAB 是一般位置平面,过点 M 及顶点 S 作一条辅助直线 SK,与底边 AB 交于点 K,那么,点 M 的投影必在直线 SK 的同面投影上。所以过 m' 作直线 $s'k'$,交底边于点 k',由 $s'k'$ 作出该直线的水平投影 sk,根据点的从属关系,m 一定在 sk 上,便可由 m' 作出 m;再由 m'、m,根据高平齐、宽相等的规律作出侧面投影 m''。又已知点 N 的水平投影 n,求点 N 的其他两面投影。因为 n 可见,所以点 N 必定在棱面△SAC 上,而△SAC 的侧面投影积聚成直线 $s''a''(c'')$,所以 n'' 必定在该直线上,于是就可由 n 作出 n'',再由 n、n'',根据长对正、高平齐的规律作出正面投影（n'）。

通过图 4-1b 和图 4-2b 所示两个例图的学习,读者会发现从本章开始,投影图中都不画投影轴了,而在本书 3.1 节中已说明了前面所讲的投影就是工程图样中的视图,这里不画出投影轴的这两个三面投影图,也就是 3.1 节中图 3-6d 所示的三视图。机械图样是不画投影轴的,所以本书从这里就向不画出投影轴的无轴投影图过渡了,第三章中大多数的例图都按有轴投影讲述,是为了读者在初学时容易理解和学会正投影的基本原理而这样讲述,初步掌握了这些基本原理并会应用后,就可以使用无轴投影图了。

4.1.2 回转体的投影及其表面取点

工程中常见的曲面立体是回转体。最常见的回转体有圆柱、圆锥、球和圆环等。在投影图上表示回转体就是把组成立体的回转面或平面与回转面表示出来,并标明可见性。

1. 圆柱

（1）圆柱的投影

圆柱表面由圆柱面和顶面圆、底面圆组成。圆柱面是由一直线(母线)绕与之平行的轴线回转一周而形成的。母线在圆柱面上的任一位置称为圆柱面的素线。

如图 4-3a 所示为圆柱的三面投影的形成过程。该圆柱轴线为铅垂线。顶面圆、底面圆都是水平面,水平投影反映实形,互相重合;正面投影和侧面投影分别积聚成直线。圆柱面上所有素线都是铅垂线,因此圆柱面的水平投影积聚为一个圆,与顶面圆、底面圆的水平投影的轮廓线圆周相重合。正面投影和侧面投影上应分别画出决定投影范围的外形轮廓素线,即为圆柱面可见部分与不可见部分的分界线投影。正面投影是最左、最右两条素线的投影,它们是正面投影可见的前半圆柱面和不可见的后半圆柱面的分界线,也称为这个圆柱面对 V 面的转向轮廓线。侧面投影是最前、最后两条素线的投影,它们是侧面投影可见的左半圆柱面和不可见的右半圆柱面的分界线,也称为这个圆柱面对 W 面的转向轮廓线。于是就可知道这个圆柱的水平投影是一个圆,正面投影和侧面投影都是矩形;还应画出圆的中心线,以其交点作为轴线的积聚投影,分别画出轴线的正面投影和侧面投影,从而画出如图 4-3b 所示的圆柱的三面投影。

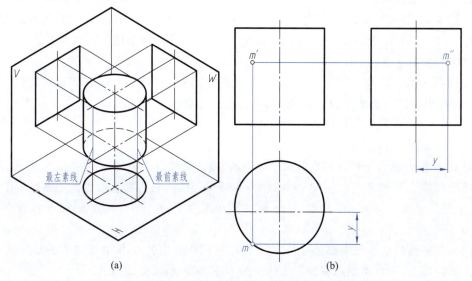

(a)　　　　　　　　　　　(b)

图 4-3 圆柱的投影及表面取点

作投影图时先画出圆柱投影成圆的投影,轴线的三面投影,再根据圆柱的高度画出其他两面投影成矩形的投影。

（2）圆柱表面取点

如图 4-3b 所示,已知圆柱表面上点 M 的正面投影 m',求作点 M 的其他两面投影 m 和 m''。因为 m' 可见,所以点 M 必在前半圆柱面上,根据该圆柱面水平投影具有积聚性的特征,

m 必定在水平投影圆的前半圆周上,于是就可由 m' 作出 m,再由 m、m' 根据投影规律作出 m'',由于点 M 在左半圆柱面上,故 m'' 可见。

2. 圆锥

（1）圆锥的投影

圆锥表面由圆锥面和底圆所组成。圆锥面是一直母线绕与它相交的轴线回转一周而形成的。母线在圆锥面上的任一位置称为圆锥面的素线。

如图 4-4a 所示为圆锥的三面投影的形成过程。该圆锥轴线为铅垂线,底面为水平面,它的水平投影反映实形,其正面投影和侧面投影积聚成直线。圆锥面上所有素线均与轴线相交于顶点,在圆锥面的正面、侧面投影应分别画出决定其投影范围的外形轮廓素线。正面投影是最左、最右两条素线的投影,它们是正面投影可见的前半圆锥面和不可见的后半圆锥面的分界线,也称为这个圆锥面对 V 面的转向轮廓线。侧面投影是最前、最后两条素线的投影,它们是侧面投影可见的左半圆锥面和不可见的右半圆锥面的分界线,也称为这个圆锥面对 W 面的转向轮廓线。圆锥面的水平投影与底圆的水平投影相重合。显然,圆锥面的三面投影都没有积聚性。于是就可知道这个圆锥的水平投影是一个圆,圆的中心线的交点是轴线的积聚投影,也是顶点的投影;正面投影和侧面投影是形状、大小相同的等腰三角形,也应画出轴线的投影。从而画出如图 4-4b 和 c 所示的圆锥的三面投影。

作投影图时,先画出底面圆和轴线的各面投影,再画出顶点的投影,然后分别画出圆锥面正面投影和侧面投影的转向轮廓线,即完成圆锥的各面投影。

（2）圆锥表面取点

如图 4-4b 和 c 所示,已知圆锥表面上点 M 的正面投影 m',求作点 M 的其他两面投影 m 和 m''。因为 m' 可见,所以点 M 必在前半圆锥面上,具体作图可采用下列两种方法:

方法一如图 4-4b 所示:

过顶点 S 和点 M 作一辅助直线 SI,即在正面投影中连接 $s'm'$ 并延长到与底面相交于 $1'$,由 $s'1'$ 在前半圆锥面的水平投影内作出 $s1$,根据点在直线上的性质,由 m' 水平投影在 $s1$ 上作出 m,再由 m'、m 根据投影规律作出 m''。

方法二如图 4-4c 所示:

过点 M 作一垂直于回转轴线的水平辅助圆,即在正面投影中过 m' 作轴线的垂线,交左、右转向轮廓线于 $2'$ 和 $3'$,直线 $2'3'$ 即为辅助圆的正面投影,它的水平投影为一直径等于 $2'3'$ 的圆,于是作出这个圆的水平投影,并由 m' 在前半圆周上,作出 m,再由 m' 和 m 按投影规律作出 m''。

因为圆锥面的水平投影都是可见的,又由于从图中给出的点 M 的已知的正面投影 m' 位于左半圆锥面上,所以不论用哪种方法作出的 m 和 m'' 都是可见的。

3. 球

（1）球的投影

球的表面是球面。球面是由一个圆母线绕通过其圆心且在同一平面上的轴线回转 180° 而形成的。

如图 4-5a 所示为球的三面投影的形成过程。从图中可以看出其投影特征是:三个投影均为圆,且都应画出中心线,中心线的交点分别是球心的投影,其直径都与球的直径相等,分别是球面对三个投影面的转向轮廓线:正面投影是球面上平行于 V 面的最大圆的投影,是正

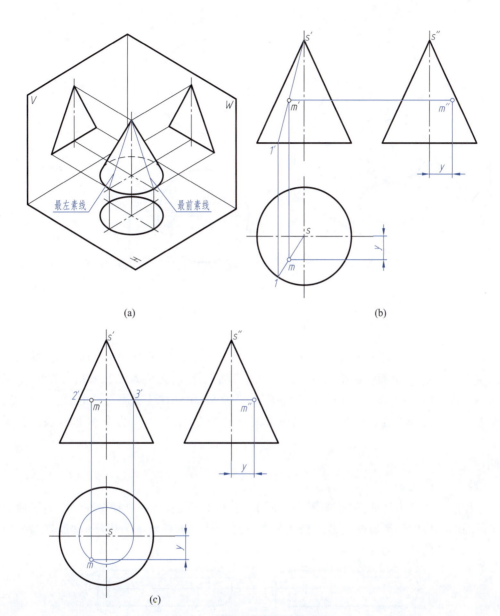

图 4-4 圆锥的投影及其表面取点

面投影可见的前半球面和不可见的后半球面的分界线;水平投影是球面上平行于 H 面的最大圆的投影,是水平投影可见的上半球面和不可见的下半球面的分界线;侧面投影是球面上平行于 W 面的最大圆的投影,是侧面投影可见的左半球面和不可见的右半球面的分界线。通过分析就可画出如图4-5b 所示的球的三面投影。

作投影图时,先按投影规律确定球心的三面投影,即画出确定球心的三个投影——三对中心线,再画出三个与球等直径的圆。

（2）球表面取点

球面的投影没有积聚性,且球面上也不存在直线,所以必须采用辅助圆法求作其表面上点的投影。

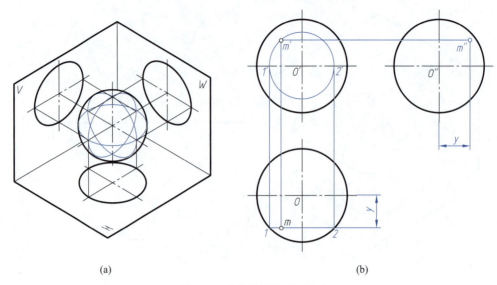

(a)　　　　　　　　　　　　　　　　(b)

扫一扫

球的投影及
表面取点

图 4-5　球的投影及表面取点

　　如图 4-5b 所示,已知球面上点 M 的水平投影 m,求作点 M 的其他两面投影 m′ 和 m″。过点 M 作一平行于 V 面的辅助圆,即过点 m 作 X 轴平行线,交轮廓线于点 1、2,直线 12 就是辅助圆的水平投影,它的正面投影是直径等于 12 的圆,m′ 必在该圆周上。由于点 m 可见,所以点 M 必在上半圆周上,于是由 m 在辅助圆的正面投影上作出 m′,再由 m 和 m′ 按投影规律作出 m″。

4. 圆环

　　（1）圆环的投影

　　圆环的表面是由环面围成,如图 4-6 所示,这个环面是由一圆母线绕在母线圆平面上的母线圆外的轴线回转形成的。靠近轴线的半个母线圆形成的环面为内环面,远离轴线的半个母线圆形成的环面为外环面。

模型

图 4-6

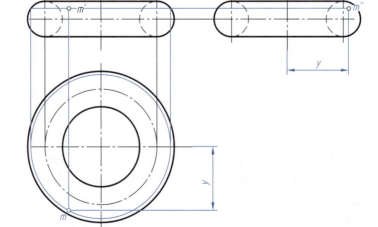

图 4-6　圆环的投影及表面取点

圆环投影中的轮廓线都是环面上相应转向轮廓线的投影。正面投影中左、右两个圆是环面上平行于 V 面的两个圆的投影,它们是前半环面和后半环面的分界线。侧面投影中前、后两个圆是环面上平行于 W 面的两个圆的投影,它们是左半环面和右半环面的分界线。正面投影和侧面投影中的最高、最低的水平线是环面上的最高、最低的水平圆的投影。水平投影中最大、最小圆是上、下环面的转向轮廓线,点画线圆是母线圆心的轨迹,最高、最低水平圆的投影也与它重合。环面的正面投影只有前半外环面可见;侧面投影只有左半外环面可见;水平投影只有上半环面可见;其他的环面投影都不可见,所以在正面投影和侧面投影中作为转向轮廓线而画出的在内环面上的半个母线圆画成虚线。

（2）圆环表面取点

在圆环表面上取点仍采用辅助圆法。

如图 4-6 所示,已知环面上点 M 的正面投影 m',求作点 M 其他两面投影 m 和 m''。通过分析点在环面上位置可知,由于 m' 可见,所以点 M 位于前半个圆环的外环面上。过点 M 在环面上作平行于水平面的辅助圆,就可由 m' 求出 m 和 m''。

4.2 平面与立体表面的交线——截交线

平面与立体表面相交,可以认为是立体被平面截切,因此该平面通常称为截平面。截平面与立体表面的交线称为截交线。截交线围成的平面图形称为截断面,如图 4-7 所示。

截交线的性质如下:

① 截交线既在截平面上,又在立体表面上,因此截交线是截平面与立体表面的共有线,截交线上的点是截平面与立体表面的共有点。

② 由于立体表面是封闭的,因此截交线一般是封闭的线框。

③ 截交线的形状取决于立体表面的形状和截平面与立体的相对位置。

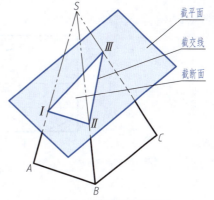

图 4-7 截交线与截断面

4.2.1 平面立体的截交线

截平面截切平面立体所形成的交线为平面多边形,该多边形的每一条边都是截平面与立体表面相交所形成的交线。根据截交线的性质,求截交线可归结为求截平面与立体表面共有点、共有线的问题。

【例 4-1】 如图 4-8b 所示,用正垂面 P 截切正六棱柱,已知正面投影和侧面投影(图中用双点画线表示被切掉部分的投影,用符号 P_V 表示正垂面 P 在 V 面上的积聚投影,本书常用这样的方式标注特殊位置平面的积聚投影),试画出六棱柱被截切后的水平投影。

【解】 分析:如图 4-8a 所示,根据截平面与六棱柱的相对位置可知,P 面与六棱柱的 5 个棱面以及左端面相交,所以形成的截交线为六边形。六边形 6 个顶点分别为 4 根棱线与 P 平面相交以及左端面上的两条边与 P 平面相交的交点。由于截平面 P 为正垂面,且六棱柱的各个面都平行或垂直于相应的投影面,因此,这些平面都具有积聚性投影,可直接利用积聚性作图。

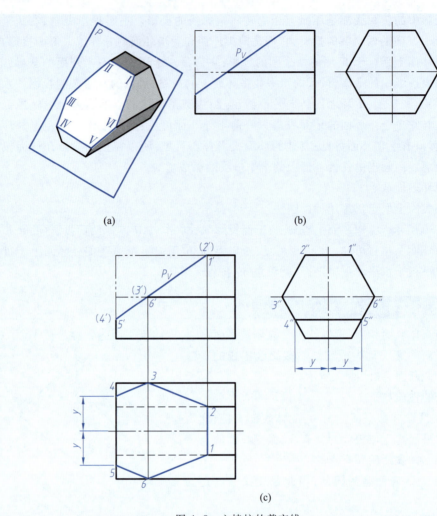

模型

图 4-8

图 4-8　六棱柱的截交线

作图过程如图 4-8c 所示。

① 先用双点画线(假想投影线)或细实线(作图线)由图 4-8b 所示的正面投影和侧面投影画出未经截切的正六棱柱的水平投影。

② 在正面投影中标注出 P_V 与六棱柱棱线和边线的交点 $1', (2'), (3'), (4'), 5', 6'$，它们就是空间 P 平面与各棱线及左端面边线的交点的正面投影。

③ 根据直线上取点的方法直接作出其侧面投影 $1'', 2'', 3'', 4'', 5'', 6''$ 和水平投影 $1, 2, 3, 4, 5, 6$。

④ 顺次连接各点的水平投影,即得截交线的水平投影。

⑤ 整理轮廓线,标明可见性。由于六棱柱最上两条棱线和最前、最后两条棱线被截切,故水平投影中这 4 条棱线只保留未被截切部分的投影,由于保留的这 4 段棱线都可见,画粗实线。最下两条棱线没有被截切,其水平投影不可见,应画虚线,但其右边与最上两条可见棱线未被截切掉的一段重影,故只画实线,不画虚线,而左边则应画成虚线。

【例4-2】　如图4-9b所示,已知一带切口的三棱锥的正面投影和三棱锥未被截切时的侧面投影(未确定在何处被截切断开的整条左棱线的侧面投影暂用双点画线画出),试补全三棱锥被截切后的侧面投影,画出截切后的水平投影。

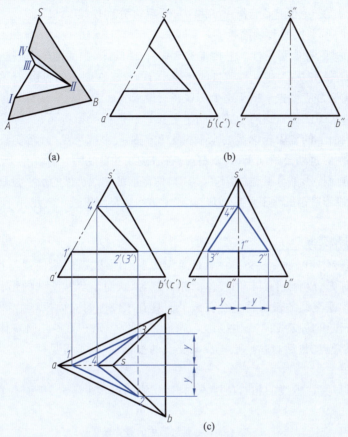

模型
图4-9

图4-9　带切口的三棱锥

【解】　分析:如图4-9a所示,由于切口截平面由水平面和正垂面组成,故切口的正面投影具有积聚性。水平截面与三棱锥底面平行,因此它与△SAB棱面的交线Ⅰ Ⅱ必平行于底边AB,与△SAC棱面的交线Ⅰ Ⅲ必平行于底边AC,水平截面的侧面投影积聚成一条直线。正垂截面分别与△SAB、△SAC棱面交于直线Ⅱ Ⅳ和Ⅲ Ⅳ。由于组成切口的两个截平面都垂直于正投影面,所以两截面的交线一定是正垂线,画出以上交线的投影即可完成所求的投影。

作图过程如图4-9c所示。

① 先按投影规律由图4-9b所示的正面投影和侧面投影作出这个三棱锥未被截切时的水平投影,未知于何处被截切断开的左棱线的水平投影暂用双点画线画出。标注出三棱锥的顶点S和底面三角形ABC的顶点A、B、C的三面投影的符号。

② 按上述对截平面与三棱锥表面的交线和两截平面交线的分析,分别在正面投影中水平截面、正垂截面上标注出与棱面的交线 Ⅰ Ⅱ 、Ⅰ Ⅲ 和Ⅱ Ⅳ 、Ⅲ Ⅳ 以及两截平面的交线Ⅱ Ⅲ 的正面投影符号 1'2'、1'(3')和2'4'、(3')4 以及 2'(3')。由1'水平投影在sa 上作出1,过 1 作12∥ab、13∥ac,再分别由 2'和(3')水平投影在 12 和13 上作出 2 和3。连 2 和3,

即为两截平面的交线 II III 的水平投影 23,因被它上面的棱面的水平投影所遮而画成虚线。由 1′、2′、(3′) 和 1、2、3 作出 1″、2″、3″。1″、2″、3″和直线 1″2″、1″3″、2″3″都积聚在水平截面的积聚投影上。

③ 由 4′分别在 sa 和 s″a″上作出 4 和 4″,然后再分别连接 4 与 2、4 与 3、4″与 2″、4″与 3″,即完成切口的水平投影和侧面投影。

④ 整理轮廓线,标明可见性。三棱锥被截切后,棱线 SA 中间的 IV I 段被截去,故投影中只保留 s4 和 1a,s″4″和 1″a″,中间被截去的一段 IV I 的投影在图中的投影 41 和 4″1″在作图过程中的双点画线通常应擦去。由于这个切口在三棱锥表面上的轮廓线分别位于三棱锥的左前、左后棱面上,从图中可知这两个棱面的水平投影和侧面投影都可见,所以上面所作出的切口在三棱锥表面上的各段轮廓线的水平投影和侧面投影都可见,画粗实线。由于三根棱线都位于左前、左后这两个棱面上,所以右前、右后棱线和截切后仍存在的上、下两段左棱线的水平投影和侧面投影都可见,画粗实线。切口两截面的交线 II III 的水平投影 23 不可见,已画成虚线,侧面投影 2″3″虽然不可见,但与 1″2″、1″3″相重合而仍画粗实线。

4.2.2　回转体的截交线

截平面与回转体相交时,截交线一般是封闭的平面曲线,有时为曲线与直线围成的平面图形。作图时,首先分析截平面与回转体的相对位置,从而了解截交线的形状。当截平面为特殊位置平面时,截交线的投影就重合在截平面具有积聚性的同面投影上,再根据曲面立体表面取点的方法作出截交线的其他投影。先求特殊位置点(大多在回转体的转向轮廓线上),再求一般位置点,最后将这些点连成截交线的投影,并判别可见性。

1. 圆柱的截交线

由于截平面与圆柱轴线的相对位置不同,截交线的形状也不同,平面截切圆柱可分为三种情况,见表 4-1。

表 4-1　平面与圆柱的截交线

立体图		
投影图		
说明	截平面平行于轴线时,截交线为平行于轴线的矩形	截平面垂直于轴线时,截交线为圆	截平面倾斜于轴线时,截交线为椭圆

【**例 4-3**】 如图 4-10a 所示,求作圆柱被正垂面截切后的侧面投影并求作截交线的投影。

【**解**】 分析:可以先由未截切时的圆柱的正面投影和水平投影作出它的侧面投影,然后求作截交线的三面投影。由于截平面与圆柱轴线倾斜,且与圆柱面上的素线都相交,故截交线应为椭圆。由于截交线位于正垂的截平面上,截交线的正面投影积聚为直线。由于圆柱面在水平投影面上具有积聚性,故截交线的水平投影与圆柱面的水平投影重合,侧面投影可根据圆柱面上取点的方法求出。作出截交线的侧面投影后,再扩展画出截切后的圆柱的侧面投影。

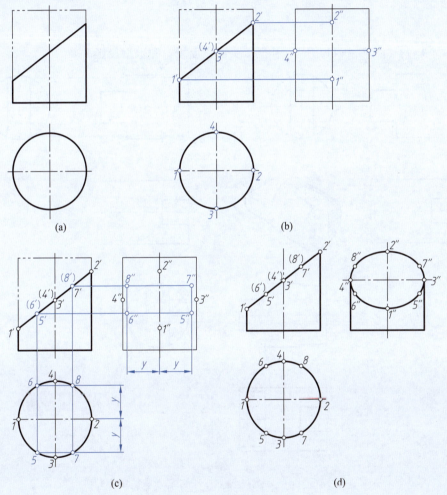

扫一扫
圆柱的截交线

图 4-10 圆柱的截交线

作图过程:

① 由图 4-10a 所示截切前的圆柱的两面投影作出截切前的圆柱的侧面投影,如图 4-10b 所示。

② 找出截交线上特殊点,如图 4-10b 所示。标注出其正面投影 *1′,2′,3′,(4′)*,它们是圆柱的最左、最右以及最前、最后素线上的点的正面投影,也是截交线椭圆长、短轴的 4

个端点的正面投影。作出这 4 个点的水平投影 $1,2,3,4$ 和侧面投影 $1'',2'',3'',4''$。

　　③ 再求出适当数量的一般点,如图 4-10c 所示。先在正面投影上选取 $5',(6'),7'$,$(8')$,根据圆柱面的积聚性,找出其水平投影 $5,6,7,8$,由点的两面投影,按投影规律作出侧面投影 $5'',6'',7'',8''$。

　　④ 如图 4-10d 所示,将这些点的侧面投影依次光滑地连接起来,由于截切掉了上半段圆柱,截交线的侧面投影全部可见,用粗实线连接,就得到截交线的侧面投影。

　　⑤ 整理轮廓线,如图 4-10d 所示。由于圆柱面的侧面投影的转向轮廓线在点 $3''$、$4''$ 以上部分被截切,所以只保留这两点以下的轮廓线和圆柱的底面,画粗实线。

　　【例 4-4】　如图 4-11a 所示,补全接头的正面投影和水平投影。

模型

图 4-11

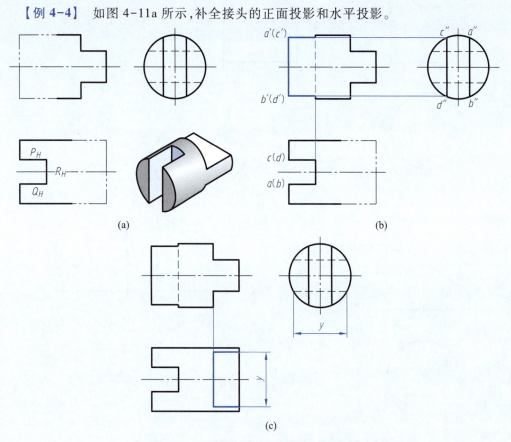

图 4-11　补全接头的正面投影和水平投影

　　【解】　分析:该接头的圆柱面的侧面投影有积聚性。接头左端的槽由两个平行于轴线的正平面 P、Q 和一个垂直于轴线的侧平面 R 切割而成。右端的凸榫可看作由水平面和侧平面切割圆柱而成,且上下对称,前后对称。

　　作图过程:

　　① 如图 4-11b 所示,截平面 P 和 Q 与圆柱面的交线是四条平行的素线(侧垂线),它们的侧面投影分别积聚成点 a'',b'',c'',d'',且位于圆周上;水平投影中交线分别重合在 P_H 和

Q_H 上,根据两面投影可作出其正面投影。

② 如图 4-11b 所示,截平面 R 与圆柱的交线是两段平行于侧面,且夹在平面 P 和 Q 之间的圆弧,它们的侧面投影反映实形,并与圆柱面的侧面投影重合,正面投影分别积聚成上、下各一段很短的直线。

③ 整理轮廓线,标明可见性,如图 4-11b 所示。左端的槽使得圆柱最上、最下两条素线被截断,所以正面投影只保留这两条转向轮廓线的右边,截平面 R(即左端槽的底面)的正面投影积聚成直线,在 4 条交线中间的部分被前方圆柱面所遮而不可见,故画成虚线。

接头右端作法与左端槽口相类似,请读者自行分析,如图 4-11c 所示。

2. 圆锥的截交线

由于截平面与圆锥轴线的相对位置不同,截交线的形状也不同,平面截切圆锥形成的截交线可分为 5 种情况,见表 4-2。

表 4-2　平面与圆锥的截交线

立体图				
投影图				
说明	截平面垂直于轴线（$\theta = 90°$），截交线为圆	截平面倾斜于轴线,且 $\theta > \phi$,截交线为椭圆	截平面倾斜于轴线,且 $\theta = \phi$,截交线为抛物线	截平面平行于轴线,或 $\theta < \phi$,截交线为双曲线	截平面过顶点,截交线为通过顶点的两条相交直线

【例 4-5】　如图 4-12a 所示,求圆锥被水平面截切后的水平投影。

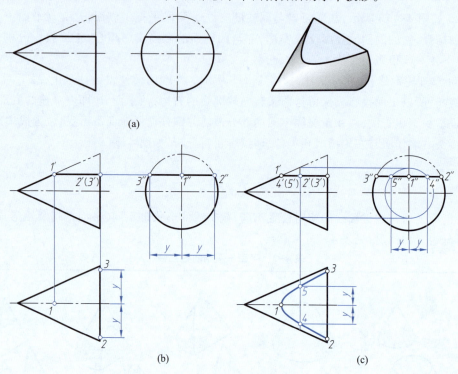

(a)

(b)　　　　　　　　　　　　　(c)

图 4-12　圆锥的截交线

【解】　分析:由于截平面为水平面,与圆锥轴线平行,所以截平面与圆锥面的交线为双曲线,其正面投影和侧面投影均投影成水平线,在图 4-12 中已给出,不必求作;只要求作其水平投影,水平投影反映实形。

作图过程:

① 按图 4-12a 所示的两面投影,作出圆锥未被截切时的水平投影,然后求出截交线上的特殊点 I、II、III,如图 4-12b 所示。于截交线的正面投影中,在圆锥面的转向轮廓线上取最左点 1′,由 1′可直接作出水平投影 1 和侧面投影 1″;在圆锥底圆上取最右点 2′与 (3′),由 2′与 (3′)可直接作出侧面投影 2″与 3″,再由 2′与 (3′)和 2″与 3″根据投影规律作出水平投影 2 与 3。

② 再求出截交线上的一般点 IV 与 V,如图 4-12c 所示。于截交线的正面投影中,按需任取点 4′与 (5′),根据圆锥表面取点的方法作辅助圆,在侧面投影中求出 4″与 5″,再由 4′与 5′和 4″与 5″根据投影规律求出水平投影 4 与 5。同理也可以作出其他一般点。

③ 依次光滑连接 2,4,1,5,3 各点,即得截交线的水平投影。

3. 球的截交线

平面与球的截交线总是圆。当截平面平行于投影面时,截交线在该投影面上的投影反映实形,另两面投影积聚成直线,如图 4-13 所示。当截平面倾斜于投影面时,截交线在该投影面上的投影为椭圆,如图 4-14 所示为球被正垂面 P 截切之后的投影,截交线的正面投影积聚成直线,与 P_V 重合,水平投影和侧面投影均为椭圆。

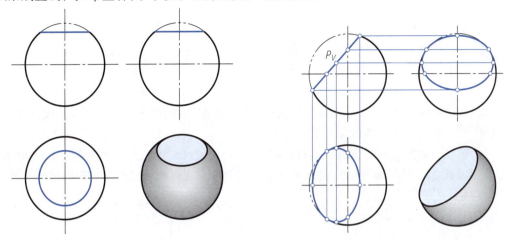

图 4-13 水平面与球相交   图 4-14 正垂面与球相交

【例 4-6】 如图 4-15a 所示,补全开槽半球的水平投影和侧面投影。

【解】 分析:球表面的凹槽由两个侧平面 P、Q 和一个水平面 R 切割构成,截平面 P、Q 各截得一段平行于侧面的圆弧,而截平面 R 则截得前、后各一段水平的圆弧,截平面之间的交线为正垂线,如图 4-15a 右下角的立体示意图所示。

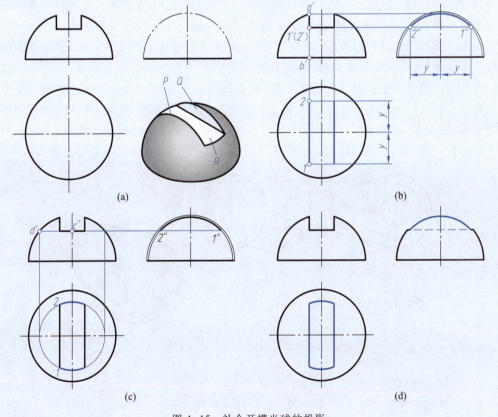

图 4-15 补全开槽半球的投影

作图过程：

① 如图 4-15b 所示，以 *a′b′* 为半径在侧面投影作辅助半圆，它与截平面 *R* 的侧面积聚投影交于 *1″* 与 *2″*，截平面 *P* 与 *Q* 的截交线的侧面投影即为 *1″* 与 *2″* 以上的圆弧。由 *1′* 与 *2′* 和 *1″* 与 *2″* 根据投影规律作出 *1* 与 *2*，直线 *12* 即为截平面 *P* 形成的槽侧面的水平积聚投影。同理作出与之对称的截平面 *Q* 形成的另一槽侧面的水平投影。

② 如图 4-15c 所示，以 *c′d′* 为半径在水平投影作辅助圆，截平面 *R* 与球面的交线即为夹在 *P* 面与 *Q* 面之间的两段圆弧。

③ 整理轮廓线，标明可见性。球侧面投影的转向轮廓线处在截平面 *R* 以上的部分被截切，不必画出。截平面 *R* 的侧面积聚投影处在 *1″* 与 *2″* 之间的一段被左半边的球面所挡，故画虚线。作图结果如图 4-15d 所示。

4. 组合回转体的截交线

组合回转体是由若干个同轴的基本回转体组成，作组合回转体的截交线时，首先要分析各部分的曲面性质，然后按照它的几何特性确定其截交线的形状，再分别作出其投影。

如图 4-16 所示为一连杆头，它由轴线为侧垂线的圆柱、圆锥和球组成。其前、后各被一个正平面截切，还开了一个轴线通过球心的正垂的圆柱贯通孔。球面部分的截交线为正平面圆；圆锥部分的截交线为双曲线；圆柱部分未被截切，如图 4-16 所示。作图时先要在图上确定球面与圆锥的分界线。从球心 *O′* 作圆锥正面外形轮廓线的垂线得交点 *a′* 与 *b′*，连线 *a′b′* 即为球面与圆锥面的分界线，以 *O′* 为圆心，*R* 为半径在正面投影作圆弧，即为球面的截交线。该圆弧与 *a′b′* 交于点 *1′* 与 *2′*，即截交线上的圆与双曲线的结合点 Ⅰ 与 Ⅱ 的正面投影。然后求出圆锥面上截交线的特殊点 Ⅵ（先在圆锥面的水平投影的转向轮廓线与前方的截平面水平积聚投影的交点处定出 *6*，再由 *6* 作出 *6′* 与 *6″*）和一般位置点 Ⅳ 与 Ⅴ（作辅助平面 *P* 求得）的投影，依次连接 *1′*、*4′*、*6′*、*5′*、*2′* 各点，即得截交线双曲线的正面投影，由于两个截平面前后对称，前、后截交线的正面投影互相重合，后面的截交线就不需另行求作。

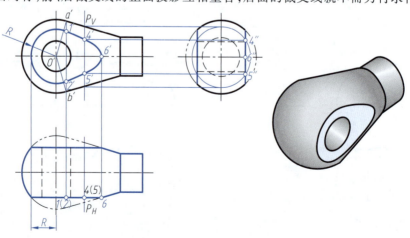

图 4-16 组合回转体的截交线

4.3 两回转体表面的交线——相贯线

两回转体相交时,表面产生的交线称为相贯线。相贯线的一般性质如下:

① 相贯线是两回转体表面的共有线,也是两相交立体表面的分界线。相贯线上的所有点都是两回转体表面的共有点。

② 由于立体的表面是封闭的,因此相贯线在一般情况下是封闭的,特殊情况下也可能是不封闭的。

③ 相贯线的形状决定于回转体的形状、大小以及两回转体之间的相对位置。一般情况下相贯线是空间曲线,在特殊情况下是平面曲线或直线。

求两回转体相贯线的投影时,应先作出相贯线上一些特殊点的投影,如回转体投影的转向轮廓线上的点,对称的相贯线在其对称面上的点,以及最高、最低、最左、最右、最前、最后这些确定相贯线形状和范围的点,然后再求作一般点,从而作出相贯线的投影。具体作图可采用表面取点法(积聚性法)或辅助平面法。要注意的是一段相贯线只有同时位于两个立体的可见表面上时,这段相贯线的投影才是可见的。

4.3.1 表面取点法(积聚性法)

两回转体相交,如果其中有一个是轴线垂直于某一投影面的圆柱,则相贯线在该投影面上的投影就积聚在圆柱面的积聚投影圆周上。这样就可以在积聚的圆周上取一些相贯线上的点,按回转体表面取点的方法作出相贯线的其他投影。

【例 4-7】 如图 4-17 所示,已知两圆柱的三面投影,求作它们的相贯线。

【解】 分析:由于两圆柱的轴线分别为铅垂线和侧垂线,两轴线垂直相交,有共同的前后对称面和左右对称面,小圆柱全部穿进大圆柱,所以相贯线是一条闭合的空间曲线,且前后对称、左右对称。小圆柱水平投影积聚成圆,相贯线的水平投影就积聚在该圆上;大圆柱的侧面投影积聚成圆,相贯线的侧面投影就积聚在该圆有小圆柱贯穿进的那段圆弧上。根据相贯线的两面投影即可按表面取点法求出其正面投影。

扫一扫
求作两圆柱
的相贯线

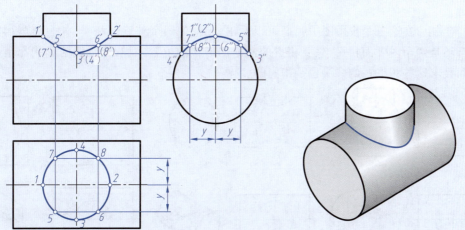

图 4-17 求作两圆柱的相贯线

作图过程:

① 求特殊点。先在相贯线的水平投影上定出点 *1*,*2*,*3*,*4*,它们是铅垂圆柱最左、最右、

最前、最后素线上的点的水平投影,再在相贯线的侧面投影上相应地作出 $1''$,$(2'')$,$3''$,$4''$。由这四点 I,II,III,IV 的两面投影求出其正面投影 $1'$,$2'$,$3'$,$(4')$,可以看出,它们也是相贯线上最高、最低点。

②　求一般点。在相贯线的水平投影上定出左右、前后对称四点 $5,6,7,8$,分别求出这四点 V,VI,VII,VIII 的侧面投影 $5''$,$(6'')$,$7''$,$(8'')$,由这四点的两面投影分别求出它们的正面投影 $5'$,$6'$,$(7')$,$(8')$。

③　顺次连接各点的正面投影,即得相贯线的正面投影。由于前半相贯线在两个圆柱的前半个圆柱面上,所以其正面投影 $1'5'3'6'2'$ 可见,而后半相贯线的正面投影 $1'7'4'8'2'$ 不可见,但与前半相贯线重合。

当两圆柱直径相差较大时,对于图 4-17 所示的轴线垂直相交两圆柱的相贯线,为了作图方便常采用近似画法,即用一段圆弧代替相贯线的投影,该圆弧的圆心在小圆柱的轴线上,半径为大圆柱的半径,如图 4-18 所示。

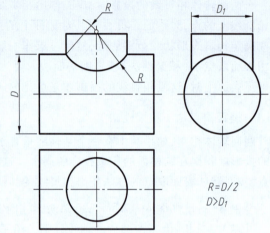

图 4-18　相贯线的近似画法

两轴线垂直相交的圆柱,在零件上是最常见的,它们的相贯线一般有三种形式,如图 4-19所示。

①　如图 4-19a 所示为两实心圆柱相交,其中铅垂圆柱直径较小,相贯线是上下对称的两条封闭的空间曲线。

②　如图 4-19b 所示为圆柱孔与实心圆柱相交,相贯线也是上下对称的两条封闭的空间曲线。

③　如图 4-19c 所示为两圆柱孔相交,相贯线同样是上下对称的两条封闭的空间曲线。

实际上,在这三个投影图中我们可以看出,无论是两个外表面相贯、外表面与内表面相贯,还是两个内表面相贯,只要相贯的两立体形状和位置一样,相贯线的形状都是一样的,而且求这些相贯线的方法也是相同的。

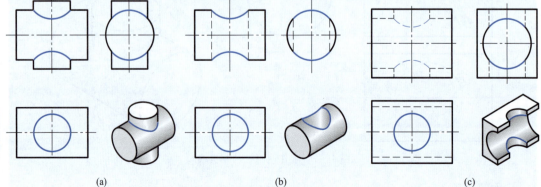

(a)　　　　　　　　　　　(b)　　　　　　　　　　(c)

图 4-19　两圆柱相贯线的常见情况

4.3.2 相贯线的简化画法（模糊画法）

柱面与柱面偏交（轴线相交，但不垂直）或柱面与组合曲面相交时，在不致引起误解时，图形中的相贯线可采用如图 4-20 所示的模糊画法。需要注意的是，采用模糊画法不能影响相贯体的形状、大小和相对位置，也不能产生分离的图形，以免给读图带来困难。

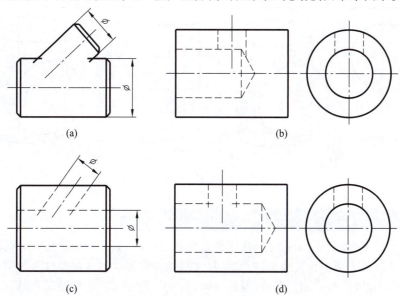

图 4-20　相贯线的简化画法

其他曲面立体的相贯线在不致引起误解时，图形中的相贯线可以用圆弧或直线代替非圆曲线，也可以采用模糊画法表示相贯线，如图 4-21 所示。

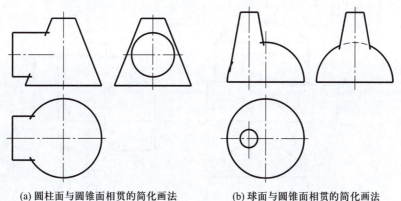

(a) 圆柱面与圆锥面相贯的简化画法　　(b) 球面与圆锥面相贯的简化画法

图 4-21　其他曲面立体的相贯线的简化画法

4.3.3 相贯线的特殊情况

当两个圆柱的直径相等时，相贯线将由空间曲线变为平面曲线，曲线形状是椭圆弧或椭圆，如图 4-22 所示。椭圆平面是正垂面，和水平面成 45°角，两个椭圆在 V 面上的投影聚积成直线，其他两个投影面上的投影为圆或圆弧。

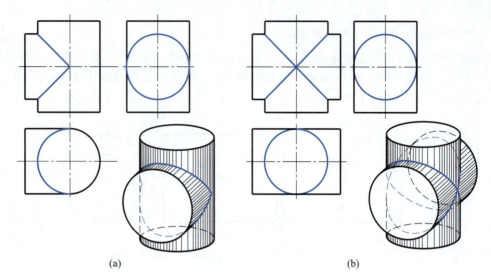

(a)　　　　　　　　　　　　　　　　　　(b)

图 4-22　直径相等的两个柱面相交

4.4　用 SolidWorks 创建截交体和相贯体模型及三视图

　　截交体上截交线的形状和尺寸取决于曲面形状、尺寸和截平面的位置,相贯体上相贯线的形状和尺寸取决于两个相贯曲面的形状、尺寸和相对位置。创建截交体和相贯体的模型,要根据基本体的形状、大小和位置,以及截平面的位置,截交线和相贯线是自然而然产生的。工程图上标注尺寸只需要标注基本体的大小和位置,以及截平面的位置,不需要标注截交线和相贯线的尺寸和位置。

4.4.1　截交体和相贯体的建模

　　【例 4-8】　根据图 4-23 所示圆柱截交体的草图,创建其模型。

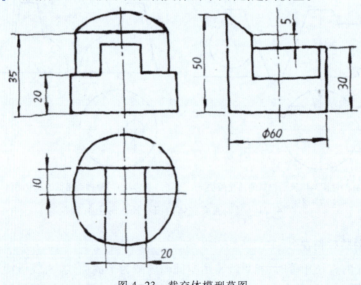

图 4-23　截交体模型草图

【形体分析】 该物体是由直径为 φ60,高为 50 的圆柱体切割而成,可以理解为经过了 3 次切割,如图 4-24 所示,按形体分析过程建模即可。

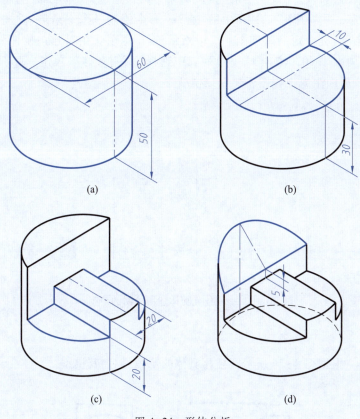

图 4-24 形体分析

【建模步骤】

第一步:单击标准工具栏上的"新建"按钮,在打开的"新建 SolidWorks 文件"对话框中单击"零件"按钮,然后单击"确定"按钮。

第二步:单击"特征"工具条上的"拉伸凸台"按钮,选择"上视基准面"为草图基准面。用"圆"命令绘制圆,将圆心定位在原点,并标注尺寸 φ60,退出草图。在"凸台-拉伸"操作面板中,将拉伸深度设为 50,单击"对勾"按钮完成圆柱体的模型。

第三步:单击"特征"工具条上的"拉伸切除"按钮,选圆柱体上表面作草图基准面,进入绘制草图状态。用"草图"工具条上的矩形命令绘制一个矩形,并标注截平面定位尺寸为 10(该草图不需要"完全定义"),如图 4-25a 所示,退出草图。在"切除-拉伸"操作面板中,将拉伸深度设为 20,单击"对勾"按钮完成拉伸切除。

第四步:单击"特征"工具条上的"拉伸切除"按钮,选圆柱体上表面作基准面,进入绘制草图状态。用"草图"工具条上的矩形命令绘制两个矩形,并标注截平面定位尺寸为 20 和 10(也可以画一条对称中心线,然后选中两个矩形的内边和中心线,添加"对称"几何关系),如图 4-25b 所示退出草图。在"切除-拉伸"操作面板中,将拉伸深度设为 30,单击

"对勾"按钮完成拉伸切除。

注意:选择的基准面不同,拉伸切除深度也不同,要根据具体情况确定其值。

第五步:单击"特征"工具条上的"拉伸切除"按钮,选"右视基准面"为草图基准面,进入绘制草图状态。用"草图"工具条上的"直线"命令绘制一个三角形,添加几何关系,并标注尺寸,使草图"完全定义",如图 4-25c 所示,退出草图。在"切除-拉伸"操作面板中,将拉伸深度设为大于 60,"方向 1"下拉列表中选择"两侧对称",单击"对勾"按钮完成建模。保存模型,后面生成工程图还要用该模型。

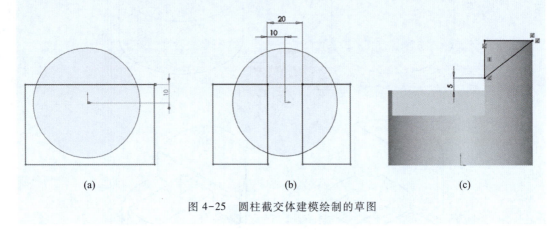

图 4-25　圆柱截交体建模绘制的草图

【例 4-9】　根据图 4-26 所示圆柱相贯体的草图,创建其模型。

扫一扫

相贯体模型草图

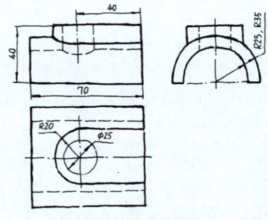

图 4-26　相贯体模型草图

【形体分析】

① 基本体是半个圆柱筒,如图 4-27a 所示。

② 半圆筒上叠加一个凸台,凸台左边是半圆柱体,右边是长方体。凸台的左边半圆和半圆筒外圆正交,产生相贯线,右边长方体的前、后面和半圆筒的外圆产生截交线,如图 4-27b 所示。

③ 凸台上钻孔,该孔和凸台的半圆同轴,和半圆筒的内孔正交,产生相贯线,如图 4-27c

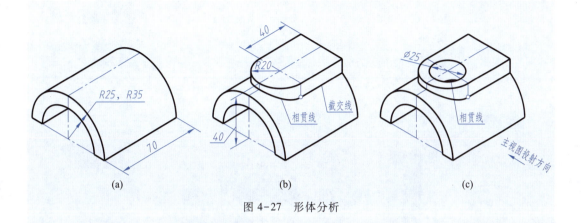

图 4-27 形体分析

所示。按形体分析过程建模。

【建模步骤】

第一步：单击标准工具栏上的"新建"按钮,在打开的"新建 SolidWorks 文件"对话框中单击"零件"按钮,然后单击"确定"按钮。

第二步：单击"特征"工具条上的"拉伸凸台"按钮,选择"前视基准面"为草图基准面。用"圆"命令绘制两个同心圆,将圆心定位在原点,用"直线"命令过原点连一条直径,用"剪裁实体"命令将草图裁剪为两个同心的半圆,并标注尺寸为 R25,R35,使草图"完全定义",如图 4-28a 所示,退出草图。在"凸台-拉伸"操作面板中,将拉伸深度设为 70,点"对勾"按钮完成半圆筒的模型。

第三步：单击"特征"工具条上的"拉伸凸台"按钮,选择"上视基准面"为草图基准面,进入绘制草图状态。用"草图"工具条上的"中心线"命令从原点画一条轴线(注意:点画线是构造线,不是特征截面的轮廓线),用"圆"命令绘制一个圆心在轴线上的圆,用"直线"命令画出凸台矩形部分,选择圆心和原点添加几何关系"竖直",选择矩形的两竖边和中心线,添加几何关系"对称",标注尺寸,使草图"完全定义",如图 4-28b 所示,退出草图。

第四步：在"凸台-拉伸"操作面板中,在"从(F)"下拉列表中选择"等距",将参数设为 40,"方向 1"下拉列表中选择"成形到一面",选择向下拉伸方向,拾取圆筒的外圆柱面,如图 4-28c 和 d 所示,点"对勾"按钮完成拉伸凸台。

第五步：单击"特征"工具条上的"拉伸切除"按钮,选凸台上表面作草图基准面,进入绘制草图状态。用"草图"工具条上的"圆"命令,捕捉凸台半圆圆心绘制 φ25 圆孔的圆,标注尺寸为 φ25,使草图"完全定义",退出草图。在"切除-拉伸"操作面板中,在"方向 1"下拉列表中选择"成形到下一面",点"对勾"按钮完成拉伸切除。保存模型,后面生成工程图还要用该模型。

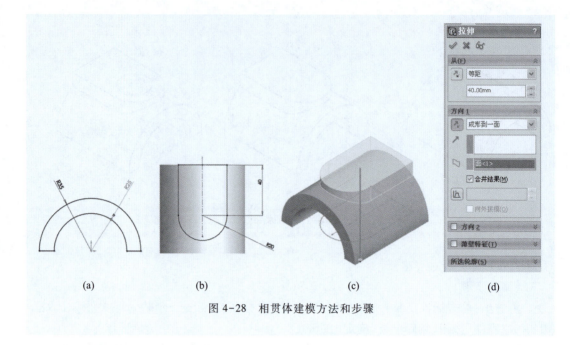

(a)　　　　　　　(b)　　　　　　　(c)　　　　　　　(d)

图 4-28　相贯体建模方法和步骤

4.4.2　截交体和相贯体的三视图

【例 4-10】　利用例 4-8 绘制的圆柱截交体的实体模型,生成其三视图。

【操作步骤】

第一步:运行 SolidWorks 之后,单击标准工具栏上的"新建"按钮,在打开的"新建 SolidWorks 文件"对话框中选择"工程图",然后单击"确定"按钮,在打开的"图纸格式/大小"对话框中,选择"自定义图纸大小",将图纸定义为 A4 图纸尺寸,如图 4-29 所示。

注意:SolidWorks 的版本不同,操作步骤可能有所不同,如果没有弹出该对话框,可以先进行第二步,然后用鼠标指向"图纸 1",单击鼠标右键,在弹出的列表中选择"属性",在图纸属性面板中设置图纸大小。

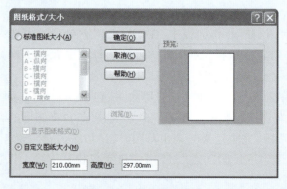

图 4-29　定义图纸大小

第二步:在弹出的"模型视图"操作面板中,单击"浏览"按钮,打开例 4-8 存储的模型文件,在面板中的"视图数"下选择"单一视图",在"标准视图"下选择"主视图","显示样式"下选择"隐藏线可见","比例"选择"自定义比例",设置为 1∶1,其他采用缺省值,将主视图放置在图纸的适当位置上。

第三步:在弹出的"投影视图"操作面板中,所有选项采取缺省值,在图纸上生成俯视图和左视图。

第四步:单击主视图,在"方向"下切换投影方向,观察俯视图和左视图的变化,确定后单击"对勾"按钮完成模型的三视图,如图 4-30 所示。

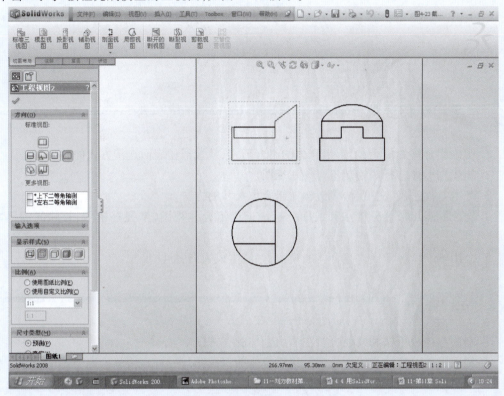

图 4-30　截交体模型三视图

第五步:单击"注释"工具条上的"中心线"命令,拾取主视图和左视图圆柱投影的轮廓线,为主视图和左视图添加轴线,单击轴线,用鼠标左键拖动,调整轴线的长度。

第六步:单击"注释"工具条上的"中心线符号线"命令,拾取俯视图上圆柱的投影圆,为俯视图添加中心线,单击中心线,用鼠标左键拖动,调整中心线的长度。

参考本例,读者自己练习生成例 4-9 相贯体模型的三视图。

5

组　合　体

学习目标和要求

1. 明确组合体的概念,了解组合体的组合形式,掌握形体表面连接方式的各种画法。
2. 能运用形体分析法绘制组合体三视图。
3. 基本掌握正确、完整、清晰地标注组合体尺寸的方法。
4. 能熟练运用形体分析法和线面分析法识读组合体视图,掌握补视图、补缺线的基本方法。
5. 会用 SolidWorks 创建组合体的模型,并能生成视图,标注尺寸。

重点和难点

1. 利用形体分析法和线面分析法画组合体的三视图。
2. 利用形体分析法和线面分析法读组合体的三视图。
3. 利用形体分析法标注组合体的尺寸。

有了点、直线、平面和基本体的投影知识,就为讨论比较复杂形体的视图的画图和读图方法奠定了必要的基础。本章侧重研究两个或两个以上基本体的组合形式、画图和读图的分析方法以及相关尺寸标注等问题。

5.1　组合体的组成方式

5.1.1　组合体的概念

任何复杂的形体都可以看成是由一些基本的形体按照一定的连接方式组合而成的。这些基本体包括棱柱、棱锥、圆柱、圆锥、球和圆环等。由基本体组成的复杂形体称为组合体。

5.1.2　组合体的组成方式

组合体的组成方式有切割和叠加两种形式。常见的组合体则是这两种方式的综合,如图 5-1 所示。

无论以何种方式构成组合体,其基本体的相邻表面都存在一定的相互关系,这种关系一般可分为平行、相切、相交等情况。

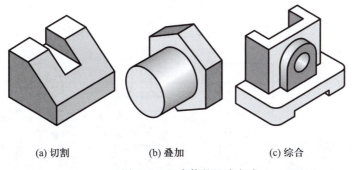

(a) 切割　　　　　　(b) 叠加　　　　　　(c) 综合

图 5-1　组合体的组成方式

扫一扫
组合体的
组成方式

1. 平行

　　所谓平行是指两基本体表面间同方向的相互关系。它又可以分为两种情况：当两基本体的表面平齐时，两表面为共面，因而视图上两基本体之间无分界线，如图 5-2 所示；而如果两基本体的表面不平齐时，则必须画出它们的分界线，如图 5-3 所示。

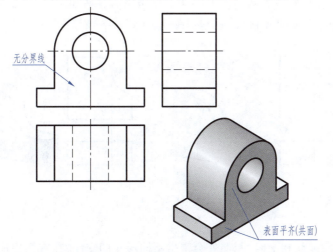

无分界线

表面平齐(共面)

图 5-2　两基本体表面平齐

扫一扫
两基本体
表面平齐
和不平齐

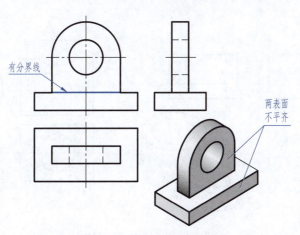

有分界线

两表面
不平齐

图 5-3　两基本体表面不平齐

2. 相切

当两基本体的表面相切时,两表面在相切处光滑过渡,不应画出切线,如图 5-4 所示。

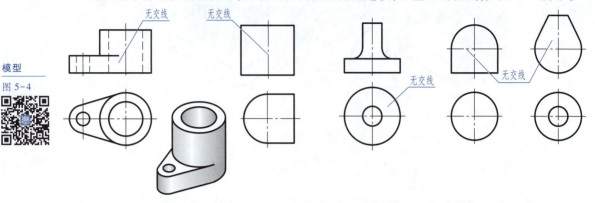

图 5-4　两基本体表面相切

当两曲面相切时,则要看两曲面的公切面是否垂直于投影面。如果公切面垂直于投影面,则在该投影面上相切处要画线,否则不画线,如图 5-5 所示。

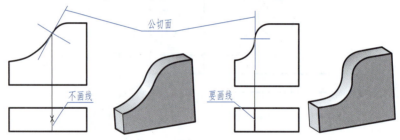

图 5-5　两曲面相切

3. 相交

当两基本体的表面相交时,相交处会产生不同形式的交线,在视图中应画出这些交线的投影,如图 5-6 所示。

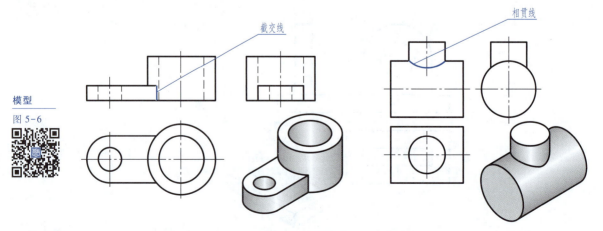

图 5-6　两基本体表面相交

5.1.3 形体分析法

形体分析法是解决组合体问题的基本方法。所谓形体分析就是将组合体按照其组成方式分解为若干基本体,以便弄清楚各基本体的形状,它们之间的相对位置和表面间的相互关系,这种方法称为形体分析法。在画图、读图和标注尺寸的过程中,常常要运用形体分析法。

5.2 组合体三视图的画法

5.2.1 画组合体三视图的方法和步骤

下面以图 5-7 所示轴承座为例,介绍画组合体三视图的一般步骤和方法。

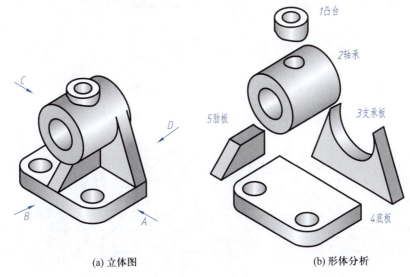

(a) 立体图　　　　　　　　(b) 形体分析

图 5-7 轴承座

扫一扫

轴承座

模型

图 5-7

1. 形体分析

画图之前,首先应对组合体进行形体分析。分析组合体由哪几部分组成,各部分之间的相对位置,相邻两基本体的组合形式,是否产生交线等。图中轴承座由上部的凸台、轴承、支承板、底板及肋板组成。凸台与轴承是两个垂直相交的空心圆柱体,在外表面和内表面上都有相贯线。支承板、肋板和底板分别是不同形状的平板。支承板的左、右侧面都与轴承的外圆柱面相切,肋板的左、右侧面与轴承的外圆柱面相交,支承板的后壁与底板的后壁平齐,底板的顶面与支承板、肋板的底面相互重合。

2. 选择视图

选择视图首先要确定主视图。一般是将组合体的主要表面或主要轴线放置在与投影面平行或垂直位置,并以最能反映该组合体各部分形状和位置特征的一个视图作为主视图的前提下,还应考虑到尽量减少其他两个视图上的虚线。如图 5-7a 所示,沿 B 向观察,所得视图满足上述要求,可以作为主视图。主视图方向确定后,其他视图的方向则随之确定。

3. 选择图纸幅面和比例

根据组合体的复杂程度和尺寸大小,应选择国家标准规定的图幅和比例。在选择时,应充分考虑到视图、尺寸及标题栏的大小和位置等。

4. 布置视图,画作图基准线

根据组合体的总体尺寸,通过简单计算,将各视图均匀地布置在图框内,视图间应预留尺寸标注位置。各视图位置确定后,用细点画线或细实线画出作图基准线。作图基准线一般为底面、对称面、主要端面、主要轴线等,如图 5-8a 所示。

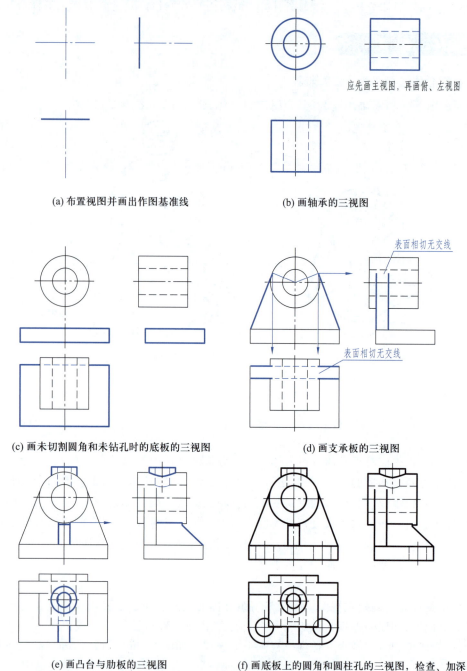

(a) 布置视图并画出作图基准线　　　　　　　　(b) 画轴承的三视图

应先画主视图,再画俯、左视图

表面相切无交线

表面相切无交线

(c) 画未切割圆角和未钻孔时的底板的三视图　　　　　　(d) 画支承板的三视图

(e) 画凸台与肋板的三视图　　　　　　(f) 画底板上的圆角和圆柱孔的三视图,检查、加深

图 5-8　组合体三视图的作图步骤

5. 画底稿

依次画出每个简单形体的三视图,如图 5-8b~f 所示。画底稿时应注意:

① 在画各基本体的视图时,应先画主要形体,后画次要形体,先画可见的部分,后画不可见的部分。如图中先画轴承和底板,后画支承板和肋板。

② 画每一个基本体时,一般应该三个视图对应着一起画。先画反映实形或有特征的视图,再按投影关系画其他视图(如图中轴承先画主视图,凸台先画俯视图,支承板先画主视图等)。尤其要注意必须按投影关系正确地处理平行、相切和相交处的投影:如轴承与支承板相切,俯、左视图中支承板的前、后壁要画到切点位置,且不画切线的投影;又如肋板与轴承相交,左视图上要画出交线的投影。

6. 检查、描深

检查底稿,改正错误,然后再描深,结果如图 5-8f 所示。

5.2.2 画图举例

【例 5-1】 画图 5-9a 所示切割型组合体的三视图,画图时,立体图上的尺寸请目估自定。

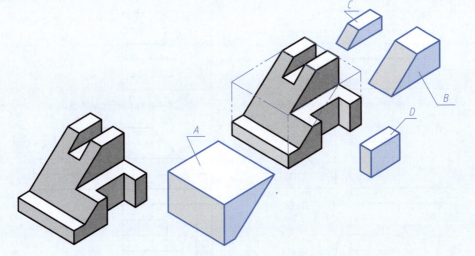

扫一扫
切割型组合体

模型
图 5-9

(a) 立体图　　　　　　　　　　(b) 形体分析

图 5-9　切割型组合体

【解】 画切割型组合体三视图的步骤与画叠加型组合体相同,首先进行形体分析,其形成如图 5-9b 所示,作图时是由一个简单的投影开始,按切割的顺序逐次画完全图。如图 5-10 所示是切割型组合体的作图步骤。

画切割型组合体三视图时应注意:

① 认真分析物体的形成过程,确定切割面的位置和所切割出的平面图形的形状。

② 作图时应先画出切割面有积聚性的投影,再根据切割面与立体表面相交的情况画出其他投影。

③ 如果切割平面为投影面垂直面,该面的另两面投影应为类似形。如图 5-10f 所示左上方的蓝色部分,其为正垂面所切割出的平面图形,水平投影和侧面投影分别为其实形的类似形。

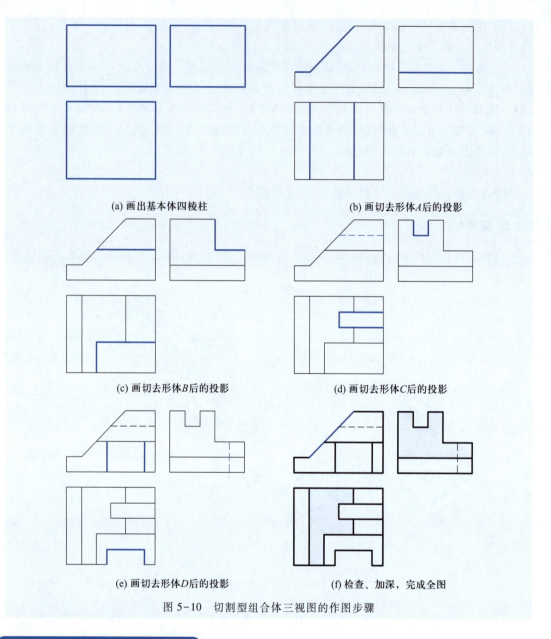

(a) 画出基本体四棱柱　　　　　　(b) 画切去形体A后的投影

(c) 画切去形体B后的投影　　　　　　(d) 画切去形体C后的投影

(e) 画切去形体D后的投影　　　　　　(f) 检查、加深，完成全图

图 5-10　切割型组合体三视图的作图步骤

5.3　组合体三视图的尺寸标注

组合体的视图表达了物体的形状,而物体的大小则要由视图上所标注的尺寸来确定。

图样上标注尺寸一般应做到以下几点:

① 尺寸标注要符合国家标准。

② 尺寸标注要完整。

③ 尺寸布置要整齐、清晰。

④ 尺寸标注要合理。

第①条已在第 1 章中做了介绍。第④条是指尺寸标注要满足机件的设计要求和制造工艺要求,这将在"零件图"(见第 9 章)中做介绍。本节重点讨论如何使尺寸标注得完整、整齐和清晰。

5.3.1　基本体的尺寸标注

　　要掌握组合体的尺寸标注,必须先了解基本体的尺寸标注方法。常见基本体的尺寸标注示例,如图 5-11 所示。在标注基本体的尺寸时,要注意定出长、宽、高三个方向的大小。如图 5-11c 所示的六棱柱如为正六棱柱,长与宽的尺寸只需注出一个,如为了看图方便,两个尺寸也可都注出,但是不能是矛盾尺寸,还应将一个次要的尺寸数字两侧加括号,作为参考尺寸。如图 5-11e~h 所示,圆柱、圆台、球、圆环标注了尺寸后,只要用一个视图,就能确定它们的形状和大小。

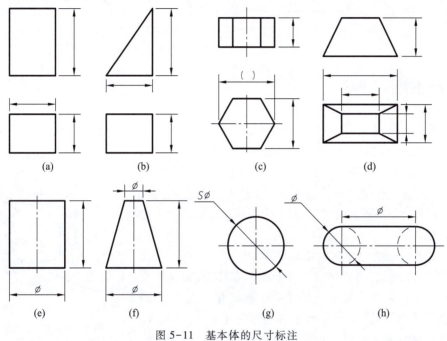

图 5-11　基本体的尺寸标注

5.3.2　切割体和相贯体的尺寸标注

　　基本体上的切口、开槽或穿孔等,一般只标注截平面的定位尺寸和开槽或穿孔的定形尺寸,而不标注截交线的尺寸,如图 5-12 所示,图中打"×"号的尺寸是错误的。

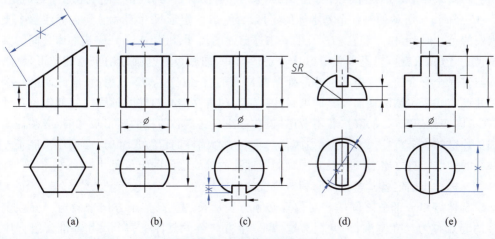

图 5-12　切割体的尺寸标注

两基本体相贯时,应标注两立体的定形尺寸和表示相对位置的定位尺寸,而不应标注相贯线的尺寸,如图 5-13 所示。

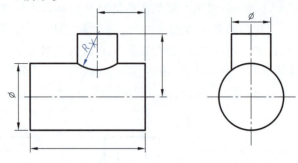

图 5-13　相贯体的尺寸标注

5.3.3　组合体的尺寸标注

1. 尺寸标注要完整

要达到这个要求,首先应按形体分析法将组合体分解为若干基本体,再注出表示各个基本体大小的尺寸及确定这些基本体间相对位置的尺寸。前者称为定形尺寸,后者称为定位尺寸。按照这样的分析方法标注尺寸,就比较容易做到既不漏标尺寸,也不会重复标注尺寸。下面以图 5-14 所示的支架为例,说明在尺寸标注过程中的分析方法。

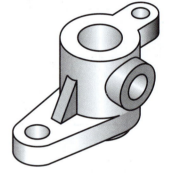

图 5-14　支架立体图

（1）逐个注出各基本体的定形尺寸

如图 5-15 所示,将支架分解成 6 个基本体后,分别注出其定形尺寸。由于每个基本体的尺寸一般只有少数几个,因而比较容易考虑,如直立空心圆柱的定形尺寸 $\phi72$、$\phi40$、80,底板的定形尺寸 $R22$、$\phi22$、20,肋板的定形尺寸 34、12 等。至于这些尺寸标注在哪一个视图上,则要根据具体情况而定。如直立空心圆柱的尺寸 $\phi40$ 和 80 可注在主视图上,但 $\phi72$ 在主视图上标注比较困难,故将它注在左视图上。搭子的尺寸 $R16$、$\phi16$ 注在俯视图上最为适宜,而厚度尺寸 20 只能注在主视图上。其余各形体的定形尺寸如图 5-16 所示,请读者自行分析。读者还应注意的是:如图 5-15、图 5-16 所示的对各个基本体的定形尺寸,有些定形尺寸因考虑到在标注整个支架三视图的尺寸时,可以与和它相接合的基本体已注的尺寸合用,或与另一基本体之间的某个定位尺寸合用时,就可以不单独考虑这个定形尺寸,如底板右端圆柱槽半径的定形尺寸,可以和与它完全密合的直立空心圆柱的外壁圆柱面的直径尺寸 $\phi72$ 合用;长度方向的一个定形尺寸可与底板左端圆柱面及其同轴圆柱孔轴线和直立空心圆柱的轴线之间的定位尺寸合用,在考虑底板的定形尺寸时,暂不考虑,但在标注直立空心圆柱的定形尺寸时,必须注出它的圆柱外壁的这个直径尺寸,在标注底板与直立空心圆柱的定位尺寸时,必须注出底板左端圆柱孔的轴线与直立空心圆柱及其同轴的圆柱孔的轴线之间的定位尺寸。

（2）标注出确定各基本体之间相对位置的定位尺寸

组合体各组成部分之间的相对位置必须分别从长、宽、高三个方向来确定。标注定位尺寸的起点称为尺寸基准,因此,长、宽、高三个方向至少要各有一个尺寸基准。组合体的

扫一扫

支架的定形
尺寸分析

模型

图 5-15

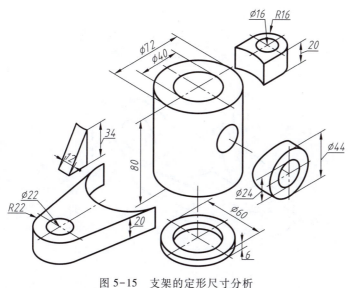

图 5-15　支架的定形尺寸分析

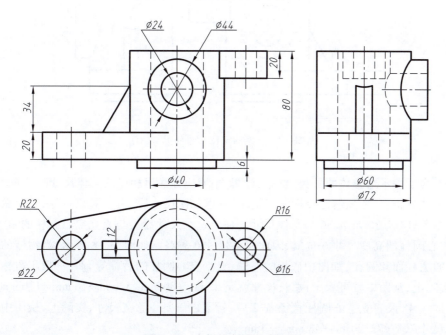

图 5-16　支架的定形尺寸标注

对称面、底面、主要端面和主要回转体的轴线经常被选作尺寸基准。图中支架长度方向的尺寸基准为过直立空心圆柱的轴线的侧平面;宽度方向的尺寸基准为底板、直立空心圆柱、搭子的共用的前后对称面;高度方向的尺寸基准为直立空心圆柱的顶面。如图 5-17 所示,标注了这些基本体之间的五个定位尺寸,如直立空心圆柱与底板孔、肋、搭子孔之间在左右方向的定位尺寸 80、56、52,水平空心圆柱与直立空心圆柱在上下方向的定位尺寸 28 以及前后方向的定位尺寸 48。将定形尺寸和定位尺寸合起来,则支架上所必需的尺寸就标注完整了。

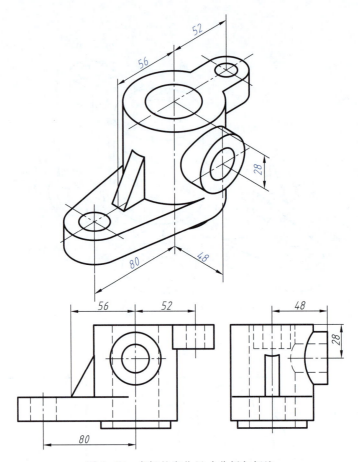

图 5-17　支架的定位尺寸分析与标注

（3）为了表示组合体的总长、总宽、总高，一般应标注出相应的总体尺寸

　　按上述分析，尺寸虽然已经标注完整，但考虑总体尺寸后，为了避免重复，还应做适当调整。如图 5-18 所示，尺寸 86 为总体尺寸。注上这个尺寸后会与直立空心圆柱的高度尺寸 80、扁空心圆柱的高度尺寸 6 重复，因此应将尺寸 6 省略。如图 5-18 所示，当物体的端部为同轴线的圆柱面和圆孔（如图中底板的左端、直立空心圆柱的后端等）时，一般不再标注总体尺寸，实际上，从图中就可看出：总长尺寸就是 22 mm＋80 mm＋52 mm＋16 mm＝170 mm。标注了定位尺寸 48 及直立空心圆柱直径 φ72 后，就不再需要注总宽尺寸，实际上，从图中也可看出总宽尺寸就是（72/2）mm＋48 mm＝84 mm。

2. 标注尺寸要清晰

　　标注尺寸时，除了要求完整外，为了便于读图，还要求标注得清晰。现以图 5-18 所示为例，说明几个主要的考虑因素：

　　① 尺寸应尽量标注在表示形体特征最明显的视图上。如图 5-18 所示肋的高度尺寸 34，注在主视图上比注在左视图上好；水平空心圆柱的定位尺寸 28，注在左视图比注在主视图上好；而底板的定形尺寸 R22 和 φ22 则应注在表示该部分形状最明显的俯视图上。

　　② 同一基本体的定形尺寸以及相关联的定位尺寸要尽量集中标注。如图 5-18 所示将

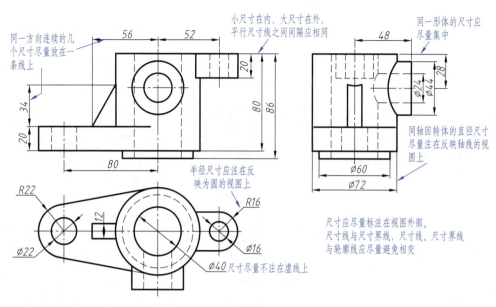

图 5-18　支架的尺寸标注

水平空心圆柱的定形尺寸 φ24、φ44 从原来的主视图上移到左视图上,这样便和它的定位尺寸 28、48 全部集中在一起,因而比较清晰,也便于寻找尺寸。

③ 尺寸应尽量注在视图的外侧,以保持图形的清晰。同一方向几个连续尺寸应尽量放在同一条线上。如图 5-18 所示,将肋板的定位尺寸 56、搭子的定位尺寸 52 和水平空心圆柱的定位尺寸 48 排在一条线上,使尺寸标注显得较为清晰。

④ 同心圆柱的直径尺寸尽量注在非圆视图上,而圆弧的半径尺寸则必须注在投影为圆弧的视图上。如图 5-18 所示直立空心圆柱的直径 φ60、φ72 均注在左视图上,而底板及搭子上的圆弧半径 R22、R16 则必须注在俯视图上。

⑤ 尽量避免在虚线上标注尺寸。如图 5-18 所示直立空心圆柱的孔径 φ40,若标注在主、左视图上将从虚线引出,因此便注在俯视图上。

⑥ 尺寸线与尺寸界线,尺寸线、尺寸界线与轮廓线都应避免相交。相互平行的尺寸应按"小尺寸在内,大尺寸在外"的原则排列。

⑦ 内形尺寸与外形尺寸最好分别注在视图的两侧。

在标注尺寸时,有时会出现不能兼顾以上各点的情况,这时必须在保证尺寸标注正确、完整的前提下,灵活掌握,力求清晰。

如图 5-19 所示为一些常见结构的尺寸注法示例。从图中可以看出,当这些结构在某个投影图中以圆弧为轮廓线时,一般不注总体尺寸而是注出圆心位置和圆弧半径或直径即可,如图 5-19c、e、f 所示。但当圆弧只是作为圆角时,习惯上注出圆角半径,也注出总长、总宽等尺寸,如图 5-19a 所示。同一直径的不连续圆弧应标注 φ,如图 5-19b、c 所示。其他尺寸请读者自行分析,在尺寸线上画出"×"号者,都是错误尺寸,不能标注。

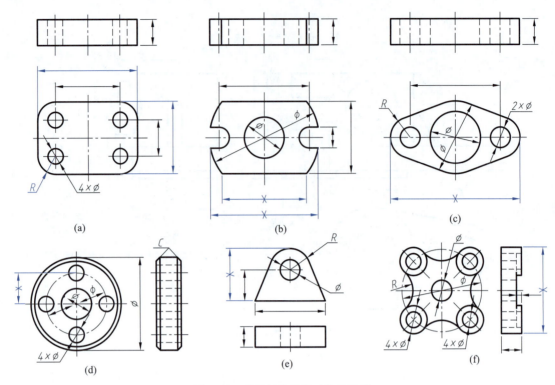

图 5-19 常见结构的尺寸注法示例

5.4 读组合体的视图

　　画图和读图是学习本课程的两个重要环节。画图是把空间形体用正投影法表达在平面上；而读图则是运用正投影法，根据视图想象出空间形体的结构形状。所以要能正确、迅速地读懂视图，必须掌握读图的基本知识和基本方法，培养空间想象力和形体构思能力，并通过不断实践，逐步提高读图能力。

5.4.1 读图的基本知识

1. 几个视图联系起来看

　　一般情况下，一个视图不能完全确定物体的形状。如图 5-20 所示的五组视图，它们的主视图都相同，但实际上是五种不同形状的物体。

　　如图 5-21 所示的三组视图，它们的主、俯视图都相同，但也表示了三种不同形状的物体。

　　由此可见，读图时，一般要将几个视图联系起来阅读、分析和构思，才能弄清物体的形状。

2. 寻找特征视图

　　所谓特征视图，就是把物体的形状特征及相对位置反映得最充分的那个视图。如图 5-20所示的俯视图及图 5-21b、c 所示的左视图。找到这个视图，再配合其他视图，就能较快地认清物体了。

　　由于组合体的组成方式不同，物体的形状特征及相对位置并非总是集中在一个视图上，

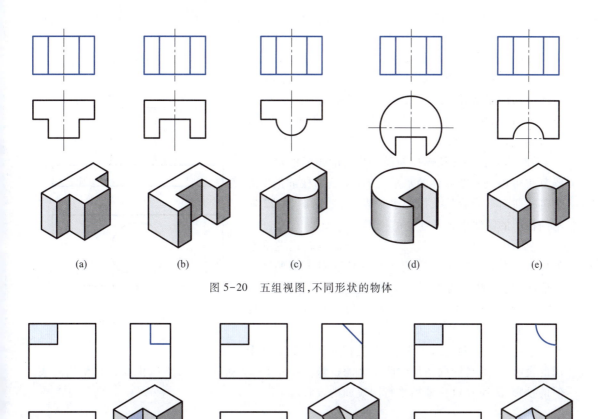

(a)　　　　　(b)　　　　　(c)　　　　　(d)　　　　　(e)

图 5-20　五组视图,不同形状的物体

(a)　　　　　　　　　(b)　　　　　　　　　(c)

图 5-21　三组视图,不同形状的物体

而是分散于多个视图上。如图 5-22 所示的支架就是由 4 个基本体叠加构成的。基本体 A、D 的特征,分别反映在主视图、俯视图上,即图形中蓝色的部分以及里面的小圆内的通孔的投影;基本体 B 的特征反映在主视图上,即主视图中基本体 C 之左、基本体 A 之右的轮廓线包围的平面图形;基本体 C 的特征反映在左视图上,即左视图的外轮廓线所包围的平面图形。由此可见:在读图时要抓住反映特征较多的视图。

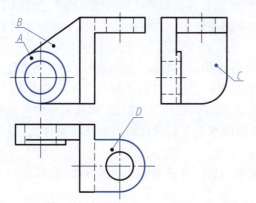

图 5-22　支架

3. 了解视图中的线框和图线的含义

弄清视图中线框和图线的含义是看图的基础。下面以图 5-23 所示为例说明。

视图中每个封闭线框,可以是一物体上不同位置平面或一曲面的投影,也可以是一个立体或一个孔的投影。如图中的线框 A、B 和 D 分别为一平面的投影,线框 C 为曲面的投影,线框 E 不仅可以是一平面的投影(铅垂圆柱被正平面切割掉前面一片后的顶面的水平投影),也可以是一个立体的水平投影(铅垂圆柱被正平面切割掉前面一片后的立体的水平投影)。而图 5-22 所示俯视图的圆线框则为通孔的投影。

视图中的每一条图线既可以是曲面的转向轮廓线的投影,如图 5-23 所示直线 1 是圆柱面对 V 面的转向轮廓线;也可以是两表面的交线的投影,如图中直线 2(平面与平面的交线)、直线 3(平面与曲面的交线);还可以是面的积聚性投影,如图中直线 4。

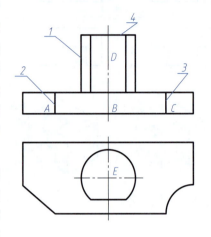

图 5-23　线框和图线的含义

任何相邻的两个封闭线框,应是物体上相交的两个面的投影,或者是同向错位的两个面的投影。如图 5-23 所示 A 和 B,B 和 C 都是相交两表面的投影,B 和 D 则是前后平行两表面的投影。

5.4.2　读图的基本方法

1. 形体分析法

形体分析法是读图的基本方法。一般先从反映物体形状特征的主视图着手;对照其他视图,初步分析出该物体是由哪些基本体以及通过什么连接关系形成的;然后按投影特性逐个找出各基本体在其他视图中的投影,以确定各基本体的形状和它们之间的相对位置;最后综合想象出物体的总体形状。

下面以图 5-24 所示轴承座为例,说明用形体分析法读图的方法。

① 从视图中分离出表示各基本体的线框。

将主视图分为四个线框 1,2,3,4。其中线框 3 和 4 为两个左右对称的三角形,每个线框各代表一个基本体,如图 5-24a 所示。

② 分别找出各线框对应的其他投影,并结合各自的特征视图逐一构思它们的形状。

如图 5-24b 所示,线框 I 的主、俯两视图是矩形。左视图是 L 形,可以想象出该形体是一块直角弯板,板上钻了两个圆孔。

如图 5-24c 所示,线框 II 的俯视图是一个中间带有两条直线的矩形,左视图是一个中间有一条虚线的矩形,可以想象出它的形状是在一个长方体的中部挖了一个半圆槽。

如图 5-24d 所示,线框 III 和 IV 的俯、左两视图都分别是矩形,俯视图中的两个矩形对称地分布在轴承座的左、右两侧,左视图中的这两个左右对称的矩形互相重合,它们分别是这个轴承座左右对称的一对三角形肋板。

③ 根据各基本体的形状和它们的相对位置综合想象出其整体形状,如图 5-24e、f 所示。

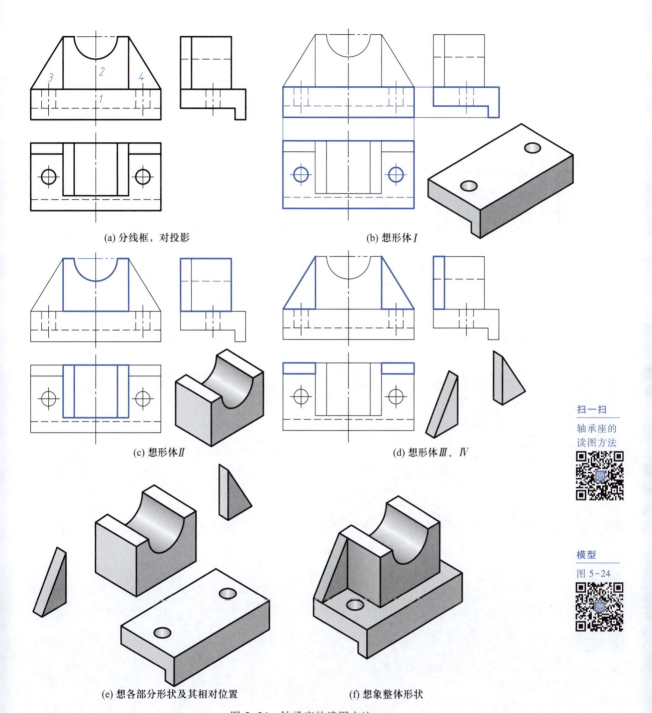

(a) 分线框，对投影

(b) 想形体 I

(c) 想形体 II

(d) 想形体 III、IV

(e) 想各部分形状及其相对位置

(f) 想象整体形状

图 5-24　轴承座的读图方法

扫一扫

轴承座的
读图方法

模型

图 5-24

2. 线面分析法

　　当形体被多个平面切割、形体形状不规则或在某视图中形体结构的投影关系重叠时,应用形体分析法往往难于读懂。这时,需要运用线、面投影特性来分析物体的表面形状、面与面的相对位置以及面与面之间的表面交线,并借助立体的概念来想象物体的形状。这种方法称为线面分析法。

下面以图 5-25 所示压块为例,说明线面分析的读图方法。

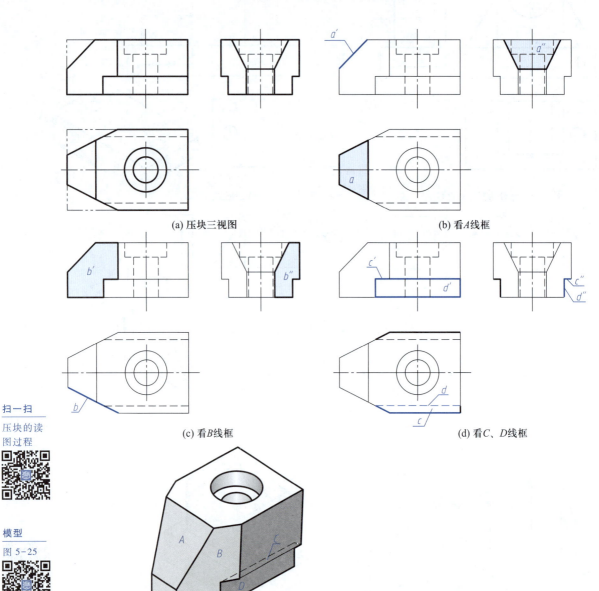

(a) 压块三视图　　　　　　　(b) 看A线框

(c) 看B线框　　　　　　　(d) 看C、D线框

(e) 想象整体形状

图 5-25　压块的读图过程

① 确定物体的整体形状。

由图 5-25a 所示可以看出,压块三视图的外形均是有缺角或缺口的矩形,便可初步认定该物体是由长方体切割而成,且中间还有一个阶梯圆柱孔。

② 确定切割面的位置和切割出的诸平面图形的形状。

由图 5-25b 所示可知,主视图中的斜线 a',在俯视图中可找出与它对应的梯形线框 a,由此可见 A 面是垂直于 V 面的梯形平面。长方体的左上角是由正垂的 A 面切割而成,平面

A 对 W 面和 H 面都处于倾斜位置,所以它们的侧面投影 a'' 和水平投影 a 是类似图形,不反映 A 面的实形。

由图 5-25c 所示可知,俯视图中的斜线 b,在主视图中可找出与它对应的七边形线框 b',由此可见 B 面是铅垂。长方体的左端就是由这样的前后对称的两个铅垂的平面切割而成的。平面 B 对 V 面和 W 面都处于倾斜位置,因而切割出的平面图形的侧面投影 b'' 也是类似形七边形线框。

由图 5-25d 所示可知,左视图的前后各有一个缺口,对照主、俯视图进行分析,可看出 C 面为水平面,D 面为正平面。长方体的前后两侧都是由这样两个平面切割而成的。

③ 综合想象其整体形状。

搞清楚各切割面的空间位置和切割出的平面图形的形状后,根据诸切割掉的基本体形状,并进一步分析视图中图线、线框的含义,可以综合想象出整体形状,如图 5-25e 所示。

读组合体的视图常常是两种方法并用,以形体分析法为主,线面分析法为辅。

根据物体的两个视图补画第三视图,也是培养读图和画图能力的一种有效手段。

【例 5-2】 如图 5-26a 所示,已知支座的主、俯视图,并知这个支座左右对称,求作其左视图。

【解】 ① 形体分析:在主视图上将支座分成三个线框,按投影关系找出各线框在俯视图上的对应投影:线框 I 是支座的底板,可看作是由一块长方形板切割而成,其上有两处圆角,后部有矩形缺口,底部有一通槽,缺口与通槽的长度相等;线框 II 可看作是由一块矩形板切割而成的凹字形竖板,其后部自上而下开一通槽,通槽大小与底板后部缺口大小一致,中部开一个正垂的圆柱形通孔;线框 III 可看作是一个带半圆头的矩形板,其上开一个正垂的圆柱形通孔,与竖板上的通孔相密合。然后按其相对位置,想象出其形状,如图 5-26f 所示。

② 补画支座左视图。根据给出的两视图,可看出该形体是由底板与带半圆头的矩形板和凹字形竖板叠加而成的,具体作图步骤如图 5-26b~e 所示。最后加深图线,完成全图。

模型
图 5-26

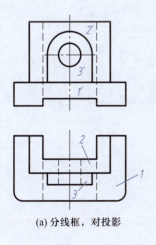

(a) 分线框,对投影

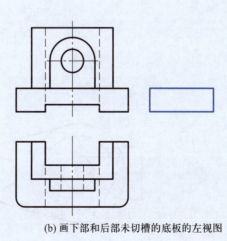

(b) 画下部和后部未切槽的底板的左视图

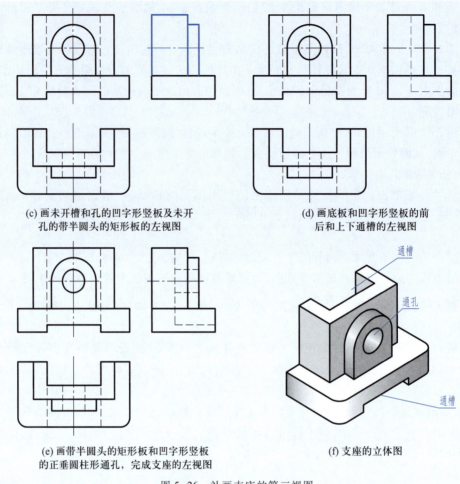

(c) 画未开槽和孔的凹字形竖板及未开
孔的带半圆头的矩形板的左视图

(d) 画底板和凹字形竖板的前
后和上下通槽的左视图

(e) 画带半圆头的矩形板和凹字形竖板
的正垂圆柱形通孔，完成支座的左视图

(f) 支座的立体图

图 5-26　补画支座的第三视图

模型

图 5-27

【例 5-3】　按图 5-27 所示的俯、左视图想出物体形状，补画该物体的主视图。

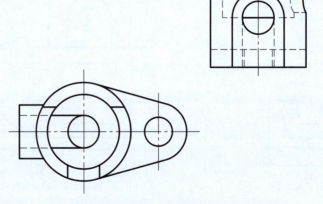

图 5-27　根据物体的俯、左两视图补画其主视图

【解】 ① 形体分析:本例没有给出主视图。从给出的两视图可以看出,俯视图上反映了该物体较多的结构形状。因此,从俯视图着手,将它分成左、中、右三个部分。根据宽相等的投影规律可知:物体的中部是开有阶梯孔的圆柱体,上方的前面被切去一大块;根据左视图上前方的交线形状,可看出圆筒上前方开有 U 形槽;物体的左边是一个倒 U 形体,与圆筒相交,并从倒 U 形体左端面上部正中向右开了一个侧垂的圆柱孔,与圆筒内的阶梯孔相通;物体右边是右端为带圆柱面的底板,底板上开了一个铅垂的小圆柱孔,底板左端与圆筒外表面相切。根据以上分析可想象出该物体是由中间空心圆柱体、左侧倒 U 形体和右侧圆弧形底板通过简单叠加形成的,如图 5-28 所示。

扫一扫
根据物体的视图想象物体的形状

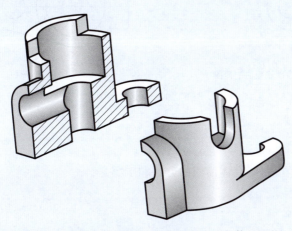

图 5-28 根据物体的俯、左视图想象出该物体的形状

② 补画主视图。根据想象出的立体形状依次画出这些基本体,注意叠加和切割时交线的画法,即可补画出主视图,如图 5-29a~c 所示。最后检查、加深,完成全图,如图 5-29d 所示。

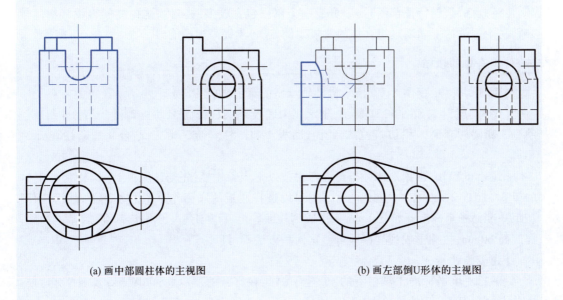

(a) 画中部圆柱体的主视图   (b) 画左部倒U形体的主视图

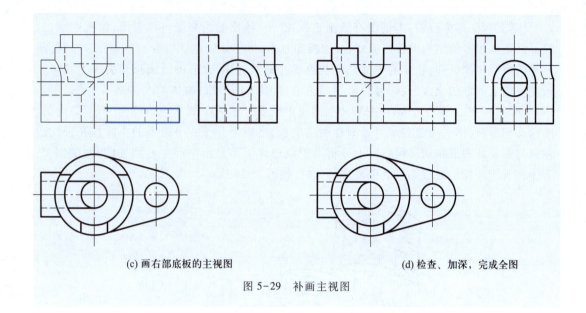

(c) 画右部底板的主视图　　　　　　　　(d) 检查、加深，完成全图

图 5-29　补画主视图

3. 组合体读图方法小结

由上述例题可以看出,组合体读图的方法和步骤是:

① 分线框,对投影。

② 想形体,辨位置。

③ 线面分析攻难点。

④ 综合起来想整体。

5.5　用 SolidWorks 创建组合体的模型及三视图

组合体的建模原理也是形体分析法,即从基本体开始,通过叠加、切割生成模型。为了提高建模效率,绘制特征草图时,尽可能一个草图包含较多的实体,这样能使得设计树简单明晰,易于修改。下面通过组合体的建模案例,进一步提高建模能力。

5.5.1　组合体的建模

【例 5-4】　根据图 5-30 所示滑动轴承座的草图,创建其模型。

【形体分析】　如图 5-31 所示,轴承座由底板 1、圆柱套筒 3、肋板 2 和 5、凸台 4 组成。肋板 5 和圆柱套筒 3 相切,且右端共面,肋板 2 和圆柱套筒 3 相交,凸台 4 和圆柱套筒 3 相贯。

【逻辑步骤】　根据形体分析可以考虑按以下步骤建模:先创建底板 1→圆柱套筒 3→肋板 5→肋板 2→凸台 4。创建凸台 4 时可以选择底板的底面作草图的基准面,然后拉伸从距基准面一个高度开始(60 mm),形成到柱面。也可以创建一个用户基准面,基准面距离底面 60mm,拉伸形成到柱面即可。这两种方法都可以。

【建模步骤】

第一步:单击标准工具栏上的"新建"按钮,在打开的"新建 SolidWorks 文件"对话框中单击"零件"按钮,然后单击"确定"按钮。

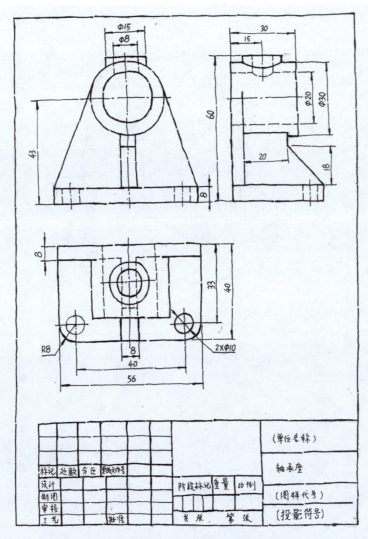

图 5-30　滑动轴承座草图

　　第二步：单击"特征"工具条上的"拉伸凸台"按钮，选择"上视基准面"为草图基准面。用"中心线"命令过原点画一条对称线，用矩形命令绘制底板，"绘制圆角"命令添加圆角，"圆"命令绘制两个圆孔，如图 5-32a 所示。添加几何关系，并标注尺寸，使草图"完全定义"，如图 5-32b 所示，退出草图。在"凸台-拉伸"操作面板中，将拉伸高度设为 8，单击"对勾"按钮完成底板的模型，如图 5-32c 所示。

　　第三步：单击"特征"工具条上的"拉伸凸台"按钮，选"前视基准面"（底板后面）作草图基准面，进入绘制草图状态。用"草图"工具条上的"圆"命令绘制两个同心圆，如图 5-33a 所示。标注尺寸，并为圆心和原点添加几何关系，使草图"完全定义"，如图 5-33b 所示。退出草图，在"凸台-拉伸"操作面板中将拉伸深度设为 30，单击"对勾"按钮完成圆柱套筒建模，如图 5-33c 所示。

　　第四步：单击"特征"工具条上的"拉伸凸台"按钮，选"前视基准面"（底板后面）作草图基准面，进入绘制草图状态。用"草图"工具条上的"圆"命令绘制一个圆，使圆的圆心

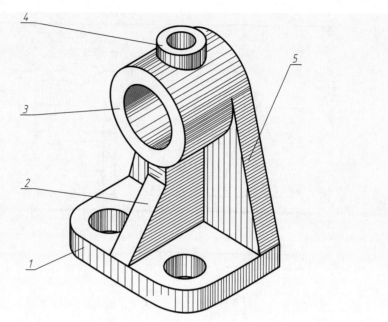

图 5-31　滑动轴承座形体分析

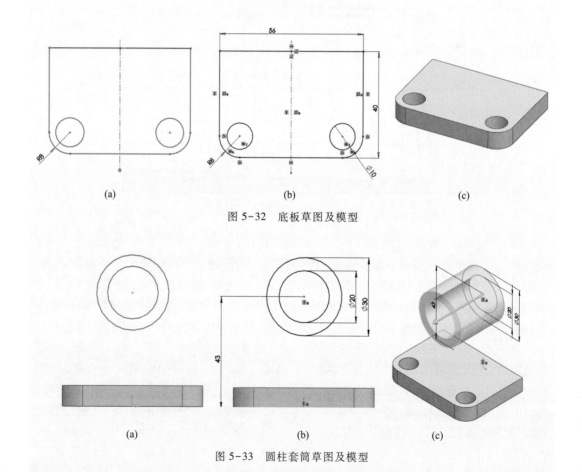

(a)	(b)	(c)

图 5-32　底板草图及模型

(a)	(b)	(c)

图 5-33　圆柱套筒草图及模型

和圆柱套筒的圆心重合,"直线"命令绘制肋板 5 的轮廓线,如图 5-34a 所示。为圆和圆柱套筒的外圆添加几何关系"相等"(圆心重合,直径相等),两侧面直线和圆添加几何关系"相切",角点和底板的角点添加几何关系"重合",使草图"完全定义",剪裁圆为圆弧,如图 5-34b 所示。退出草图,在"凸台-拉伸"操作面板中将拉伸深度设为 8,单击"对勾"按钮完成肋板 5 的建模,如图 5-34c 所示。

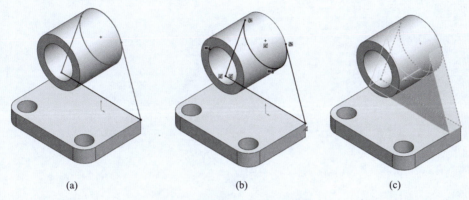

| (a) | (b) | (c) |

图 5-34 肋板 5 的草图及模型

第五步:单击"草图"工具条上的"草图绘制"按钮,选"右视基准面"为草图基准面,进入绘制草图状态。用"草图"工具条上的"直线"命令绘制一个肋板 2 的开环截面,将线段的端点拾取在柱面轮廓线上和底板的交点上,并标注尺寸,如图 5-35a 所示。退出草图,在设计树中选择草图,单击"特征|筋"命令,在"筋"操作面板中输入厚度 8,模式选择"两侧",拉伸方向"平行于草图",选中"反转材料边",如图 5-35b 所示,或单击模型上的箭头确定拉伸到模型表面,如图 5-35c 所示。单击"对勾"按钮完成肋板 2 模型。

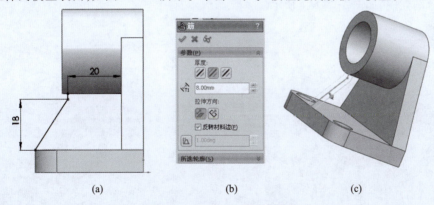

| (a) | (b) | (c) |

图 5-35 肋板 2 的草图及模型

第六步:单击"特征|参考几何体|基准面",在"基准面"操作面板中"参考实体"选择设计树中的"上视基准面",距离输入 60,如图 5-36 所示,单击"对勾"按钮完成基准面设置。

第七步:单击"特征"工具条上的"拉伸凸台"按钮,选第六步创建的基准面作草图基准面,进入绘制草图状态。用"草图"工具条上的"圆"命令绘制一个圆,选择圆心和原点添加几何关系"竖直",并标注尺寸,使草图"完全定义",如图 5-37a 所示。退出草图,在

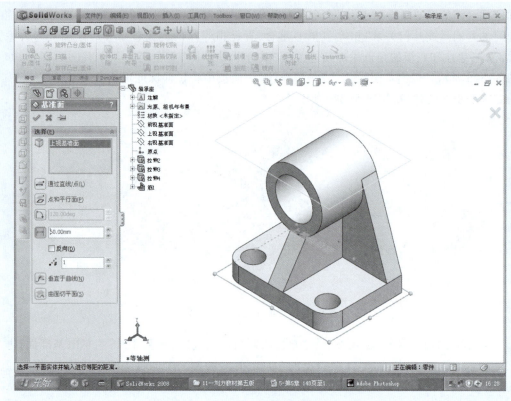

图 5-36 设置基准面

"凸台-拉伸"操作面板中的"方向 1"下拉列表中选择"成形到下一面",单击"对勾"按钮
完成凸台的建模,如图 5-37b、c 所示。

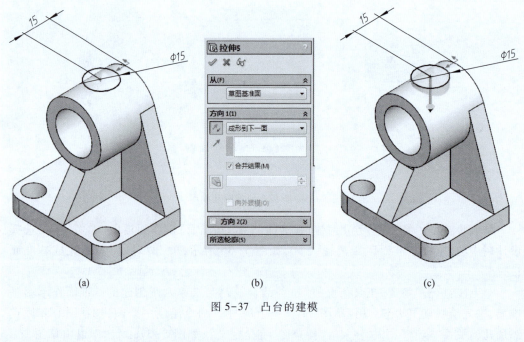

(a)   (b)   (c)

图 5-37 凸台的建模

第八步:单击"特征"工具条上的"拉伸切除"按钮,选凸台上表面作草图基准面,进入绘制草图状态。用"草图"工具条上的"圆"命令绘制一个圆,使圆的圆心和凸台的圆心重合,标注孔的尺寸为 $\phi8$,使草图"完全定义",退出草图,在"切除-拉伸"操作面板中的"方向 1"下拉列表中选择"成形到下一面",单击"对勾"按钮完成滑动轴承座的建模。

第九步:单击下拉菜单"视图|基准面",隐藏基准面。保存模型文件。

5.5.2 生成滑动轴承座的三视图

【例 5-5】 利用例 5-4 制作的滑动轴承座的实体模型,生成其三视图,并标注尺寸。

【操作步骤】

第一步:运行 SolidWorks 之后,单击标准工具栏上的"新建"按钮,在打开的"新建 SolidWorks 文件"对话框中选择"工程图",然后单击"确定"按钮,在打开的"图纸格式/大小"对话框中选择"自定义图纸大小",将图纸定义为 A4 图纸尺寸。

第二步:在弹出的"模型视图"操作面板中,单击"浏览"按钮打开例 5-4 存储的模型文件,在面板中的"视图数"下选择"单一视图",在"标准视图"下选择"主视图","显示样式"下选择"隐藏线可见","比例"选择"使用图纸比例",其他采用缺省值,将主视图放置在图纸的适当位置上,并生成俯视图和左视图,如图 5-38a 所示。

第三步:同时拾取主、俯、左三个视图(按住 Shift 键逐一单击),单击鼠标右键,在菜单中选择"隐藏边线",然后到视图中选择要隐藏的边线(可见和不可见的切线),单击"确定"按钮。隐藏边线后的视图如图 5-38b 所示。

第四步:单击"注释"工具条上的"中心线"按钮,拾取左视图圆柱面投影的轮廓线,为柱面添加轴线,单击轴线,用鼠标左键拖动,调整轴线的长度。单击主视图和俯视图上的中心线,调整长度。

第五步:单击"注释"(或"草图")工具条上的"智能尺寸"按钮,按形体分析法标注尺寸。完成的滑动轴承座的三视图和尺寸标注如图 5-38c 所示。

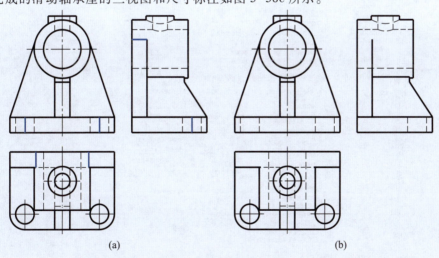

(a)   (b)

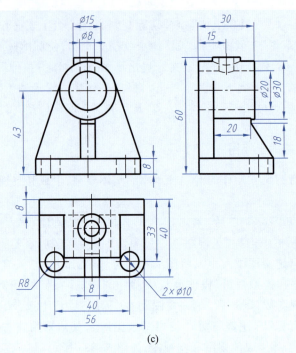

(c)

图 5-38　生成滑动轴承座的三视图步骤

第六步：修改 SolidWorks 的尺寸样式。单击下拉菜单"工具 | 选项"，在打开的对话框中选择"文档属性/尺寸"选项卡，如图 5-39 所示。系统默认的设置如果不能满足需要，用户可以在该选项卡中重新设置尺寸数字的字体、上下极限偏差、尺寸样式、箭头等参数。该选项卡比较复杂，学习中应该逐渐摸索各参数的意义和设置方法。

图 5-39　尺寸参数面板

6

机件的基本表示法

学习目标和要求

1. 理解并掌握视图、剖视图、断面图、局部放大图的画法和标注规定,了解各种表示法的应用。
2. 了解常用的简化画法规定。
3. 能比较恰当地综合应用各种基本表示法表达一般机械零件。
4. 了解第三角画法的原理及特点。
5. 会用 SolidWorks 创建机件的模型,并生成机件的视图,会作剖视图和断面图。

重点和难点

1. 4 种视图的概念、画法和标注。
2. 剖视图的概念、分类、画法和标注。
3. 断面图、局部放大图、简化画法。

在生产实际中,当机件的形状、结构比较复杂时,如果仍采用两视图或三视图来表达,则很难把机件的内外形状和结构准确、完整、清晰地表达出来。为了满足这些实际的表达要求,国家标准《技术制图》《机械制图》中的"图样画法"规定了各种画法:视图、剖视图、断面图、局部放大图和简化画法。这些画法是表达机件的基本表示法。

6.1 视图（GB/T 17451—1998、GB/T 4458.1—2002）

根据国家标准 GB/T 17451—1998 和 GB/T 4458.1—2002 的规定,主要用来表达机件外部形状的视图分为四类,即:基本视图、向视图、斜视图和局部视图。

6.1.1 基本视图

对于形状比较复杂的机件,用两个或三个视图尚不能完整、清晰地表达它们的内外形状时,则可根据国家标准规定,在原有三个投影面的基础上,再增设三个投影面,组成一个正六面体,这 6 个投影面称为基本投影面,如图 6-1 所示。机件向基本投影面投射所得到的视图,称为基本视图。这样,除了前面已介绍的主视图、俯视图、左视图三个视图外,还有后视图(从后向前投射)、仰视图(从下向上投射)和右视图(从右向左投射)。投影面按图 6-1 所示展开在同一平面上后,基本视图的配置关系如图 6-2 所示。在同一张图纸内按图 6-2 所示配置视图时,一律不标注视图的名称。

扫一扫
基本投影面
及其展开

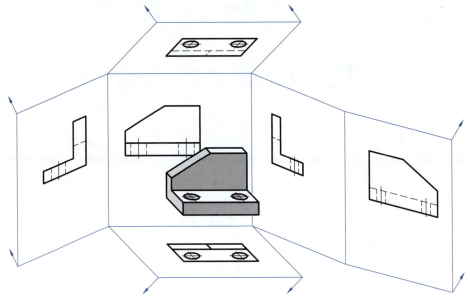

图 6-1　基本投影面及其展开

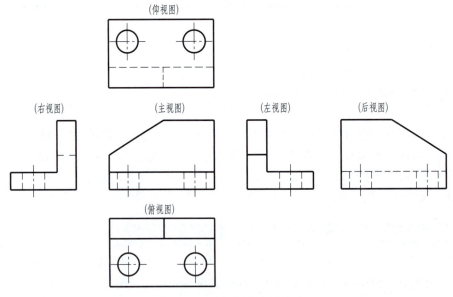

图 6-2　基本视图的配置关系

　　6 个基本视图之间仍然符合"长对正、高平齐、宽相等"的投影规律。从图 6-2 中可以看出,主视图和后视图、左视图和右视图的形状左右颠倒,俯视图和仰视图的形状上下颠倒,但可见性的表达可能有些不同。

制图时应根据零件的形状和结构特点,选用其中必要的几个基本视图。如图 6-3 所示是一个阀体的视图和轴测图。按自然位置安放这个阀体,选定比较能够全面反映阀体各部分主要形状特征和相对位置的视图作为主视图。如果用主、俯、左三个视图表达这个阀体,则由于阀体左右两侧的形状不同,则左视图中将出现很多细虚线,影响图形的清晰度和尺寸标注。因此,在表达时增加一个右视图,就能完整和清晰地表达这个阀体。表达时基本视图的选择完全是根据需要来确定的,而不是任何机件都需用 6 个基本视图来表达。

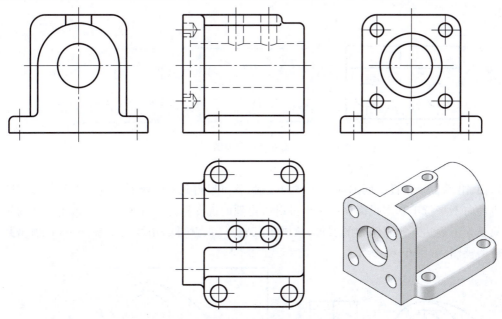

图 6-3　阀体的视图和轴测图

绘制技术图样时,应首先考虑看图方便,要根据机件的结构特点,选用适当的表示方法。在完整、清晰地表达机件形状的前提下,力求制图简便。此外,视图一般只画机件的可见部分,必要时才画出其不可见部分;并且应当优先选用主、俯、左三个视图,必要时才配置其他视图。因此,如图 6-3 所示采用了 4 个视图,并在主视图中用细虚线画出了阀体的内腔结构以及各个孔的不可见投影,由于将这 4 个视图对照起来阅读,已能清晰、完整地表达出阀体的结构和形状,所以其他三个视图中的细虚线应省略不画。

6.1.2 向视图

在实际制图时,由于考虑到各视图在图纸中的合理布局问题,如不能按图 6-2 所示配置视图或各视图不画在同一张图纸上时,应在视图的上方标出视图的名称"×"(这里"×"为大写拉丁字母),并在相应的视图附近用箭头指明投射方向,并注上同样的字母,这种视图称为向视图。向视图是可以自由配置的基本视图,如图 6-4 所示。

6.1.3 斜视图

如图 6-5a 所示为压紧杆的三视图。由于压紧杆的耳板是倾斜的,所以它的俯视图和左视图都不反映实形,表达不够清晰,画图又比较困难,读图也不方便。为了清晰地表达压紧杆的倾斜结构,可以如图 6-5b 所示,根据换面法增设一个平行于倾斜结构的正垂面作为新

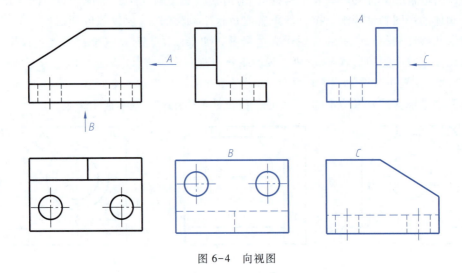

图 6-4 向视图

投影面,沿垂直于新投影面的箭头 A 方向投射,就可以得到反映倾斜结构实形的投影。这种将机件向不平行于基本投影面的平面投射所得到的视图称为斜视图。因为画压紧杆的斜视图只是为了表达其倾斜结构的实形,故画出其实形后,就可以用波浪线断开,不必画出其余部分的视图,如图 6-6a 所示。

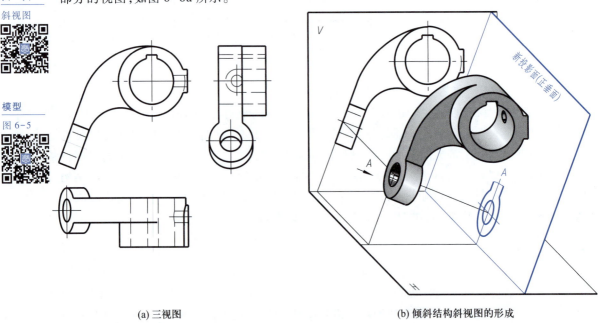

(a) 三视图   (b) 倾斜结构斜视图的形成

图 6-5 压紧杆的三视图及斜视图的形成

画斜视图时应注意:

① 必须在斜视图的上方标出视图的名称"×",在相应的视图附近用箭头指明投射方向,并注上同样的大写拉丁字母"×",如图 6-6a 所示的"A"。

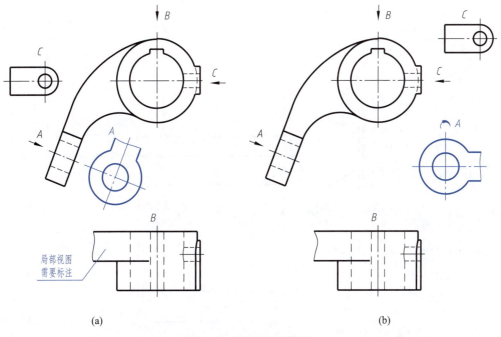

(a)　　　　　　　　　　　　　　　　(b)

图 6-6　压紧杆的斜视图

② 斜视图一般按投影关系配置,如图 6-6a 所示,必要时也可配置在其他适当的位置,如图 6-6b 所示。

③ 在不致引起误解时,允许将斜视图旋转配置,旋转符号的箭头指向应与旋转方向一致,标注形式为"⌒×",表示该斜视图名称的大写拉丁字母应靠近旋转符号的箭头端(图 6-6b),必要时也允许将旋转角度标注在字母之后。

④ 画出倾斜结构的斜视图后,用波浪线或双折线断开,不画其他视图中已表达清楚的部分,如图 6-6 所示。

6.1.4　局部视图

局部视图是将物体的某一部分向基本投影面投射所得到的视图。局部视图需画出假想的断裂边界,用波浪线或双折线表示。当局部视图的外形轮廓线是封闭图形时,波浪线可省略不画。需要注意的是,波浪线可理解为机件假想断裂边界的投影,因此,波浪线只能画在实体部分,不能画到轮廓线的外面,也不能画在孔处。

局部视图若按基本视图的配置形式配置,且中间又没有其他图形时,可不加任何标注;也可以按向视图的配置形式配置并标注,如图 6-7 所示。

为了节省绘图时间和图幅,对称机件的视图可只画一半或四分之一,并在对称中心线的两端画出两条与其垂直的平行细实线,如图 6-8 所示。

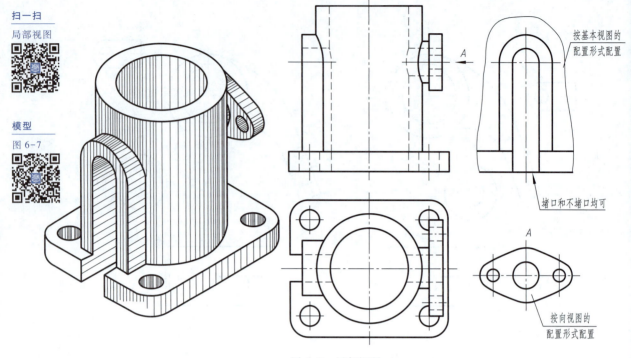

图 6-7　局部视图

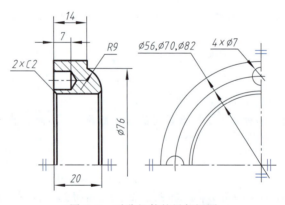

图 6-8　对称机件的局部视图

6.2　剖视图（GB/ T 17452—1998、GB/ T 17453—2005、GB/ T 4458.6—2002）

6.2.1　剖视图的概念

用视图表达机件的结构形状时,机件内部不可见的部分可用细虚线来表示。当机件内部结构复杂时,视图上会出现许多细虚线,使图形不清晰,给看图和标注尺寸带来困难。为了将内部结构表达清楚,同时又避免出现过多细虚线,可采用剖视图的方法来表达。

1. 剖视图的概念

如图 6-9 所示,用假想的剖切面将机件剖开,将处在观察者与剖切面之间的部分移去,而将其余部分向投影面投射,并在剖面区域加上剖面符号所得的图形,称为剖视图,简称剖视。

2. 画剖视图时应注意的几个问题

① 确定剖切面位置时一般选择所需表达的内部结构的对称面,并且平行于基本投影面,如图 6-10 所示。必要时,也可选用投影面垂直面剖切机件。

② 画剖视图时将机件剖开是假想的,并不是真正把机件切掉一部分,因此除了剖视图之外,并不影响其他视图的完整性,即不应出现如图 6-11a 所示的俯视图只画出一半的错误。

③ 剖切后,留在剖切面之后的可见部分,应全部向投影面投射,用粗实线画出所有可见部分的投影,如图 6-11b 所示。应特别注意空腔中线、面的投影不要漏画。

④ 剖视图中,凡是已表达清楚的结构,细虚线应省略不画。

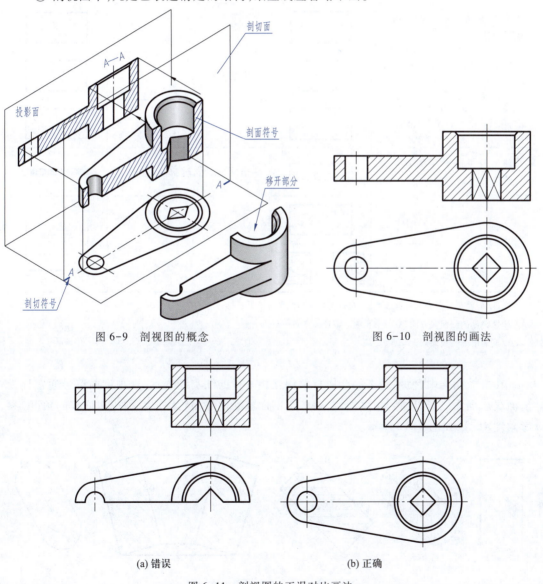

图 6-9　剖视图的概念　　　　　图 6-10　剖视图的画法

(a) 错误　　　　　　　　(b) 正确

图 6-11　剖视图的正误对比画法

3. 剖面符号(GB/T 4457.5—2013、GB/T 17453—2005)

剖视图中,剖切面与机件相交的实体剖面区域应画出剖面符号,因机件材料的不同,剖面符号也不相同。画机械图样时应采用国家标准 GB/T 4457.5—2013 所规定的剖面符号,机械图样中常见材料的剖面符号见表 6-1。

表 6-1 常见材料的剖面符号

材料名称	剖面符号	材料名称	剖面符号
金属材料(已有规定剖面符号者除外)		木质胶合板(不分层数)	
线圈绕组元件		基础周围的泥土	
转子、电枢、变压器和电抗器等的迭钢片		混凝土	
非金属材料(已有规定剖面符号者除外)		钢筋混凝土	
型砂、填砂、粉末冶金、砂轮、陶瓷刀片、硬质合金刀片等		砖	
玻璃及供观察用的其他透明材料		格网(筛网、过滤网等)	
木材 纵剖面		液体	
木材 横剖面			

注:1. 剖面符号仅表示材料的类别,材料的名称和代号必须另行标注。

2. 迭钢片的剖面线方向,应与束装中迭钢片的方向一致。

3. 液面用细实线绘制。

在机械图样中,使用最多的金属材料用互相平行的细实线表示,这种剖面符号通常称为剖面线。剖面线应以适当角度绘制,一般与剖面或断面外面轮廓成对称或相适宜的角度(参考角度 45°),如图 6-12 所示。

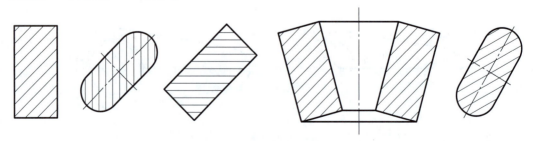

图 6-12 剖面线的画法

对于同一零件来说,在同一张图样的各剖视图和断面图中,剖面线倾斜方向应一致,间隔要相同。如图6-13所示的几个剖视图,剖面线方向、间隔应当一致。

4. 剖视图的配置与标注(GB/T 4458.6—2002)

　　基本视图的配置规定同样适用于剖视图,如图6-10所示的主视图;也可按投射关系配置在与剖切符号相对应的位置;必要时允许配置在其他适当位置,如图6-13所示的B—B剖视图。

　　剖视图一般应进行标注,标注的内容包括下述三个要素。

扫一扫
剖视图的
标注

模型
图 6-13

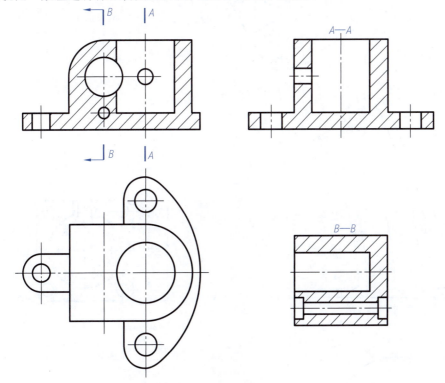

图 6-13　剖视图的标注

　　(1) 剖切线

　　指示剖切面位置的线,用细点画线表示,画在剖切符号之间,通常剖切线可省略不画。

　　(2) 剖切符号

　　指示剖切面起、迄和转折位置(用粗实线表示)及投射方向(用箭头表示)的符号。如图6-13所示,注有字母"B"的两段粗实线及两端箭头,即为剖切符号。B—B剖视图是将机件从"B"处剖开后画出的剖视图。

　　(3) 字母

　　在剖切符号起、迄和转折处注上相同的大写拉丁字母,在相应剖视图上方应注写相同的字母,并注成"×—×"形式,以表示该剖视图的名称。如图6-13所示的"A—A"和"B—B"。

　　以上是剖视图标注的基本规定。当剖视图按投影关系配置,中间又无其他图形隔开时,可省略表示投射方向的箭头,如图6-13所示的左视图;当单一剖切平面通过机件的对称平面或基本对称平面,且视图按投影关系配置,中间又没有其他图形隔开时,则不必标注,如图

6-13 所示的主视图;当单一剖切平面的剖切位置明确时,局部剖视图不必标注,如图 6-14 所示的主视图。

模型

图 6-14

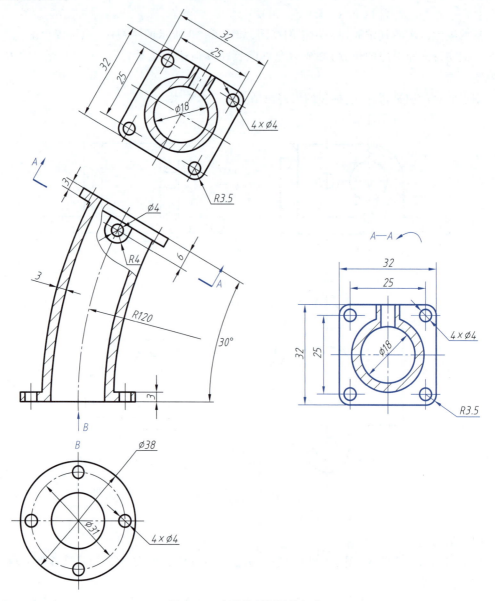

图 6-14　弯管的剖视图的标注

6.2.2　剖切面的种类

　　由于机件的结构形状千差万别,因此画剖视图时,应根据机件的结构特点,选用不同的剖切面,以便使机件的内部形状得到充分反映。根据国家标准 GB/T 17452—1998 的规定,剖切面可分为如下三种:

1. 单一剖切面

　　仅用一个剖切面(平面或柱面)剖开机件。这种剖切方式应用较多,如图 6-10、图 6-11

和图 6-13 中的剖视图,都是采用单一剖切平面剖开机件得到的剖视图。

如图 6-14 所示的"*A—A*"剖视图也是采用单一斜剖切平面剖切得到的,它表达了弯管及其顶部凸缘、凸台和通孔的形状。

采用单一斜剖切平面剖得的剖视图,还允许将图形旋转,此时应标注"×—×↷",如图 6-14 所示可用"*A—A*↷"剖视图代替"*A—A*"剖视图。

2. 几个平行的剖切平面

当机件上需要表达的几个内部结构(如孔、槽等)位于相互平行的平面上时,宜采用几个平行的剖切平面剖切。

如图 6-15 所示的机件中,U 形槽和带凸台的孔是平行排列的,用单一剖切面不能将孔、槽同时剖到,可按图中所示采用两个平行的剖切平面,分别把槽和孔剖开,再向投影面投射,这样就可以简明地表达清楚这两部分结构。

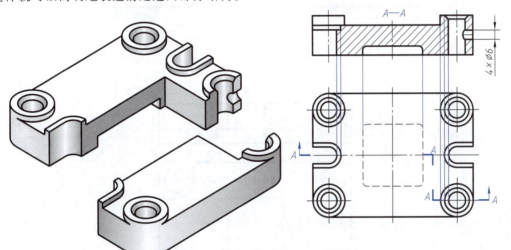

图 6-15 用两平行的剖切平面剖切

画此类剖视图时,应注意下述几点:

① 剖面区域内不允许画出剖切平面转折处的分界线,如图 6-16a 所示。

② 不应出现不完整的结构要素,如图 6-16b 所示。只有当不同的孔、槽在剖视图中具有共同的对称中心线或轴线时,才允许剖切平面在孔、槽中心线或轴线转折,如图 6-17 所示,不同的孔、槽各画一半,二者以共同的中心线分界。

③ 标注方法如图 6-16、图 6-17 所示。但要注意:剖切符号的转折处不允许与图上的轮廓线重合;在转折处如因位置限制,且不致引起误解时,可以不注写字母。

3. 几个相交的剖切平面

用几个相交的剖切平面(交线垂直于基本投影面)剖开机件获得剖视图的情况,如图 6-18 所示。

画此类剖视图时,应将被剖切平面剖开的结构及其有关部分旋转至与选定的投影面平行,再进行投射。如图 6-18 所示的机件就是将斜剖切平面(正垂面)剖开的结构旋转到与侧平面平行,然后再投射。显然,由于被剖开的小圆孔是经过旋转后再投射的,因此,主、左视图中,小圆孔的投影不再保持原位置"高平齐"的关系。如图 6-19 所示摇臂采用这种剖

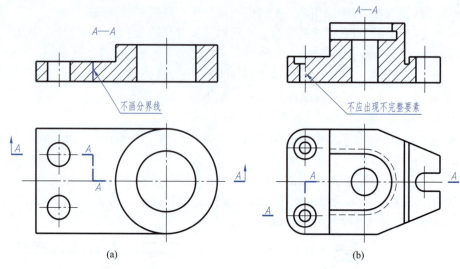

图 6-16　用几个平行的剖切平面剖切时的常见错误

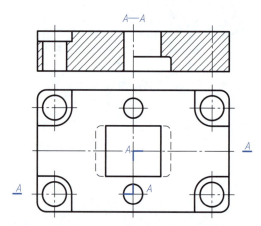

图 6-17　几个平行的剖切平面的允许画法

视后,左边倾斜悬臂的长度以及剖切到的孔的结构形状,在剖视图中均能反映实长和实形。

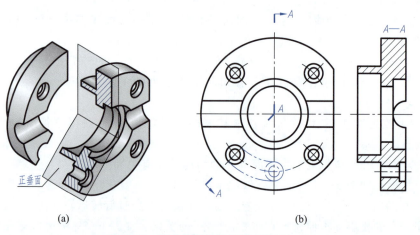

图 6-18　用两相交的剖切平面剖切(一)

应注意的是：位于剖切平面后未被剖到的结构，一般应按原来的位置画出它们的投影，如图 6-19 所示。

　　如图 6-20 所示，用三个相交的剖切平面剖切后画出了连杆的"A—A"剖视图。又如图 6-21 所示，用 4 个相交的剖切平面剖切后画出了挂轮架的"A—A"剖视图，这种剖视图通常采用展开画法，图名应标注"×—×○⌒"，如图 6-21 所示的标注"A—A○⌒"。

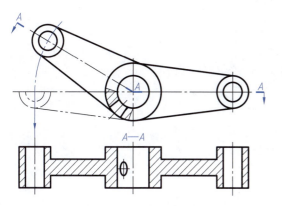

图 6-19　用两相交的剖切平面剖切（二）

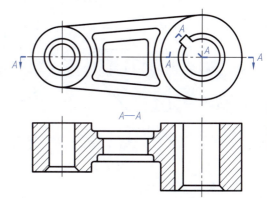

图 6-20　用几个相交的剖切平面剖切（一）

模型
图 6-20

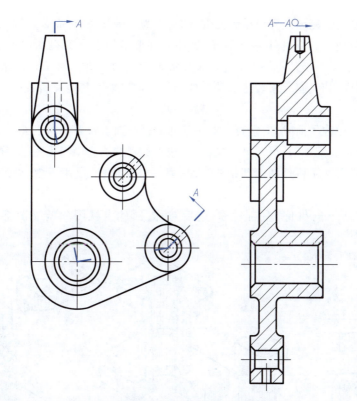

图 6-21　用几个相交的剖切平面剖切（二）

模型
图 6-21

　　剖切面一般采用平面，但也可采用柱面，如图 6-22 所示的 A—A 剖视图是用剖切平面剖开后得到的，而 B—B 剖视图就是用柱面剖切后按展开画法画出的。国家标准规定：采用柱

面剖切机件时,剖视图一般应按展开画法绘制,此时,应在剖视图名称后加注展开符号⊙➔,
如图 6-22 所示。

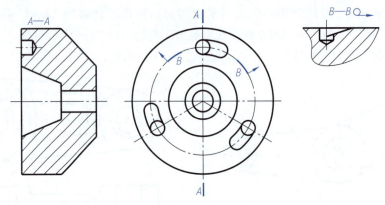

图 6-22　用圆柱剖切面剖切

6.2.3　剖视图的种类

按机件被剖开的范围来分,剖视图可分为全剖视图、半剖视图和局部剖视图三种。

1. 全剖视图

用剖切面将机件完全剖开所得到的剖视图,称为全剖视图,可简称全剖视。

由于画全剖视图时将机件完全剖开,机件的外形结构在全剖视图中不能充分表达,因此,全剖视图一般适用于外形较简单、内部形状较复杂的机件。对于外形结构较复杂的机件,若采用全剖视图时,其尚未表达清楚的外形结构可以采用其他视图表示。

2. 半剖视图

当机件具有对称平面时,向垂直于对称平面的投影面上投射所得的图形,允许以对称中心线为界,一半画成剖视图,另一半画成视图,这种剖视图称为半剖视图,简称半剖视。

半剖视图既表达了机件的内部结构,又保留了外部形状,适用于内、外形状都需要表达的对称机件。

如图 6-23 所示的机件,左右对称,前后对称,因此主视图和俯视图都可以画成半剖视图。

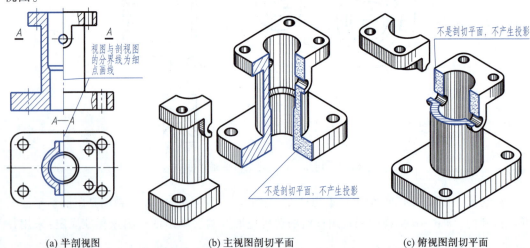

视图与剖视图的分界线为细点画线

不是剖切平面,不产生投影

不是剖切平面,不产生投影

(a) 半剖视图　　　　(b) 主视图剖切平面　　　　(c) 俯视图剖切平面

图 6-23　用半剖视图表示对称的机件

画半剖视图时,应注意以下几点:

① 只有当物体对称时,才能在与对称面垂直的投影面上作半剖视图。但当物体基本对称,且不对称的部分已在其他视图中表达清楚时,也可以画成半剖视图。如图 6-24 所示的机件,除顶部凸台外,其左右是对称的,且凸台的形状在俯视图中已表示清楚,所以主视图仍可画成半剖视图。

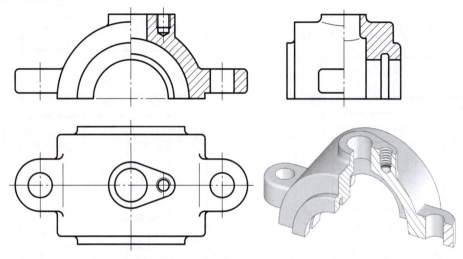

图 6-24　用半剖视图表示基本对称的机件

模型

图 6-25

② 在表示外形的半个视图中,表示内部形状的细虚线,应当省去不画。

③ 半个剖视图和半个视图必须以细点画线分界。如果机件的轮廓线恰好和细点画线重合,则不能采用半剖视图,此时应采用局部剖视图,如图 6-25 中的主视图所示。

④ 画半剖视图时,不能影响其他视图的完整性。

⑤ 半剖视图的标注与全剖视图的标注方法相同。不应认为只剖去了四分之一形体。

3. 局部剖视图

用剖切面局部地剖开机件所得的剖视图,称为局部剖视图,简称局部剖视。

如图 6-26a 所示为箱体的主、俯两视图。通过对箱体的形状结构分析可以看出:顶部有一个矩形孔,底部是一块具有四个安装孔的底板,左下面有一个轴承孔。由于箱体的上下、左右、前后都不对称,为了清楚地表达箱体的内部和外部结构,它的两视图既不宜用全剖视图表达,也不宜用半剖视图表达,因此在两个视图中均采用局部剖,这样既能表达清楚内部结构又能保留部分外形,如图 6-26b 所示。

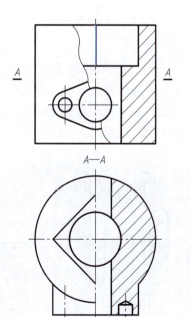

图 6-25　内轮廓线与中心线重合,
不宜作半剖视图

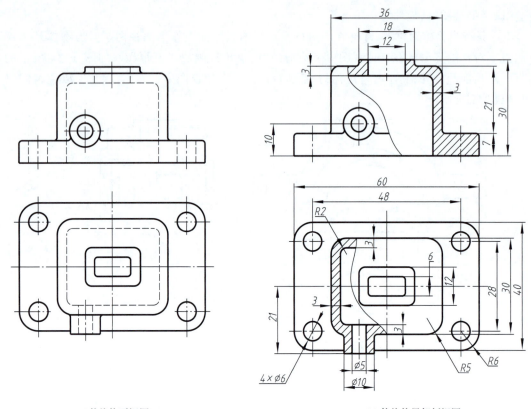

(a) 箱体的两视图　　　　　　　　　　　　　　　(b) 箱体的局部剖视图

图 6-26　局部剖视图的画法示例

画局部剖视图时,应注意以下几点:

① 局部剖视图中,可用波浪线或双折线作为剖开部分和未剖部分的分界线。画波浪线时应注意:不应画在轮廓线的延长线上,也不能用轮廓线代替波浪线;不应超出视图上被剖切实体的轮廓线;遇到可见的孔、槽等结构时,波浪线必须断开,不能穿空而过,如图 6-27 所示。

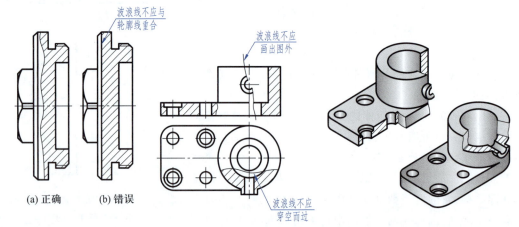

(a) 正确　　　(b) 错误

图 6-27　波浪线的错误画法

② 当被剖切的局部结构为回转体时,允许将该结构的中心线作为局部剖视图与视图的分界线,如图 6-28 所示。

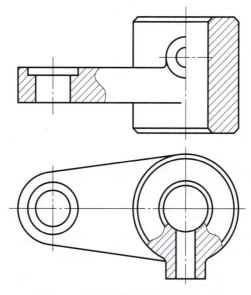

图 6-28　回转结构的局部剖视图画法

③ 局部剖视图应用比较灵活,适用范围较广。但在一个视图中,局部剖视图的数量不宜过多,以免使图形过于破碎。

④ 局部剖视图的标注方法与全剖视图基本相同。若为单一剖切面,且剖切位置明显时,可以省略标注,如图 6-26 所示的局部剖视图。

6.3　断面图（GB/T 17452—1998、GB/T 4458.6—2002）

6.3.1　断面图的概念

用剖切面假想地将机件的某处断开,仅画出该剖切面与机件接触部分的图形称为断面图,简称断面,如图 6-29 所示。

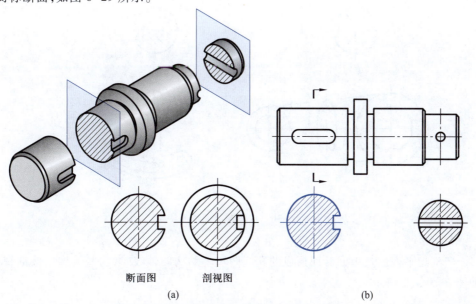

扫一扫

移出断面图

断面图　　　剖视图

(a)　　　　　　　　　　　　　　　　(b)

图 6-29　断面图以及断面图与剖视图的区别

画断面图时,应特别注意断面图与剖视图之间的区别。断面图只画出物体被切处的断面形状,而剖视图除了画出其断面形状之外,还应画出断面之后的可见轮廓。如图 6-29a 轴测图所示,用剖切平面在键槽处剖开此轴:若画断面图,应画轴测图下方左边的图;若画剖视图,应画右边的图。

6.3.2　断面图的种类

断面图可分为移出断面和重合断面。

1. 移出断面图

画在视图之外的断面图,称为移出断面图,如图 6-29 所示。

画移出断面时,应注意以下几点:

① 移出断面的轮廓线用粗实线绘制。

② 为了读图方便,移出断面图尽可能画在剖切线的延长线上,如图 6-29b 所示。必要时也可画在其他适当位置,如图 6-30 所示的 *A—A* 断面图。

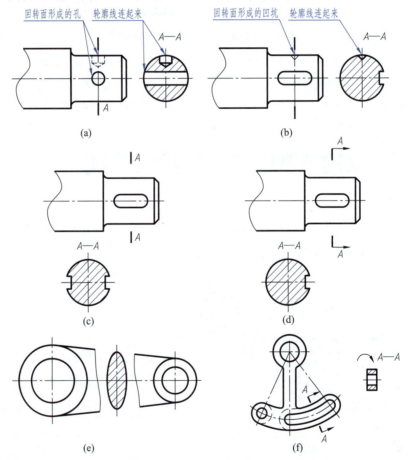

图 6-30　移出断面图的画法

③ 当剖切平面通过由回转面形成的孔或凹坑等结构的轴线时,这些结构应按剖视图画出,如图 6-30a、b 所示。

④ 当剖切平面通过非圆孔,会导致出现完全分离的断面时,则这些结构应按剖视图要求绘制,如图 6-30f 所示。

⑤ 剖切平面一般应垂直于被剖切部分的主要轮廓线。当遇到如图 6-31 所示的肋板结构时,可用两个相交的剖切平面,分别垂直于左、右肋板进行剖切。这时所画的断面图,中间一般应用波浪线断开。

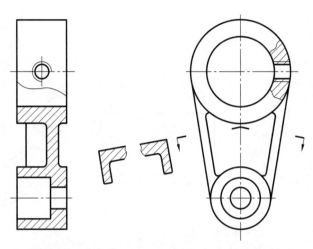

图 6-31　用两个相交的剖切平面剖切出的移出断面图

移出断面图的标注,应掌握以下要点:

① 当断面图配置在剖切线的延长线上时,如果断面图是对称图形,则不必标注剖切符号和字母,如图 6-29b 右部所示;若断面图图形不对称,则需用剖切符号表示剖切位置和投射方向,不标字母,如图 6-29b 左部所示。

② 当断面图按投影关系配置,无论断面图对称与否,均不必标注箭头,如图 6-30a、b 所示。

③ 当断面图配置在其他位置时,若断面图形对称,则不必标注箭头,如图 6-30c 所示;若断面图形不对称,应画出剖切符号(包括箭头),并用大写字母标注断面图名称,如图 6-30d 所示。

④ 配置在视图中断处的对称的移出断面图,不必标注,如图 6-30e 所示。

2. 重合断面图

剖切后将断面图形重叠在视图上,这样得到的断面图,称为重合断面图。

重合断面图的轮廓线规定用细实线绘制。当视图中的轮廓线与重合断面图重叠时,视图中的轮廓线仍应连续画出,不可间断,如图 6-32 和图 6-33 所示。重合断面图是重叠画在视图上的,为了重叠后不至影响图形的清晰程度,一般用于断面形状较简单的场合。对称的重合断面,不必标注,如图 6-33 所示。不对称的重合断面,在不致引起误解时,可省略标注,如图 6-32 所示。

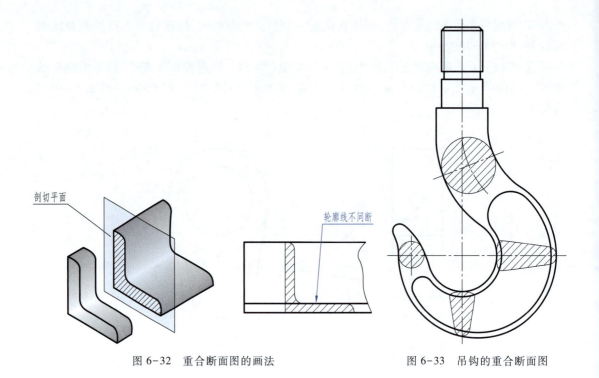

剖切平面

轮廓线不间断

图 6-32　重合断面图的画法　　　　图 6-33　吊钩的重合断面图

6.4　局部放大图

　　机件上有些结构太细小,在视图中表达不够清晰,同时也不便于标注尺寸。对这种细小结构,可用大于原图形所采用的比例画出,并将它们配置在图纸的适当位置,这种图形称为局部放大图。

　　局部放大图可画成视图、剖视图或断面图。它与被放大部分的表示法无关。

　　局部放大图必须标注,其方法是:在视图中,将需要放大的部位用细实线圈出,然后在局部放大图的上方注写绘图比例;当需要放大的部位不止一处时,应在视图中对这些部位用罗马数字编号,并在局部放大图的上方注写相应编号,如图 6-34 所示。

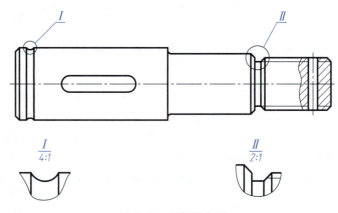

图 6-34　局部放大图

同一机件上不同部位的局部放大图,当图形相同或对称时只需画出一个,必要时可用几个图形表达同一被放大部分结构,如图 6-35 所示。

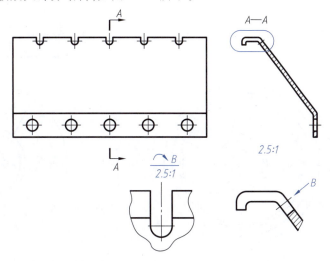

图 6-35 用几个局部放大图表达一个放大结构

6.5 简化画法(GB/ T 16675.1—2012)

① 对于机件的肋、轮辐及薄壁等,如按纵向(通过肋、轮辐等的轴线或对称平面)剖切,这些结构都不画剖面符号,而用粗实线将它与邻接部分分开。但剖切平面横向(垂直于肋、轮辐等的轴线或对称平面)剖切这些结构时,则应画出剖面符号,如图 6-36 和图 6-37所示。

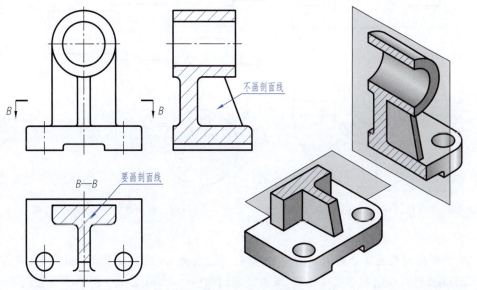

图 6-36 肋的规定画法

扫一扫
肋板的规定画法

模型
图 6-36

② 当回转体上均匀分布的肋、轮辐、孔等结构不处于剖切平面时,可将这些结构旋转到剖切平面上画出,如图 6-37~图 6-39 所示。

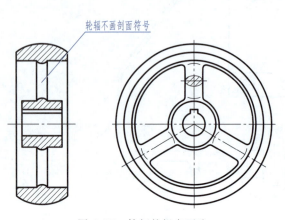

图 6-37　轮辐的规定画法

图 6-38　均布孔、肋的简化画法（一）

③ 当不致引起误解时，允许省略剖面符号，如图 6-40 所示。

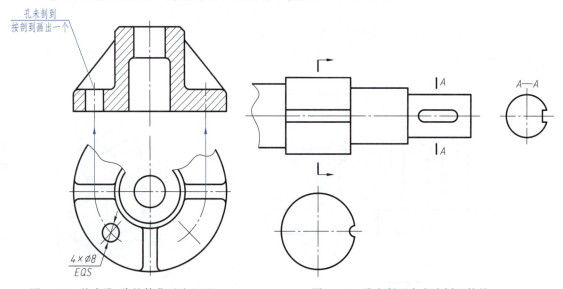

图 6-39　均布孔、肋的简化画法（二）

图 6-40　移出断面中省略剖面符号

④ 当机件上具有多个相同结构要素（如孔、槽、齿等）并且按一定规律分布时，只需画出几个完整的结构，其余用细实线连接，或画出它们的中心线，但必须在图中注明它们的总数，如图 6-41 所示。

对于厚度均匀的薄片零件，可采用图 6-41a 中所注 $t2$（厚度 2 mm）的形式直接表示圆片的厚度。这种标注可减少视图个数。

⑤ 较长的机件（轴、杆、型材、连杆等）沿长度方向的形状一致或按一定规律变化时，可

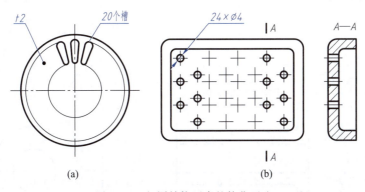

图 6-41 相同结构要素的简化画法

断开后缩短绘制,如图 6-42 所示。这种画法便于使细长的机件采用较大的比例画图,并使图面紧凑。

值得注意的是,机件采用断开画法后,尺寸仍应按机件的实际长度标注。

⑥ 与投影面倾斜角度小于或等于 30°的圆或圆弧,手工绘图时,其投影可用圆或圆弧代替,而不必画出椭圆,如图 6-43 所示。

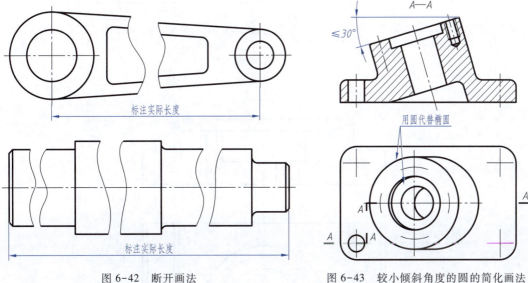

图 6-42 断开画法　　　　　图 6-43 较小倾斜角度的圆的简化画法

⑦ 在不致引起误解时,过渡线、相贯线允许简化,可用圆弧代替非圆曲线,并可采用模糊画法表示相贯线,如图 6-44 所示。

⑧ 当图形不能充分表达平面时,可用平面符号(相交的两细实线)表示,如图 6-45 所示。

⑨ 圆柱形法兰和类似零件上均匀分布的孔,可按图 6-44a 所示方法表示。

⑩ 当需要在剖视图的剖面中再作一次局部剖时,可采用如图 6-46 所示的方法表达。采用这种画法时,两个剖面的剖面线应方向相同、间隔相同,但要相互错开,并用引出线标注其名称。当剖切位置明显时,也可省略标注。

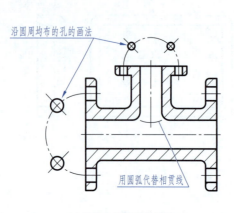

(a) 法兰上均布孔的画法

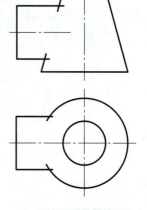

(b) 相贯线的模糊画法

图 6-44　其他一些简化画法

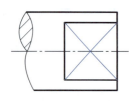
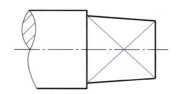
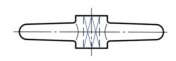

图 6-45　用符号表示平面

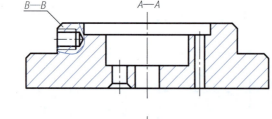

模型

图 6-46

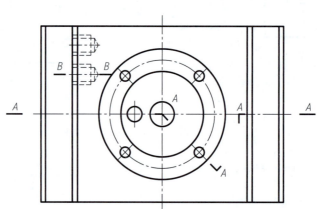

图 6-46　在剖视图的断面中再作一次局部剖

在 GB/T 16675.1—2012 中规定了许多简化画法,详细情况可查阅该标准。

6.6 综合应用举例

当表达一个机件时,应根据机件的具体形状结构,适当地选用前面介绍的机件的基本表示法画出一组视图,并恰当地标注尺寸,以便完整、清晰地将机件的内外形状结构表达清楚。

【例 6-1】 根据图 6-47 所示轴承座的三视图,想象出它的形状,并用适当的表示法重新画出该轴承座,并调整尺寸的标注。

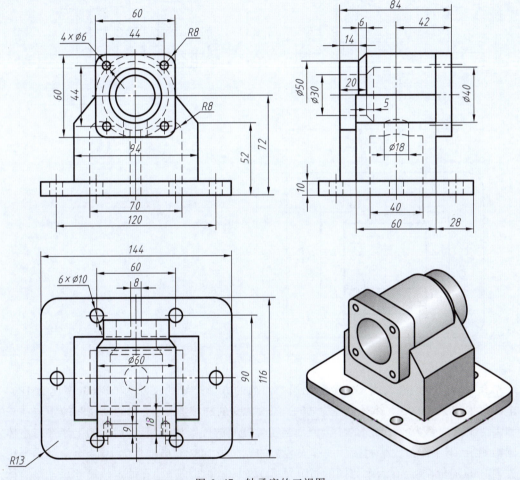

图 6-47 轴承座的三视图

【解】 按下列步骤解题,重画后的轴承座如图 6-48 所示。

(1)由图 6-47 所示的三视图想象出轴承座的形状

先进行粗略读图,对该轴承座作形体分析,想出它的大体形状、结构,再细致地逐步读懂各个部分的结构形状及尺寸。

这个轴承座是左右对称的零件,其主体为安装轴的筒体,前面有方形凸缘,底部有安装板;筒体与安装板之间由具有空腔的支架连接。筒体的大端直径为 $\phi60$,小端直径为 $\phi50$,装配轴的圆柱孔直径为 $\phi40$ 和 $\phi30$,其外壁和内壁的大、小端都有圆锥面过渡;筒体

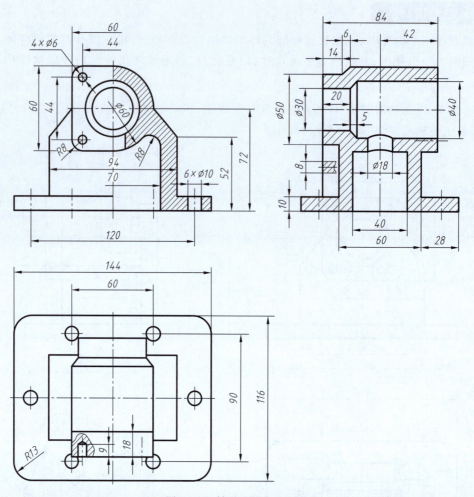

图 6-48 轴承座的表达方案

下壁有一个 φ18 通孔与支架的空腔相通。前面的方形凸缘的尺寸为 60×60,厚度为 18,4 个圆角半径为 R8,角上都有直径为 φ6 、深度为 9 的圆柱形盲孔,孔的轴线间的距离在长和高两个方向都为 44;凸缘的 4 个侧面与主体圆筒的外圆柱面相切,后面的上半部与主体圆筒相接、下半部与支架相接。底部安装板的尺寸为 144×116,厚度为 10,4 个角都是半径为 R13 的圆角;板上有六个相同的 φ10 通孔,图中也注明了这些孔的定位尺寸。连接筒体与底板的支架由左、右、前、后 4 个壁面构成,4 个壁面围成的是一个下部在底板上开口的矩形腔,矩形腔顶壁就是主体圆筒上带有 φ18 通孔的下壁,顶壁左、右两侧用 R8 的圆柱面与空腔的左右壁面相切。此外,在支架的后壁与圆筒、底板相接处还有一块平行于侧面的肋。

综合上述分析,就可想象出这个轴承座的各个组成部分的形状,再根据它们之间的相对位置,就可想象出轴承座的整体结构,如图 6-47 所示。

(2) 选择适当的表示法,改画轴承座图形

这个轴承座从形体分析的角度来看,原来选择的三视图是合适的,现只需采用适当的

剖视图以便使图样表达的更清晰。改画的结果如图 6-48 所示。

因为这个轴承座左右对称,所以主视图采用以底板的前后对称面为剖切平面的半剖视图,这样既保留外形,又可清晰地表达出被凸缘遮住的筒体以及支架内腔。在剖视图中已表达清楚的不可见结构,在外形视图中不再画细虚线。

由于轴承座前后、上下不对称,为了使轴承孔和支架内腔表达得更清楚,左视图应改画用这个轴承座的左右对称面为剖切平面的全剖视图。由于剖切平面按纵向剖切肋,所以被剖切到的肋不画剖面线而用粗实线与筒体、支架和底板分界,并采用重合断面表示出肋板的断面形状。由于处于左视图位置的剖视图中已表达清楚了筒体的小端,而且图中添加的肋板重合断面图已显示了肋板的厚度,在半剖视图中就可省略表示筒体小端和肋板的细虚线。

由于主、左两个视图所改成的剖视图已将这个轴承座的内部形状表达清楚了,所以俯视图只要画出外形,并局部剖开了一个直径为 $\phi6$ 的盲孔就够了。如图 6-48 所示,改画的三个图形完整地表达了这个轴承座,而且表达得比图 6-47 要清晰得多。

(3) 重新标注尺寸

根据正确、完整、清晰地标注尺寸的要求,按已经改绘的图形,适当地调整图 6-47 中所标注的尺寸,如肋板厚度 8、方形凸缘 4 个圆角 $R8$ 以及底板上的通孔 $6×\phi10$ 等。

6.7 利用 SolidWorks 创建机件模型和视图

机件的结构一般比组合体要复杂一些,但建模的逻辑过程仍然是形体分析法,对倾斜的结构要通过创建基准面来建模。工程图要采用适当的剖视图来表达内部结构,下面通过案例来学习机件的建模和视图。

6.7.1 机件的建模

【例 6-2】 根据图 6-49 所示支架的草图,创建其模型。

【形体分析】 该支架的基础形体是弯板,弯板上面叠加一个圆柱体,圆柱体内是一个阶梯孔,左右两个肋板,圆柱体前面有一个圆台,圆台内有一个孔。建模过程要从基础形体开始,因为前后基本对称、左右对称,把对称中心放在原点。

【建模步骤】

第一步:单击标准工具栏上的"新建"按钮,在打开的"新建 SolidWorks 文件"对话框中单击"零件"按钮,然后单击"确定"按钮。

第二步:单击"特征"工具条上的"拉伸凸台"按钮,选择"前视基准面"为草图基准面。用"中心线"命令绘制对称中心线,将中心线一个端点定位在原点。用"直线"命令绘制弯板的草图,因为左右对称,可以先画一半,标注尺寸使草图"完全定义"后,用"镜向实体"命令镜向草图,如图 6-50a、b 所示。"镜向"操作面板的操作如图 6-50c 所示,单击"要镜向的实体"列表框,到模型窗口选择弯板轮廓线,单击"镜向点"列表框,拾取对称中心线,确定完成镜向,退出草图。在"凸台-拉伸"操作面板中,将拉伸深度设为 60,"方向 1"选择"两侧对称",单击"对勾"按钮完成弯板的模型。

第三步:单击"特征"工具条上的"拉伸凸台"按钮,选"上视基准面"为草图基准面,进

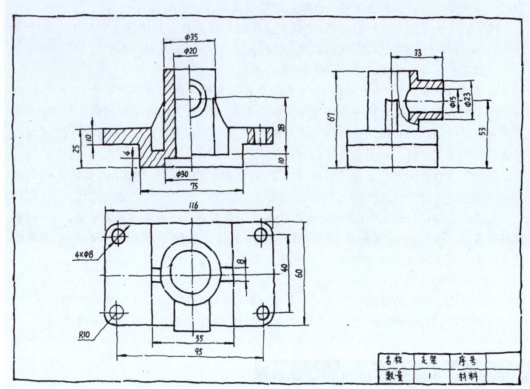

图 6-49　支架的草图

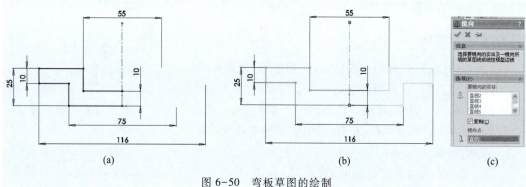

(a)　　　　　　　　　　　　　　(b)　　　　　　　　　(c)

图 6-50　弯板草图的绘制

入绘制草图状态。用"草图"工具条上的"圆"命令绘制一个圆,圆心拾取在原点,并标注直径为 φ35,退出草图。在"凸台-拉伸"面板中,将拉伸深度设为 67,单击"对勾"按钮完成圆柱建模。

　　第四步:单击"草图"工具条上的"草图绘制"按钮,选"前视基准面"为草图基准面,用"直线"命令绘制肋板的草图,并标注尺寸,使草图"完全定义",如图 6-51a 所示,退出草图。

　　第五步:在设计树中选择肋板草图,单击"特征"工具条上的"筋"按钮,在"筋"操作面

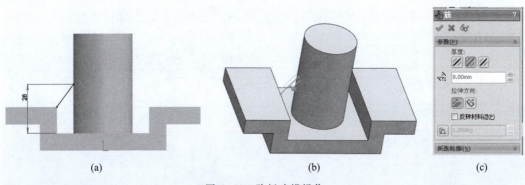

(a)   (b)   (c)

图 6-51 肋板建模操作

板中将肋板厚度改为 8,其他采用缺省设置(如果缺省设置不能满足,要修改相应的设置),如图 6-51b、c 所示。单击"对勾"按钮完成肋板建模。

第六步:单击"特征"工具条上的"线性陈列"工具箱中的"镜向"命令(三维镜向命令),在"镜向"操作面板中,镜向面选择"右视基准面",要镜向的特征选择"筋 1",单击"对勾"按钮完成肋板镜向。

第七步:单击"特征"工具条上的"旋转切除"按钮,选"前视基准面"为基准面,用"中心线"命令绘制轴线,轴线的一个端点定义在原点,用"直线"命令绘制阶梯孔的旋转截面,并标注尺寸,使草图"完全定义",退出草图,在"旋转"操作面板中,采用缺省设置,单击"对勾"按钮完成旋转切除。

第八步:单击"特征"工具条上的"绘制圆角"按钮(三维圆角命令),将圆角半径修改为 $R10$,选择弯板的 4 个角的棱线,单击"对勾"按钮完成圆角建模。

第九步:单击"特征"工具条上的"拉伸切除"按钮,选弯板的上表面为草图基准面,用"草图"工具条上的"圆"命令绘制 4 个螺栓孔,画圆时捕捉圆角 $R10$ 的圆心为圆心,选择 4 个圆添加几何关系为"相等",标注尺寸为 $\phi8$,使草图"完全定义",退出草图,在"切除-拉伸"面板中的"方向 1"下拉列表中选择"成形到下一面",单击"对勾"按钮完成螺栓孔建模。

第十步:单击"特征"工具条上的"拉伸凸台"按钮,选"前视基准面"为草图基准面,进入绘制草图状态。用"草图"工具条上的"圆"命令绘制一个圆,拾取圆心和原点,添加几何关系为"竖直",并标注直径为 $\phi23$ 和定位尺寸中心高为 53,使草图"完全定义",退出草图。在打开"凸台-拉伸"面板中,在"从"下拉列表中选择"等距",参数设为 33,"方向 1"下拉列表中选择"成形到一面",拾取圆柱面,如图 6-52 所示,单击"对勾"按钮完成凸台建模。

第十一步:单击"特征"工具条上的"拉伸切除"按钮,选"凸台端面"为基准面,进入绘制草图状态。用"草图"工具条上的"圆"命令绘制一个圆,为凸台圆心和草图圆心添加几何关系"同心",并标注直径为 $\phi15$,使草图"完全定义",退出草图,在"方向 1"下拉列表中选择"成形到下一面",单击"对勾"按钮完成支架模型,如图 6-53 所示,保存模型。

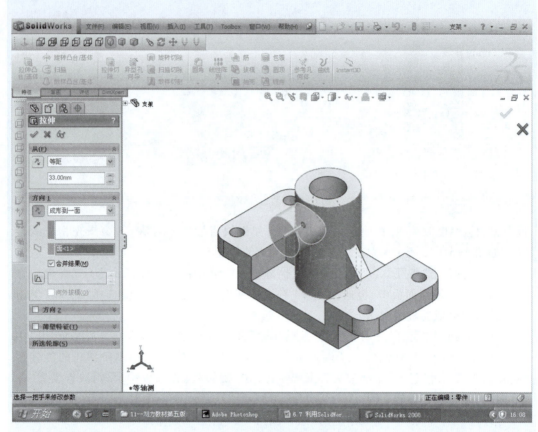

图 6-52　拉伸凸台操作

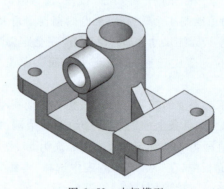

图 6-53　支架模型

6.7.2　机件的视图

【例 6-3】　根据例 6-2 创建的支架模型,生成支架的视图。

【操作步骤】

第一步:运行 SolidWorks 之后,单击标准工具栏上的"新建"按钮,在打开的"新建

SolidWorks 文件"对话框中选择"工程图",然后单击"确定"按钮,在打开的"图纸格式/大小"对话框中,选择"自定义图纸大小",将图纸定义为 A3 图纸尺寸(宽度为 420mm,高度为 297mm)。

　　第二步:在"模型视图"操作面板中,单击"浏览"打开例 6-2 存储的模型文件,在面板中的"视图数"下选择"单一视图",在"标准视图"下选择"俯视图","显示样式"下选择"消除隐藏线","比例"选择"自定义比例"设置为 1∶1,其他采用缺省值,将俯视图放置在图纸上适当位置,单击"对勾"按钮完成俯视图。

　　第三步:单击"视图布局"工具条上的"剖面视图"按钮,在"剖面视图"操作面板中选择"半剖面",在 8 种"半剖面"中选择剖视样式,如图 6-54 所示。单击俯视图的对称中心,将打开如图 6-55 所示的"剖面视图"对话框,单击"Feature Manager 设计树"面板标签,展开设计树,选择"筋 1"(或镜向,要根据剖视的范围确定排除的肋板对象),选择的对象将不画剖面线,并列在"剖面范围"中,如图 6-55 所示,单击"确定"按钮,打开"剖面视图 A-A"操作面板,在面板中选择投影方向,视图名称等,然后将主视图放置在图纸上适当位置。

图 6-54　半剖视图操作面板

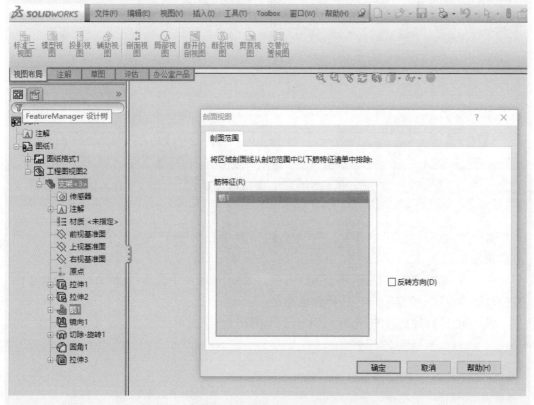

图 6-55　"剖面视图"对话框

第四步:单击"视图布局"工具条上的"投影视图"按钮,选择主视图投影左视图,将左视图放置在图纸上适当位置。

第五步:单击"视图布局"工具条上的"断开的视图"按钮,在左视图上绘制一条曲线,确定局部剖视图的剖开范围,然后在"断开的剖视图"操作面板中,输入深度值,或在左视图上拾取圆柱凸台的转向轮廓线(侧影线)确定深度,如图 6-56 所示,单击"对勾"按钮完成局部剖视图。

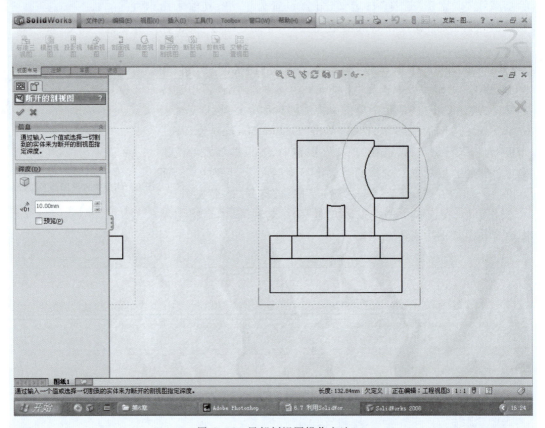

图 6-56　局部剖视图操作方法

第六步:单击"注释"工具条上的"中心线"和"中心符号线"按钮,为三个视图添加中心线和轴线。

第七步:鼠标指向左视图,单击鼠标右键,在弹出的菜单中选择"隐藏边线",拾取要隐藏的边线(切线),单击"对勾"按钮确定操作。

第八步:智能标注尺寸,完成支架的视图,如图 6-57 所示。

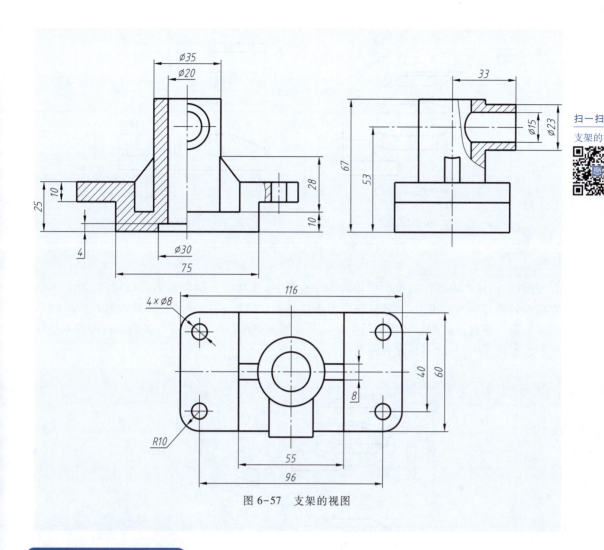

图 6-57 支架的视图

6.8 第三角画法简介

在 GB/T 17451—1998 中规定,技术图样应采用正投影法绘制,并优先采用第一角画法。世界上,虽然各国都采用正投影法表达机件的结构形状,但有一些国家和地区采用第三角画法,如美国、日本等。因此, GB/T 14692—2008 规定,必要时(如按合同规定等),允许使用第三角画法。尤其是随着国际间技术交流和国际贸易日益增长,我们在今后的工作中很可能会遇到阅读和绘制第三角画法的图样,因而也应该对第三角画法有所了解,本节对第三角画法做简要介绍。

采用第三角画法时,将物体置于第 III 分角内,并使投影面处于观察者与物体之间,在 V 面形成由前向后投射所得到的主视图;在 H 面上形成由上向下投射所得到的俯视图;在 W 面上形成由右向左投射所得到的右视图。令 V 面保持正立位置不动,将 H 面、W 面分别绕它们与 V 面的交线向上、向右转 90°,使这三个面展成同一平面,即可得到物体的三视图,如图 6-58 所示。采用第三角画法的三视图也符合正投影的投影规律:即主、俯视图长对正;主、右视图高平齐;俯、右视图宽相等,且前后对应。

如图 6-59 所示,除了在图 6-58 中已画出的 V、H、W 三个基本投影面外,还可再增加与它们相平行的三个基本投影面。在这些投影面上分别得到一个视图,除了主视图、俯视图、

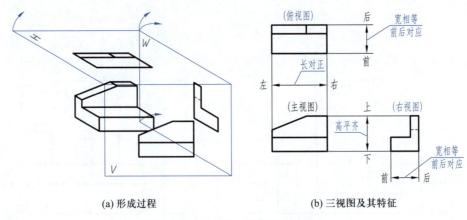

(a) 形成过程　　　　　　　　　　(b) 三视图及其特征

图 6-58　采用第三角画法的三视图

右视图以外,还有由左向右投射所得到的左视图,由下向上投射所得到的仰视图,以及由后向前投射所得到的后视图。然后,仍令 V 面保持正立位置不动,将诸投影面按图 6-59a 所示展开成同一平面。展开后各视图的配置关系如图 6-59b 所示。在同一张图纸内按图 6-59b 所示配置视图时,一律不标注视图名称。

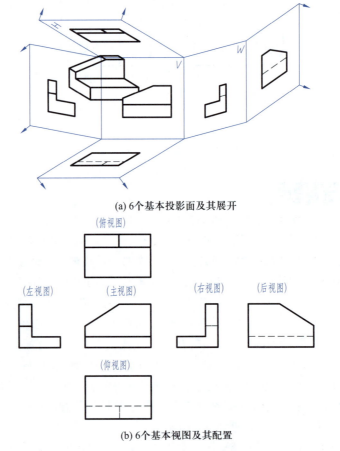

(a) 6个基本投影面及其展开

(b) 6个基本视图及其配置

图 6-59　采用第三角画法的 6 个基本视图

按 GB/T 14692—2008 规定,采用第三角画法时,必须在图样中画出如图 6-60a 所示的第三角画法的识别符号。这里要说明的是,当采用第一角画法时,在图样中一般不画出第一角画法的识别符号,必要时才画出如图 6-60b 所示的第一角画法的识别符号。

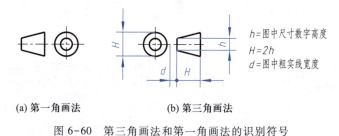

h=图中尺寸数字高度
H=2h
d=图中粗实线宽度

(a) 第一角画法   (b) 第三角画法

图 6-60 第三角画法和第一角画法的识别符号

GB/T 10609.1—2008《技术制图 标题栏》规定:在标题栏中的投影符号框格内标注第一角画法或第三角画法的投影识别符号;如采用第一角画法,可省略标注。

常用机件及结构要素的特殊表示法

学习目标和要求

1. 了解本章所涉及的常用机件和常用结构要素的作用及有关的基本知识。
2. 熟练掌握螺纹及螺纹联接的画法规定,熟悉螺纹标记的含义,掌握其标注规定及查表方法。
3. 熟练掌握螺纹紧固件的装配联接画法,了解螺纹紧固件的标记规定及查表方法。
4. 掌握键、销、滚动轴承的表示方法,规定标记及查表方法。
5. 了解齿轮参数的计算公式,掌握直齿圆柱齿轮的画法和齿轮啮合画法,了解锥齿轮、蜗轮蜗杆及其啮合画法。
6. 了解弹簧参数及画法。

重点和难点

1. 螺纹及其紧固件的表示法和标注。
2. 齿轮参数及规定画法。
3. 普通平键联接的表示法及代号。
4. 滚动轴承画法及代号。
5. 弹簧表示法。

标准件是指结构和尺寸都符合国家标准规定的零件或部件,如螺栓、螺钉、螺母、滚动轴承和普通圆柱螺旋压缩弹簧等都是标准件(含标准零件和标准部件,轴承属于标准部件)。常用机件是指机械产品中经常出现的零件或部件,如结构和尺寸都已经标准化的标准件和部分结构要素已经标准化的机件(如齿轮和花键等)。这些常用机件中大都含有多次重复出现的、已经标准化的结构要素(如螺纹、轮齿和键齿等),绘图时若按第 6 章中基本表示法的规定,画出其真实投影,则十分繁琐,为此,国家标准规定了这些机件及其结构要素的特殊表示法。

7.1 螺纹及螺纹紧固件表示法(GB/ T 4459.1—1995)

7.1.1 螺纹

1. 螺纹的基本要素

螺纹的基本要素包括牙型、大径、小径、螺距、导程、线数和旋向等。

（1）牙型

在通过螺纹轴线的剖面上,螺纹的轮廓形状称为螺纹牙型。相邻两牙侧面间的夹角称为牙型角。常用标准螺纹的牙型角及特征代号见表7-1。

扫一扫

螺纹的基本要素

表 7-1 常用标准螺纹的牙型角及特征代号

种类		特征代号	牙型放大图	说明
紧固螺纹	普通螺纹（分粗牙、细牙）	M	60°	常用的联接螺纹,一般联接多用粗牙。在相同的大径下,细牙螺纹的螺距较粗牙小,多用于薄壁或紧密联接的零件
管螺纹	55°密封管螺纹	R_1 Rp R_2 Rc	55°	包括圆锥内螺纹与圆锥外螺纹、圆柱内螺纹与圆锥外螺纹两种配合形式。必要时,允许在螺纹副中添加密封介质,以保证联接的密封性。适用于管子、管接头、旋塞、阀门等
	55°非密封管螺纹	G	55°	螺纹本身不具有密封性,若要求联接后具有密封性,可压紧被联接件螺纹副外的密封面,也可在密封面间添加密封介质。适用于管接头、旋塞、阀门等
传动螺纹	梯形螺纹	T_1	30°	用于传递运动和动力,如机床丝杠、尾架丝杠等
	锯齿形螺纹	B	3° 30°	用于传递单向压力,如千斤顶螺杆

（2）大径、小径和中径

大径(又称公称直径)是指与外螺纹的牙顶、内螺纹的牙底相切的假想圆柱或圆锥的直径;小径是指与外螺纹牙底、内螺纹的牙顶相切的假想圆柱或圆锥的直径;在大径和小径之间假想有一圆柱或圆锥,当其母线上的牙宽和槽宽相等时,则该假想圆柱或圆锥的直径称为螺纹中径,如图 7-1 所示。

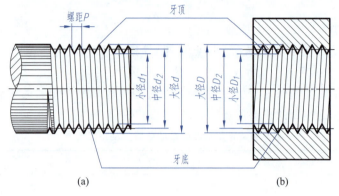

图 7-1　螺纹各部分的名称

（3）线数

形成螺纹的螺旋线条数称为线数。普通螺纹、梯形螺纹和锯齿形螺纹均有单线螺纹和多线螺纹之分,如图 7-2 所示。

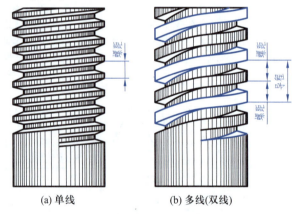

图 7-2　单线螺纹和多线螺纹

（4）螺距和导程

相邻两牙在中径线上对应两点间的轴向距离称为螺距。同一条螺旋线上相邻两牙在中径线上对应两点间的轴向距离称为导程,如图 7-2 所示。线数 n、螺距 P、导程 P_h 的关系为:

$$P_h = nP$$

（5）旋向

沿轴线方向看顺时针方向旋入的螺纹称为右旋螺纹,逆时针方向旋入的螺纹称为左旋螺纹,如图 7-3 所示。

螺纹的牙型、大径、螺距、线数和旋向称为螺纹五要素,只有这五个要素都相同的外螺纹和内螺纹才能相互旋合。

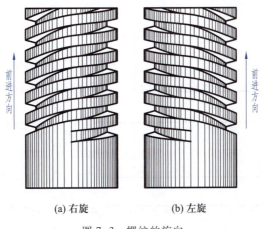

(a) 右旋   (b) 左旋

图 7-3 螺纹的旋向

2. 螺纹的分类

螺纹的分类情况如下：

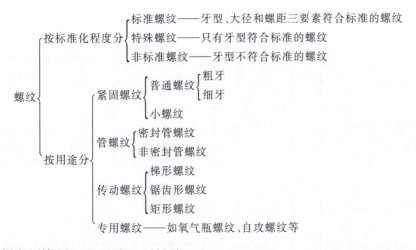

3. 螺纹的规定画法 (GB/T 4459.1—1995)

（1）外螺纹的画法

外螺纹的牙顶用粗实线表示，牙底用细实线表示。在不反映圆的视图上，牙底的细实线应画入倒角，螺纹终止线用粗实线表示。在比例画法中螺纹小径可按大径的 0.85 倍绘制。螺尾部分一般不必画出，当需要表示时，该部分用与轴线成 30° 的细实线画出。在反映圆的视图上，小径用大约 3/4 圈的细实线圆弧表示，倒角圆不画，如图 7-4 所示。

（2）内螺纹的画法

在不反映圆的视图中，当采用剖视图时，内螺纹的牙顶用粗实线表示，牙底用细实线表示。采用比例画法时，小径可按大径的 0.85 倍绘制。需要注意的是，内螺纹的公称直径是指用细线绘制的大径。剖面线应画到粗实线，螺纹终止线用粗实线绘制。若为盲孔，采用比例画法时，螺纹终止线到孔的末端的距离可按 0.5 倍大径绘制，孔底的顶角按 120° 绘制。在反映圆的视图中，大径用约 3/4 圈的细实线圆弧绘制，倒角圆不画。不可见螺纹的图线用细虚线绘制，如图 7-5 所示。

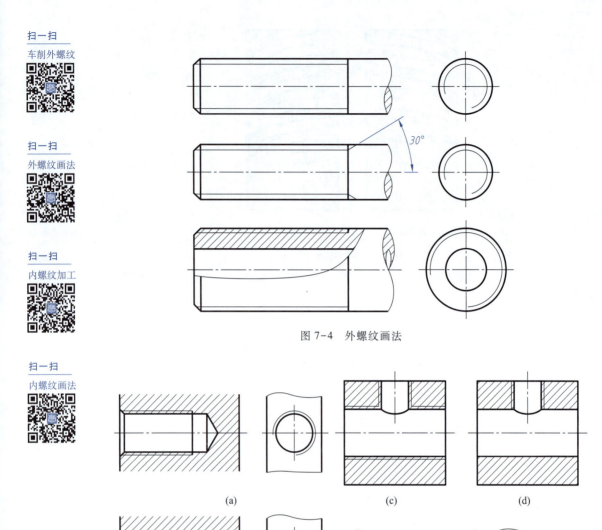

图 7-4　外螺纹画法

(a)　　　　　　　(c)　　　　　　　(d)

(b)　　　　　　　(e)

图 7-5　内螺纹画法

（3）内、外螺纹旋合的画法

在剖视图中,内、外螺纹的旋合部分应按外螺纹的画法绘制,其余不旋合部分按各自原有的画法绘制。必须注意,表示内、外螺纹大径的细实线和粗实线,以及表示内、外螺纹小径的粗实线和细实线应分别对齐。在剖切平面通过螺纹轴线的剖视图中,实心螺杆按不剖绘制,如图 7-6 所示。

（4）牙型表示法

螺纹牙型一般不在图形中表示,当需要表示螺纹牙型时,可按图 7-7 所示的形式绘制。

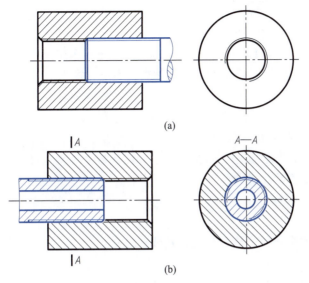

扫一扫
内、外螺纹
旋合画法

图 7-6　内、外螺纹旋合画法

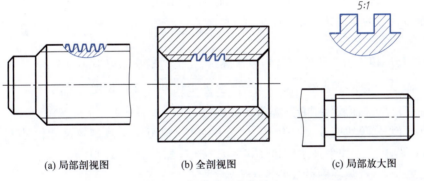

(a) 局部剖视图　　　　(b) 全剖视图　　　　(c) 局部放大图

图 7-7　螺纹牙型的表示法

4. 螺纹的标注方法

螺纹的标注主要包括螺纹的标记、长度和配合代号的标注。螺纹的标记用来表示对螺纹的具体要求。不同种类的螺纹其标记形式不同。下面分别介绍其标记。

（1）普通螺纹（GB/T 197—2018）

完整的螺纹标记由螺纹特征代号、尺寸代号、公差带代号及其有必要做进一步说明的其他个别信息组成。其构成形式如下：

$$\boxed{特征代号}\ \boxed{尺寸代号}-\boxed{公差带代号}-\boxed{其他信息}$$

① 特征代号：普通螺纹特征代号用字母"M"表示。

② 尺寸代号：单线螺纹的尺寸代号为"公称直径×螺距"，对粗牙螺纹可以省略标注其螺距项。多线螺纹的尺寸代号为"公称直径×Ph 导程 P 螺距"。

③ 公差带代号：普通螺纹公差带代号包括中径公差带代号和顶径公差带代号。如果中径公差带代号与顶径公差带代号相同，则只注一个公差带代号。螺纹尺寸代号与公差带代号间用"-"分开。在装配图中，表示内、外螺纹的配合代号时，内螺纹公差带代号在前，外螺

纹公差带代号在后,中间用"/"分开。

在下列情况下常用的中等公差精度螺纹不标注公差带代号:

内螺纹:公称直径小于 1.4 mm 的 5H;公称直径大于和等于 1.6 mm 的 6H。

外螺纹:公称直径小于 1.4 mm 的 6g;公称直径大于和等于 1.6 mm 的 6g。

④ 其他信息:标记内有必要说明的其他信息包括螺纹的旋合长度和旋向。

对短旋合长度和长旋合长度的螺纹,在公差带代号后分别标注"S"和"L"代号。旋合长度代号和公差带代号之间用"–"分开。中等旋合长度螺纹不标注旋合长度代号(N)。

对左旋螺纹,应在旋合长度代号之后标注"LH"代号。旋合长度代号与旋向代号之间用"–"分开。右旋螺纹不标注旋向代号。

标记示例:

M6(最常用的标记形式,多项要求省略不注)

M8×1-LH(公差带代号和旋合长度代号被省略)

M6×0.75-5h6h-S-LH

M14×Ph6P2-7h-L-LH

以上标记示例中"M6"属简化标记形式,不能误解为对该螺纹无确定要求,相反,若标记的 M6 为外螺纹,则绘图和读图时应完整而确切地解读为:普通螺纹公称直径为 6 mm,粗牙,单线,公差带代号为 6g,中等旋合长度,右旋。

(2)传动螺纹

常用的传动螺纹有梯形螺纹和锯齿形螺纹,完整的螺纹标记构成如下:

$$\boxed{特征代号}\ \boxed{尺寸代号}\ \text{-}\ \boxed{公差带代号}\ \text{-}\ \boxed{旋合长度代号}$$

① 特征代号:梯形螺纹"Tr",锯齿形螺纹"B"。

② 尺寸代号:单线螺纹尺寸代号为"公称直径×螺距",多线螺纹尺寸代号为:"公称直径×导程(P 螺距)"。如果是左旋螺纹其标记内还应加左旋代号"LH"。

③ 公差带代号:只注中径公差带代号。

④ 旋合长度代号:有中等旋合长度和长度旋合长度两种,中等旋合长度(N)时不注,长旋合长度用"L"表示。

以下为梯形螺纹标记的示例:

Tr 40×14 (P7) LH-8e-L
特征代号　公称直径　导程　螺距　旋向(左)　中径公差带代号　旋合长度代号

普通螺纹和传动螺纹标记在图样中应注在螺纹大径的尺寸线上,如图 7-8 所示,图样中标注的螺纹长度均指不含螺尾在内的有效螺纹长度。

(3)管螺纹

常用的管螺纹分为密封管螺纹和非密封管螺纹。管螺纹的标记必须标注在大径的指引线上,表 7-1 中管螺纹标记组成如下所示:

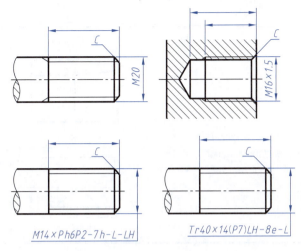

图 7-8　螺纹在图样中标注

非密封管螺纹标记组成：| 特征代号 |　| 尺寸代号 |　| 公差等级代号 |　| 旋向代号 |

密封管螺纹标记组成：| 特征代号 |　| 尺寸代号 |－| 旋向代号 |

管螺纹的特征代号和标注示例见表 7-2，右旋螺纹省略标注旋向代号。需要注意的是管螺纹的尺寸代号并不是指螺纹大径，其大径和小径等参数可从附表 1-2 和附表 1-3 中查出。

表 7-2　管螺纹的特征代号和标注示例

类别		标准代号	特征代号	标注示例	说明
55°非密封管螺纹		GB/T 7307—2001	G	G3/4B G1	左旋时尾部加"-LH"。外螺纹公差分 A 级和 B 级两种，故需标注。内螺纹只有一种，不标注。螺纹副标记（即配合代号）仅注写外螺纹标记
55°密封管螺纹	与圆柱内螺纹相配合的圆锥外螺纹	GB/T 7306.1～7306.2—2000	R₁	R₁1/2-LH	左旋时尾部加"-LH"。内、外螺纹只有一种公差等级，故不标注。螺纹副标记中的尺寸代号只注一次。例如： Rp/R₁　1/2 Rc/R₂　3/4
	与圆锥内螺纹相配合的圆锥外螺纹		R₂		

续表

类别	标准代号	特征代号	标注示例	说明
55°密封 管螺纹	GB/T 7306.1 ～ 7306.2—2000			
圆锥内螺纹		Rc	$R_C 1/2$	
圆柱内螺纹		Rp	$R_P 1$	

7.1.2　螺纹紧固件

常用螺纹紧固件有螺栓、双头螺柱、螺钉、螺母和垫圈。螺栓用于被联接零件允许钻成通孔的情况；双头螺柱用于被联接零件之一较厚或不允许钻成通孔的情况；螺钉则用于上述两种情况，而且不经常拆开和受力较小的联接中。螺钉按用途又分为联接螺钉和紧定螺钉。

1. 螺栓联接

螺栓联接的紧固件有螺栓、螺母和垫圈。紧固件一般采用比例画法绘制。所谓比例画法就是以螺栓上螺纹的公称直径(d、D)为主参数，其余各部分结构尺寸均按与主参数成一定比例关系绘制，如图 7-9 所示。

画螺纹紧固件的装配图时，应遵守下述基本规定：

① 两零件接触表面画一条线，不接触表面画两条线。

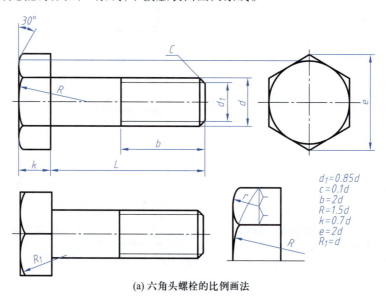

$$d_1 = 0.85d$$
$$c = 0.1d$$
$$b = 2d$$
$$R = 1.5d$$
$$k = 0.7d$$
$$e = 2d$$
$$R_1 = d$$

(a)六角头螺栓的比例画法

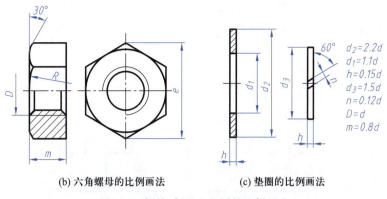

$d_2 = 2.2d$
$d_1 = 1.1d$
$h = 0.15d$
$d_3 = 1.5d$
$n = 0.12d$
$D = d$
$m = 0.8d$

模型
图 7-9b

(b) 六角螺母的比例画法　　　　(c) 垫圈的比例画法

图 7-9　螺栓、螺母和垫圈的比例画法

② 两零件邻接时，不同零件的剖面线方向应相反，或者方向一致、间隔不等。

③ 对于紧固件和实心零件（如螺钉、螺栓、螺母、垫圈、键、销、球及轴等），若剖切平面通过其基本轴线时，则这些零件都按不剖绘制，仍画外形；需要时，可采用局部剖视图。

如图 7-10 所示为螺栓联接比例画法的画图过程。其中螺栓长度 L 可按下式估算：

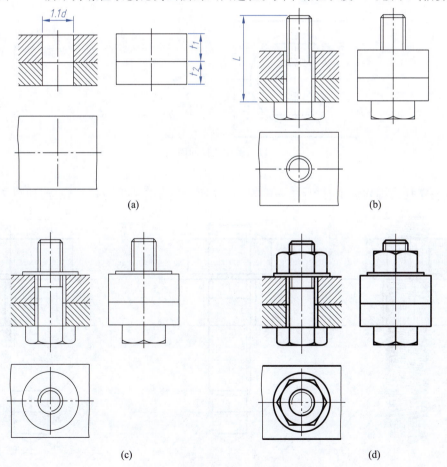

(a)　　　　　　　　　　　　　　　(b)

扫一扫
螺栓联接

(c)　　　　　　　　　　　　　　　(d)

图 7-10　螺栓联接比例画法画图过程

$$L \geqslant t_1 + t_2 + 0.15d + 0.8d + (0.2 \sim 0.3)d$$

根据上式的估算值,从有关手册中(参见附表 2-1)选取与估算值相近的标准长度值作为 L 值。

螺栓紧固件的标记见附表 2-1。

在装配图中,螺栓联接也可采用如图 7-11 所示的简化画法。应注意,螺母、螺栓的六方倒角省略不画,螺栓上螺纹端面的倒角也省略不画。

扫一扫

双头螺柱
联接

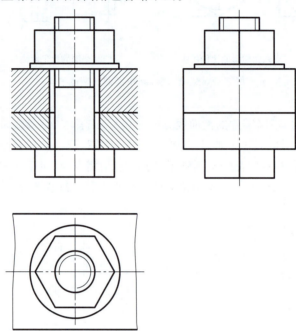

图 7-11　螺栓联接的简化画法

2. 螺柱联接

双头螺柱两端均加工有螺纹,一端旋入联接件的基体,一端与螺母旋合,如图 7-12 所

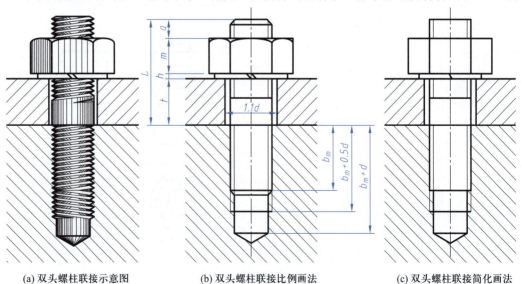

(a) 双头螺柱联接示意图　　　(b) 双头螺柱联接比例画法　　　(c) 双头螺柱联接简化画法

图 7-12　双头螺柱联接的比例画法

示。双头螺柱联接的比例画法和螺栓联接的比例画法基本相同。双头螺柱旋入端长度 b_m 要根据旋入件的材料而定,以确保联接牢靠。对于不同材料,b_m 有下列 4 种取值:

钢或青铜时,取 $b_m = d$;铸铁时,取 $b_m = 1.25d$ 或 $b_m = 1.5d$;铝合金时,取 $b_m = 2d$。

螺柱的公称长度 L 可按下式估算:

$$L \geqslant t + 0.15d + 0.8d + (0.2 \sim 0.3)d$$

根据上式的估算值,对照有关手册中螺柱的标准长度系列,选取与估算值相近的标准长度值作为 L 值。双头螺柱的标记见附表 2-2。

3. 螺钉联接

螺钉联接的比例画法,其旋入端与螺柱相同,被联接板孔部画法与螺栓相同。按螺钉头部结构分圆柱头和沉头螺钉等,这些结构的比例画法如图 7-13 所示。螺钉标记和结构尺寸见附表 2-7~附表 2-10。

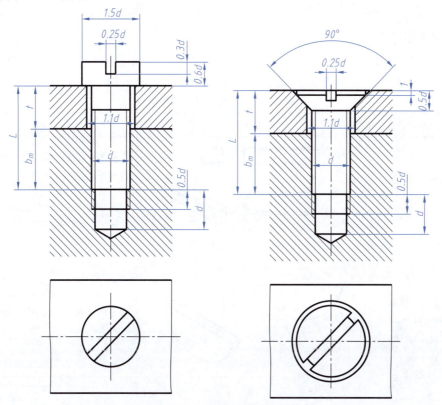

图 7-13 螺钉联接的比例画法

在装配图中,螺钉头部的一字槽和十字槽可用单线(线宽为粗实线的两倍)绘制。

7.2 键、花键及其联接的表示法

键主要用于轴和轴上零件(如齿轮、皮带轮等)间的联接,以传递扭矩。如图 7-14 所示,将键嵌入轴上的键槽中,再把齿轮装在轴上,当轴转动时,通过键联接,齿轮也将和轴同步转动,达到传递动力的目的。

扫一扫

铣键槽

模型

图 7-14

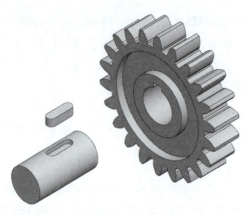

图 7-14 键联接

7.2.1 常用键及其标记

常用的键有普通平键、半圆键和钩头型楔键等。普通平键又有 A 型、B 型和 C 型三种,表 7-3 列出了几种常用键的标准编号、图例和标记示例。

表 7-3 常用键及其标记示例

名称及标准编号	图例	标记示例
普通型 平键 GB/T 1096—2003		$b=8$ mm,$h=7$ mm,$L=25$ mm 的普通平键(A 型不需要标出,如为 B 型或 C 型,标记中的尺寸前应标出字母 B 或 C)标记为: GB/T 1096 键 8×7×25
普通型 半圆键 GB/T 1099.1—2003		$b=6$ mm,$h=10$ mm,$D=25$ mm 的半圆键标记为:GB/T 1096.1 键 6×10×25
钩头型 楔键 GB/T 1565—2003		$b=6$ mm,$L=25$ mm 的钩头型楔键标记为:GB/T 1565 键 6×25

7.2.2　键联接的画法及尺寸标注

1. 普通平键联接画法

当采用普通平键时,键的长度 L 和宽度 b 要根据轴的直径 d 和传递的扭矩大小通过计算后从标准中选取适当值。轴和轮毂上键槽的表达方法及尺寸标注如图 7-15a、b 所示。轴上的键槽若在前面,局部视图可以省略不画,键槽在上面时,键槽和外圆柱面产生的截交线可用柱面的转向轮廓线代替。

在装配图上,键联接的画法如图 7-15c 所示。因为键是实心零件,所以当平行于键剖切时键按不剖绘制,但当垂直于键剖切时,键按剖视图绘制。键的上表面和轮毂上键槽的底面为非接触面,所以应画两条图线。轮、轴和键剖面线的方向要遵循装配图中剖面线的规定画法。

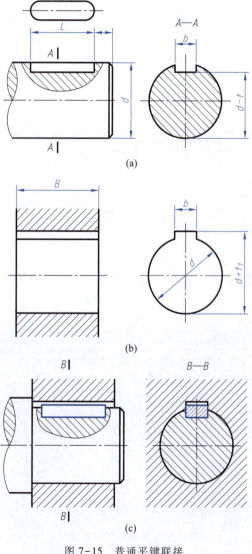

图 7-15　普通平键联接

2. 半圆键联接画法

半圆键联接常用于载荷不大的传动轴上,其工作原理和画法与普通平键相似,键槽的表示方法和装配画法如图 7-16 所示。

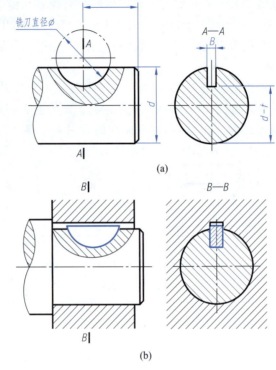

图 7-16　半圆键联接画法

3. 钩头型楔键联接画法

钩头型楔键的上表面有 1:100 的斜度,装配时将键沿轴向嵌入键槽内,靠键的上、下表面将轴和轮联接在一起,键的侧面为非工作面,其装配图的画法如图 7-17 所示。

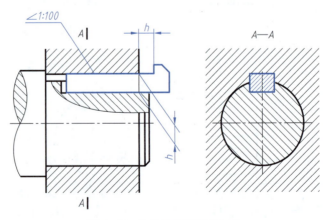

图 7-17　钩头型楔键联接画法

7.2.3 花键表示法（GB/T 4459.3—2000）

当传递的载荷较大时,需采用花键联接。如图 7-18 所示为应用较广泛的矩形花键。除矩形花键外,还有渐开线花键和三角花键,本书主要介绍矩形花键联接的画法和标记。

模型
图 7-18

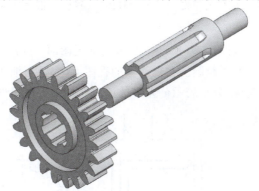

图 7-18　矩形花键

1. 外花键的画法和标记

与外螺纹画法相似,大径用粗实线绘制,小径用细实线绘制。当采用剖视图时,若平行于键齿剖切,键齿按不剖绘制,且大小径均用粗实线绘制。在反映圆的视图上,小径用细实线圆表示。外花键的画法和标注如图 7-19 所示。

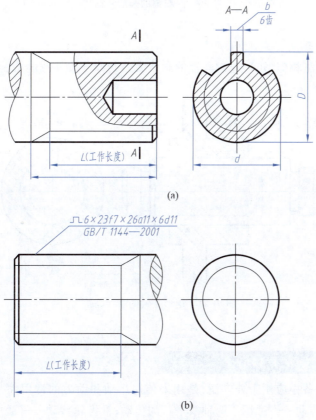

图 7-19　外花键的画法和标注

外花键的标注可采用一般尺寸标注法和标记标注法两种。一般尺寸标注法应注出大径 D、小径 d、齿宽 b（及齿数 N）、工作长度 L，如图 7-19a 所示；用标记标注时，指引线应从大径引出，标记组成为：

类型代号	齿数×小径	小径公差带代号×大径	大径公差带代号×齿宽	齿宽公差带代号

2. 内花键画法及标记

内花键的画法及标注如图 7-20 所示。当采用剖视图时，若平行于键齿剖切，键齿按不剖绘制，且大、小径均用粗实线绘制。在反映圆的视图上，大径用细实线圆表示。

内花键的标记同外花键，只是表示公差带的偏差代号用大写字母表示。

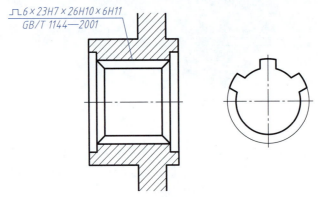

图 7-20　内花键的画法和标注

3. 矩形花键的联接画法

与螺纹联接画法相似，矩形花键联接的画法为公共部分按外花键绘制，不重合部分按各自的画法绘制，如图 7-21 所示。

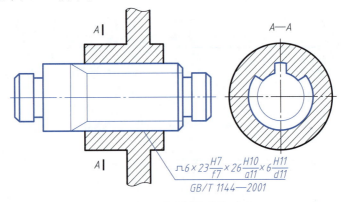

图 7-21　矩形花键的联接画法

7.3　齿轮表示法（GB/T 4459.2—2003）

齿轮在机器设备中应用十分广泛，是用来传递运动和动力的常用件。常见的传动齿轮有三种：圆柱齿轮传动——适用于两轴线平行的传动；锥齿轮传动——适用于两轴线相交的传动；蜗轮蜗杆传动——适用于两轴线垂直交叉的传动，如图 7-22 所示。齿轮齿条传动是圆柱齿轮传动的特例。

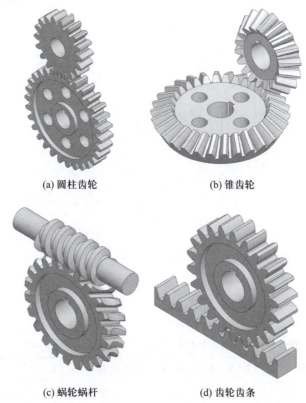

模型

图 7-22

(a) 圆柱齿轮   (b) 锥齿轮

(c) 蜗轮蜗杆   (d) 齿轮齿条

图 7-22 常见的齿轮传动形式

齿轮的齿形有渐开线、摆线、圆弧等形状,本书主要介绍渐开线标准齿轮的有关知识和画法规定。

7.3.1 直齿圆柱齿轮

1. 直齿圆柱齿轮各部分的名称及参数(图 7-23)

齿数 z——齿轮上轮齿的个数。

齿顶圆直径 d_a——通过齿顶的圆柱面直径。

直根圆直径 d_f——通过齿根的圆柱面直径。

分度圆直径 d——分度圆是一个假想的圆,在该圆上齿厚(s)等于齿槽宽(e),其直径称为分度圆直径。分度圆直径是齿轮设计和加工时的重要参数。

齿高 h——齿顶圆和齿根圆之间的径向距离。

齿顶高 h_a——齿顶圆和分度圆之间的径向距离。

齿根高 h_f——齿根圆与分度圆之间的径向距离。

齿距 p——分度圆上相邻两齿廓对应点之间的弧长。

齿厚 s——分度圆上轮齿的弧长。

模数 m——由于分度圆的周长 $\pi d = pz$,所以 $d = \dfrac{p}{\pi} z$,$\dfrac{p}{\pi}$ 称为模数,模数以 mm 为单位。模

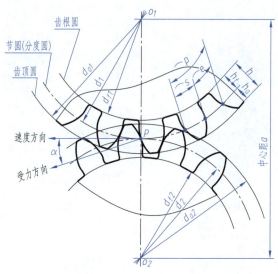

图 7-23　直齿圆柱齿轮各部分的名称和代号

数是齿轮设计和制造的重要参数,模数越大,轮齿的尺寸越大,承载能力越大。为便于制造,减少齿轮成形刀具的规格,模数的值已经标准化。渐开线圆柱齿轮的模数见表 7-4。

表 7-4　渐开线圆柱齿轮模数(摘自 GB/T 1357—2008)

第一系列	1　1.25　1.5　2　2.5　3　4　5　6　8　10　12　16　20　25　32　40　50
第二系列	1.125　1.375　1.75　2.25　2.75　3.5　4.5　5.5　(6.5)　7　9　11　14　18　22　28　35　45

注:优先选用第一系列,其次是第二系列,括号内的数值尽可能不用。

　　压力角、齿形角 α——齿轮转动时,节点 P 的运动方向(分度圆的切线方向)和正压力方向(渐开线的法线方向)所夹的锐角称为压力角。加工齿轮用刀具的基本齿条的法向压力角称为齿形角。压力角和齿形角均用 α 表示。我国标准规定 α 为 20°。

　　一对齿轮啮合时,模数和齿形角必须相等。一对标准齿轮啮合、标准安装时,齿形角等于压力角。

　　中心距 a——两圆柱齿轮轴线间的距离。

2. 直齿圆柱齿轮的尺寸计算

　　已知模数 m 和齿数 z 时,齿轮轮齿的其他参数均可以计算出来,计算公式见表 7-5。

表 7-5　标准直齿圆柱齿轮各基本尺寸计算公式

基本参数:模数 m,齿数 z			
序号	名称	符号	计算公式
1	齿距	p	$p = \pi m$
2	齿顶高	h_a	$h_a = m$
3	齿根高	h_f	$h_f = 1.25m$
4	齿高	h	$h = 2.25m$
5	分度圆直径	d	$d = mz$

续表

	基本参数：模数 m，齿数 z		
序号	名称	符号	计算公式
6	齿顶圆直径	d_a	$d_a = m(z+2)$
7	齿根圆直径	d_f	$d_f = m(z-2.5)$
8	中心距	a	$a = m(z_1+z_2)/2$

3. 直齿圆柱齿轮的画法

单个直齿圆柱齿轮的画法如图 7-24 所示。齿顶圆和齿顶线用粗实线绘制，分度圆和分度线用细点画线表示，齿根圆和齿根线用细实线绘制（也可省略不画）。在剖视图中，齿根线用粗实线绘制，无论剖切平面是否通过轮齿，轮齿一律按不剖绘制。除轮齿部分外，齿轮的其他部分结构均按真实投影画出。

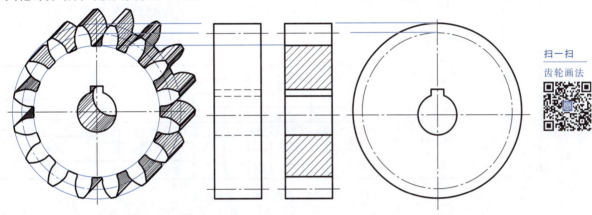

图 7-24 直齿圆柱齿轮的画法

扫一扫
齿轮画法

在零件图中，轮齿部分的径向尺寸仅标注出分度圆直径和齿顶圆直径即可。轮齿部分的轴向尺寸仅标注齿宽和倒角。其他参数如模数、齿数等可在位于图纸右上角的参数表中给出，如图 7-25 所示。

一对直齿圆柱齿轮啮合的画法如图 7-26 所示。在反映圆的视图上，齿顶圆用粗实线绘制，两齿轮的分度圆相切，齿根圆省略不画；在不反映圆的视图上，采用剖视图时，在啮合区域，一个齿轮的轮齿用粗实线绘制，另一个齿轮的轮齿按被遮挡处理，齿顶线用细虚线绘出；齿顶线和齿根线之间的缝隙（顶隙）为 $0.25m$（m 为模数），如图 7-26a 所示。

当不采用剖视图绘制时，可采用图 7-26b 所示的表达方法，即在不反映圆的视图上，啮合区的齿顶线和齿根线均不画，分度线用粗实线绘制。

7.3.2 斜齿圆柱齿轮

斜齿圆柱齿轮简称斜齿轮。斜齿轮的分度圆柱面与齿面的交线（齿线）是一段螺旋线，螺旋线和轴线的夹角称为螺旋角（β）。因此，斜齿轮的端面齿形和垂直于轮齿方向的法向齿形不同，其法向模数为标准值。斜齿轮的画法和直齿轮相同，当需要表示齿线方向时，可用三条与齿向相同的细实线表示，如图 7-27 所示。

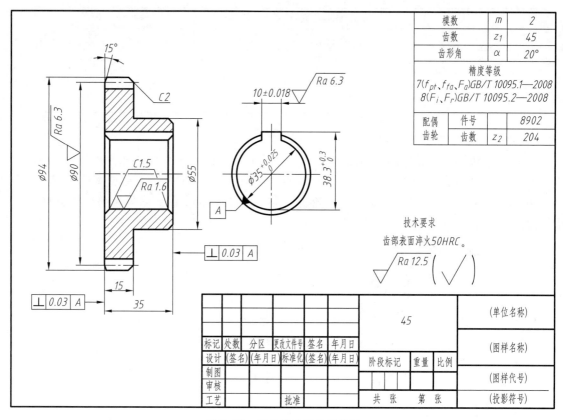

模数	m	2
齿数	z_1	45
齿形角	α	20°
精度等级 7(f_{pt}、f_{fa}、$F_α$)GB/T 10095.1—2008 8(F_i、F_r)GB/T 10095.2—2008		
配偶 齿轮	件号	8902
	齿数 z_2	204

技术要求
齿部表面淬火50HRC。

$\sqrt{Ra\ 12.5}$ ($\sqrt{}$)

							45			(单位名称)
标记	处数	分区	更改文件号	签名	年月日					(图样名称)
设计	(签名)	(年月日)	标准化	(签名)	(年月日)	阶段标记	重量	比例		
制图										(图样代号)
审核										
工艺			批准			共　张　第　张				(投影符号)

图 7-25　直齿圆柱齿轮零件图

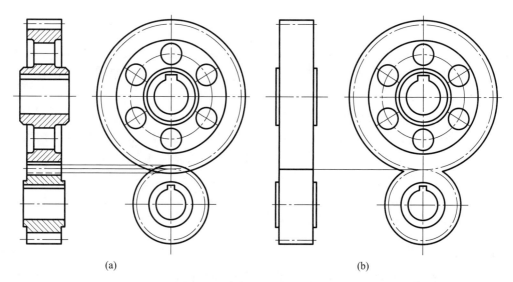

(a)　　　　　　　　　　　　　(b)

图 7-26　直齿圆柱齿轮啮合画法

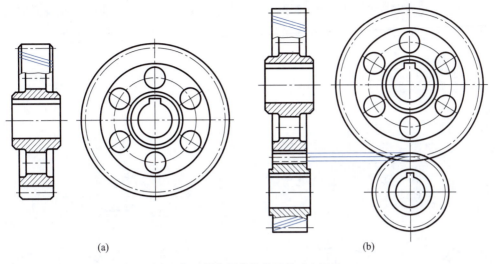

(a)   (b)

图 7-27 斜齿圆柱齿轮及其啮合画法

7.3.3 直齿锥齿轮

直齿锥齿轮的轮齿分布在锥面上，其齿形及模数沿轴向变化。大端的法向模数为标准模数，法向齿形为标准渐开线。在轴剖面内，大端背锥线素与分度锥线素垂直，轴线与分度锥线素的夹角 δ 称为分锥角。

直齿锥齿轮的表示及基本参数如图 7-28 所示，其中 $h_a = m$，$d = mz$，$h_f = 1.2m$，$d_a = m(z + 2\cos\delta)$。

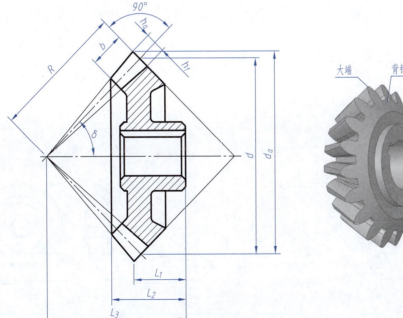

模型
图 7-28

图 7-28 直齿锥齿轮的表示及基本参数

直齿锥齿轮及其啮合的画图步骤如图 7-29、图 7-30 所示。常用的标准锥齿轮传动,两分度圆锥相切,两分锥角 δ_1 和 δ_2 互为余角,啮合区轮齿的画法同直齿圆柱齿轮。

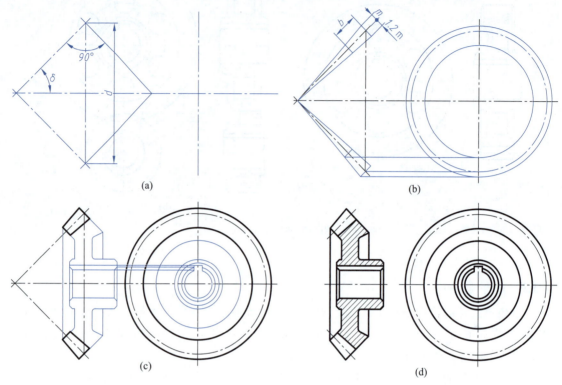

图 7-29　直齿锥齿轮的画图步骤

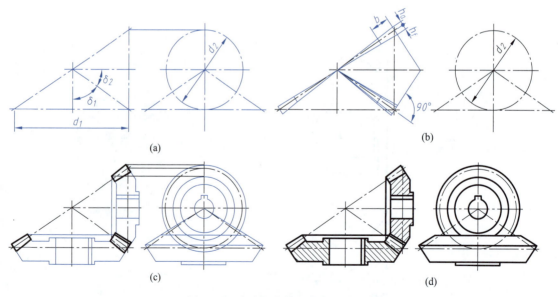

图 7-30　直齿锥齿轮啮合的画图步骤

滚动轴承是支承转动轴的标准部件,是由专业厂家生产的,使用时应根据设计要求,选用标准系列的轴承代号。

•7.4.1 滚动轴承的结构和类型

滚动轴承的类型按承受载荷的方向可分为下述三类:

向心轴承——主要承受径向载荷,如深沟球轴承。

推力轴承——只承受轴向载荷,如推力球轴承。

向心推力轴承——同时承受轴向和径向载荷,如圆锥滚子轴承。

滚动轴承的结构一般由 4 部分组成,如图 7-31 所示。

扫一扫
滚动轴承
的结构

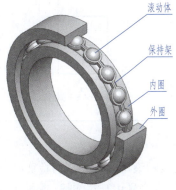

模型
图 7-31

图 7-31 滚动轴承的结构

外圈——装在机体或轴承座内,一般固定不动或偶做少许转动。

内圈——装在轴上,与轴紧密配合在一起,且随轴一起旋转。

滚动体——装在内、外圈之间的滚道中,有滚珠、滚柱、滚锥等几种类型。

保持架——用以均匀分隔滚动体,防止它们相互之间的摩擦和碰撞。

•7.4.2 滚动轴承的画法

GB/T 4459.7—2017 对滚动轴承的画法做了统一规定,有简化画法和规定画法之分,简化画法又分通用画法和特征画法两种。

1. 简化画法

用简化画法绘制滚动轴承时应采用通用画法或特征画法,但在同一图样中一般只采用其中一种画法。

（1）通用画法

在剖视图中,当不需要确切地表示滚动轴承的外形轮廓、载荷特性、结构特征时,可用矩形线框及位于线框中央正立的十字形符号表示。矩形线框和十字形符号均用粗实线绘制,十字符号不应与矩形线框接触,通用画法应绘制在轴的两侧。滚动轴承通用画法的尺寸比例示例见表 7-6。

表 7-6　滚动轴承通用画法的尺寸比例示例

通用画法	需表示外圈无挡边的通用画法	需表示内圈有单挡边的通用画法

（2）特征画法

在剖视图中,如需较形象地表示滚动轴承的结构特征时,可采用在矩形线框内画出其结构要素符号的方法表示。结构要素符号由长粗实线（或长粗圆弧线）和短粗实线组成。长粗实线表示滚动体的滚动轴线,长粗圆弧线表示可调心轴承的调心表面或滚动体滚动轴线的包络线;短粗实线表示滚动体的列数和位置。短粗实线和长粗实线（或长粗圆弧线）相交成90°（或相交于法线方向）,并通过滚动体的中心。特征画法的矩形线框用粗实线绘制,并且应绘制在轴的两侧。

在垂直于滚动轴承轴线的投影面上,无论滚动体的形状（球、柱、针等）及尺寸如何,均可按图 7-32 的方法绘图。

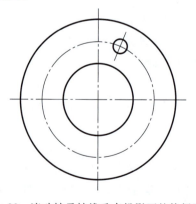

图 7-32　滚动轴承轴线垂直投影面的特征画法

常用滚动轴承的特征画法及规定画法的尺寸比例示例见表 7-7。

表 7-7　常用滚动轴承的特征画法及规定画法的尺寸比例示例

轴承类型	特征画法	规定画法
深沟球轴承 （GB/T 276—2013）		
圆柱滚子轴承 （GB/T 283—2007）		
角接触球轴承 （GB/T 292—2007）		
圆锥滚子轴承 （GB/T 297—2015）		

续表

轴承类型	特征画法	规定画法
推力球轴承 （GB/T 301—2015）	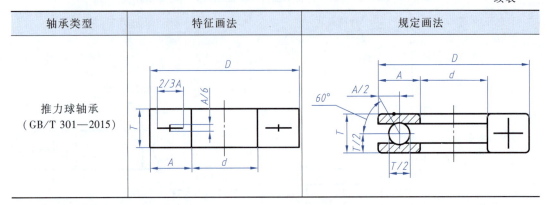	

2. 规定画法

必要时,在滚动轴承的产品图样、产品样本、产品标准、用户手册和使用说明书中可采用规定画法。采用规定画法绘制滚动轴承的剖视图时,轴承的滚动体不画剖面线,其各套圈等可画成方向和间隔相同的剖面线,滚动轴承的保持架及倒角等可省略不画。规定画法一般绘制在轴的一侧,另一侧按通用画法绘制,如图 7-33 所示。

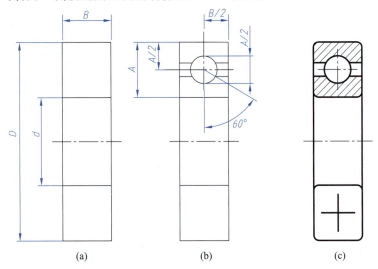

图 7-33　深沟球轴承规定画法的作图步骤

规定画法中各种符号、矩形线框和轮廓线均采用粗实线绘制,其尺寸比例示例见表7-7。在装配图中,滚动轴承的画法如图 7-34 所示。

7.4.3　滚动轴承的代号（GB/T 272—2017）

滚动轴承的代号由基本代号、前置代号和后置代号组成,其排列如下:

| 前置代号 | 基本代号 | 后置代号 |

1. 基本代号

基本代号表示滚动轴承的基本类型、结构和尺寸,是滚动轴承代号的基础。滚动轴承（除滚针轴承外）的基本代号由轴承类型代号、尺寸系列代号、内径代号构成。类型代号用阿

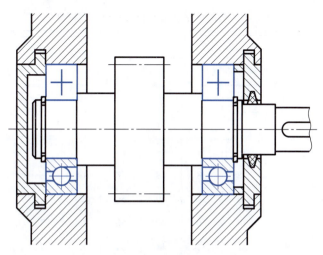

图 7-34　滚动轴承在装配图中的画法

拉伯数字或大写拉丁字母表示；尺寸系列代号和内径代号用数字表示。例如：

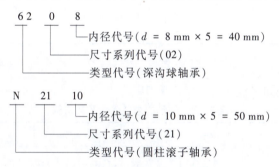

（1）类型代号

类型代号用数字或字母表示，其含义见表 7-8。

表 7-8　滚动轴承的类型代号

代号	轴承类型	代号	轴承类型
0	双列角接触球轴承	7	角接触球轴承
1	调心球轴承	8	推力圆柱滚子轴承
2	调心滚子轴承和推力调心滚子轴承	N	圆柱滚子轴承
3	圆锥滚子轴承	NN	双列或多列圆柱滚子轴承
4	双列深沟球轴承	U	外球面球轴承
5	推力球轴承	QJ	四点接触球轴承
6	深沟球轴承	C	长弧面滚子轴承（圆环轴承）

（2）尺寸系列代号

尺寸系列代号由滚动轴承的宽（高）度系列代号和直径代号组合而成，具体见表 7-9。

表 7-9 向心轴承和推力轴承尺寸系列代号

直径系列代号	向心轴承								推力轴承			
	宽度系列代号								高度系列代号			
	8	0	1	2	3	4	5	6	7	9	1	2
	尺寸系列代号											
7	—	—	17	—	37	—	—	—	—	—	—	—
8	—	08	18	28	38	48	58	68	—	—	—	—
9	—	09	19	29	39	49	59	69	—	—	—	—
0	—	00	10	20	30	40	50	60	70	90	10	—
1	—	01	11	21	31	41	51	61	71	91	11	—
2	82	02	12	22	32	42	52	62	72	92	12	22
3	83	03	13	23	33	—	—	—	73	93	13	23
4	—	04	—	24	—	—	—	—	74	94	14	24
5	—	—	—	—	—	—	—	—	—	95	—	—

（3）内径代号

内径代号表示轴承的公称内径，见表 7-10。

表 7-10 轴承的内径代号及其示例

轴承公称内径/mm		内径代号	示例
0.6 到 10（非整数）		用公称内径直接表示，在其与尺寸系列代号之间用"/"分开	深沟球轴承 618/2.5 $d = 2.5$ mm
1 到 9（整数）		用公称内径毫米数直接表示，对深沟及角接触球轴承 7,8,9 直径系列，内径与尺寸系列代号之间用"/"分开	深沟球轴承 625 618/5 $d = 5$ mm
10 到 17	10	00	深沟球轴承 6 200 $d = 10$ mm
	12	01	
	15	02	
	17	03	
20 到 480（22,28,32 除外）		公称内径除以 5 的商数，商数为个位数时，需在商数左边加"0"，如 08	调心滚子轴承 23 208 $d = 40$ mm
大于和等于 500 以及 22,28,32		用公称内径毫米数直接表示，但在与尺寸系列之间用"/"分开	调心滚子轴承 230/500 $d = 500$ mm, 深沟球轴承 62/22 $d = 22$ mm

2. 前置代号和后置代号

前置、后置代号是轴承在结构形状、尺寸、公差、技术要求等有改变时，在其基本代号左、右添加的补充代号。具体内容可查阅有关的国家标准。

7.5 弹簧表示法(GB/T 4459.4—2003)

弹簧是机械、电器设备中常用的零件,其种类很多,常见的有圆柱螺旋弹簧、板弹簧、平面涡卷弹簧等。圆柱螺旋弹簧又分为压缩弹簧、拉伸弹簧和扭转弹簧。常见的弹簧种类如图 7-35 所示。本节主要介绍圆柱螺旋压缩弹簧的标记、参数计算和规定画法。

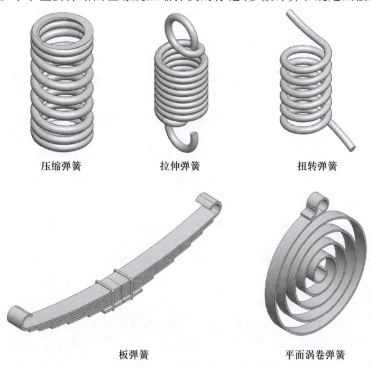

模型
图 7-35

压缩弹簧　　　　拉伸弹簧　　　　扭转弹簧

板弹簧　　　　　平面涡卷弹簧

图 7-35　常见的弹簧种类

•7.5.1　圆柱螺旋压缩弹簧各部分的名称及尺寸计算

材料直径 d——制造弹簧所用金属丝(簧丝)的直径。

弹簧外径 D_2——弹簧的最大直径。

弹簧内径 D_1——弹簧的内孔最小直径,$D_1 = D_2 - 2d$。

弹簧中径 D——弹簧轴剖面内簧丝中心所在柱面的直径,$D = (D_1 + D_2)/2 = D_1 + d = D_2 - d$。

有效圈数 n——保持相等节距且参与工作的圈数。

支承圈数 n_z——为了使弹簧工作平衡,端面受力均匀,制造时将弹簧两端的 3/4 至 $1\frac{1}{4}$ 圈压紧靠实,并磨出支承平面。这些圈只起支承作用,所以称为支承圈。支承圈数 n_z 表示两端支承圈数的总和,一般为 1.5,2,2.5 圈。

总圈数 n_1——有效圈数和支承圈数的总和。

节距 t——相邻两有效圈上对应点间的轴向距离。

自由高度 H_0——未受载荷作用时的弹簧高度(或长度),$H_0 = nt + (n_z - 0.5)d$。

展开长度 L——制造弹簧时所需的金属丝长度,按螺旋线展开 L 可按下式计算:

$$L \approx n_1 \sqrt{(\pi D)^2 + t^2}$$

旋向——与螺旋线的旋向意义相同,分为左旋和右旋两种。

7.5.2　圆柱螺旋压缩弹簧的标记

圆柱螺旋压缩弹簧是标准件,弹簧的标记由类型代号、规格、精度代号、旋向代号和标准号组成,规定如下:

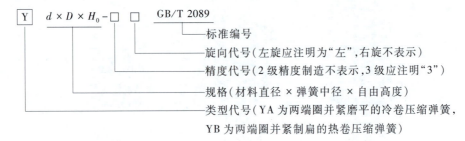

例如 YA 型(冷卷、两端圈并紧磨平型)弹簧,材料直径为 1.2 mm,弹簧中径为 8 mm,自由高度 40 mm,精度等级为 2 级,右旋,标记为:YA　1.2×8×40　GB/T 2089。

圆柱螺旋压缩弹簧的类型、尺寸及参数等有关内容,需要时可查阅 GB/T 2089—2009。

7.5.3　圆柱螺旋压缩弹簧的画法规定

1. 弹簧的画法

GB/T 4459.4—2003 对弹簧画法做了如下规定:

① 在平行于螺旋弹簧轴线的投影面的视图中,其各圈的轮廓应画成直线。

② 有效圈数在 4 圈以上时,可以每端只画出 1~2 圈(支承圈除外),其余省略不画。

③ 螺旋弹簧均可画成右旋,但左旋弹簧不论画成左旋或右旋,一律要注写旋向"左"字。

④ 螺旋压缩弹簧如要求两端并紧且磨平时,不论支承圈多少均按支承圈为 2.5 圈绘制,必要时也可按支承圈的实际结构绘制。

例如,已知圆柱螺旋压缩弹簧的中径 $D = 38$ mm,材料直径 $d = 6$ mm,节距 $t = 11.8$ mm,有效圈数 $n = 7.5$,支承圈数 $n_z = 2.5$,右旋,试画出弹簧的轴向剖视图。

弹簧外径 $D_2 = D + d = (38 + 6)$ mm $= 44$ mm

自由高度 $H_0 = nt + (n_z - 0.5)d = 7.5 \times 11.8$ mm $+ (2.5 - 0.5) \times 6$ mm $= 100.5$ mm

画图步骤如图 7-36 所示。本例的有效圈数每端画了一圈。

弹簧的表示方法有剖视图、视图和示意图,如图 7-37 所示。

2. 装配图中弹簧的简化画法

在装配图中,弹簧被看作实心物体,被弹簧挡住的结构一般不画,可见部分应画至弹簧的外轮廓或弹簧中径,如图 7-38 所示。当材料直径小于 2 mm 的弹簧被剖切时,其剖面可以涂黑(图 7-38b),也可以采用示意画法(图 7-38c)。

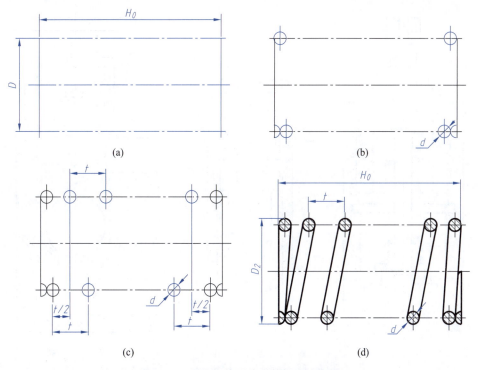

图 7-36　圆柱螺旋压缩弹簧的画图步骤

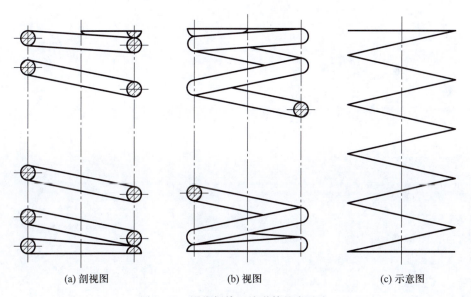

(a) 剖视图　　　　　　　(b) 视图　　　　　　　(c) 示意图

图 7-37　圆柱螺旋压缩弹簧的表示法

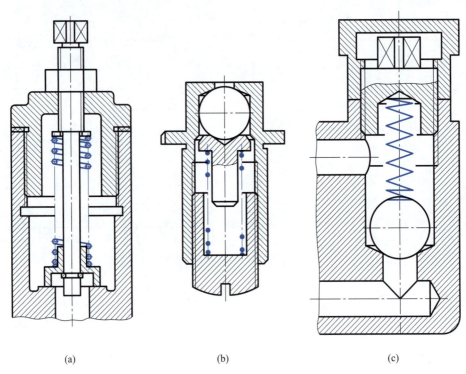

(a)　　　　　　　(b)　　　　　　　(c)

图 7-38　装配图中弹簧的画法

8

零 件 图

学习目标和要求

1. 了解零件图的作用和内容。
2. 掌握典型零件的表达方案和尺寸标注、零件的常用工艺结构。
3. 初步掌握零件图上的技术要求（表面粗糙度、极限偏差、几何公差）。
4. 掌握阅读零件图的方法和步骤。
5. 了解零件测绘的方法与步骤，能进行简单零件的测绘。
6. 掌握 SolidWorks 的模板图及其应用，会在工程图上标注技术要求。

重点和难点

1. 典型零件的表达方法，尺寸标注。
2. 表面粗糙度、极限偏差和几何公差的概念及标注。

任何机器（或部件）都是由若干零件组成的。如图 8-1 所示的球阀就是由阀体、阀杆、

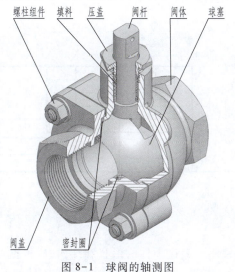

螺柱组件　填料　压盖　阀杆　阀体　球塞

阀盖　密封圈

图 8-1　球阀的轴测图

模型
图 8-1

阀盖等零件组成的。设计机器(或部件)时,首先根据工作原理绘制装配草图,然后根据装配草图整理成装配图,再根据装配图绘制零件图。制造机器时,先按零件图生产出全部零件,再按装配图将零件装配成部件或机器。所以,零件图和装配图是生产中的重要技术文件。本章主要介绍零件图绘制和识读时所涉及的有关知识。

8.1　零件图的内容

零件图是设计部门提交给生产部门的重要技术文件。它不仅反映了设计者的设计意图,而且表达了零件的各种技术要求,如尺寸精度、表面粗糙度等。工艺部门要根据零件图进行毛坯制造、工艺规程、工艺装备等设计,所以,零件图是制造和检验零件的重要依据。如图 8-2 所示是球阀阀盖的零件图,从图中可知,一张完整的零件图应包括以下内容。

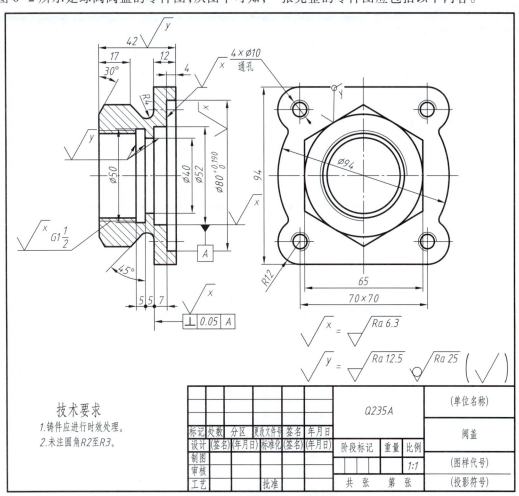

图 8-2　阀盖零件图

1. 一组视图

在零件图中需用一组视图来表达零件的形状和结构,应根据零件的结构特点选择适当的剖视图、断面图、局面放大图等表示法,用简明的方案将零件的形状、结构表达出来。

2. 完整的尺寸

零件图上的尺寸不仅要标注得完整、清晰、正确,而且还要注得合理,能够满足设计意图,适宜于加工制造,便于检验。

3. 技术要求

零件图上的技术要求包括表面粗糙度、极限与配合、几何公差、表面处理、热处理、检验等要求。零件制造后要满足这些要求才能算是合格产品。这些要求制订的不能太高,否则要增加制造成本;也不能制订的太低,以至于影响产品的使用性能和寿命。要在满足产品对零件性能要求的前提下,既经济又合理。

4. 标题栏

对于标题栏的格式,国家标准 GB/T 10609.1—2008 已做了统一规定,本书第 1 章已做介绍,使用中应尽量采用标准推荐的标题栏格式。零件图标题栏的内容一般包括零件名称、材料、比例、图样代号以及设计、描图、制图、审核人员的签名等。填写标题栏时,应注意以下几点:

① 零件名称:标题栏中的零件名称要精练,如"轴""齿轮""泵盖"等,不必体现零件在机器中的具体作用。

② 图样代号:图样代号可按隶属编号和分类编号进行编制。机械图样一般采用隶属编号,图样编号要有利于图纸的检索。

③ 零件材料:零件材料要用规定的牌号表示,不得用自编的文字或代号表示。

8.2 零件图的视图表达方法

• 8.2.1 零件图的视图表达方法

零件的形状结构要用一组视图来表示,这一组视图并不一定要或只限于三个基本视图,且可视需要采用各种表示法,以简明的方法将零件的形状和结构表达清楚。表达方案的确定尤需处理好主视图的选择和视图配置等问题。

1. 主视图的选择

主视图是零件图中的核心,主视图的选择直接影响到其他视图的选择及读图的方便和图幅的利用。选择主视图就是要确定零件的摆放位置和主视图的投射方向。因此,在选择主视图时,要考虑以下原则:

① 形状特征最明显:主视图要能将组成零件的各形体之间的相互位置和主要形体的形状、结构表达得最清楚。

② 符合加工位置:按照零件在主要加工工序中的装夹位置选取主视图,是为了加工制造者读图方便。

③ 符合工作位置:工作位置是指零件装配在机器或部件中工作时的位置。按工作位置选取主视图,容易想象零件在机器或部件中的作用。

2. 其他视图的选择

其他视图的选择原则是:首先考虑看图方便,配合主视图,在完整、清晰地表达出零件结构形状的前提下,力求制图简便,视图数量尽可能的少。所以,配置其他视图时应注意以下几个问题:

① 每个视图都有明确的表达重点,各个视图互相配合、互相补充,表达内容尽量不重复。

② 根据零件的内部结构选择恰当的剖视图和断面图。选择剖视图和断面图时,一定要明确剖视图或断面图的意义,使其发挥最大的作用。

③ 对尚未表达清楚的局部形状和细小结构,补充必要的局部视图和局部放大图。

④ 能采用省略、简化画法表达的要尽量采用。

8.2.2 典型零件的视图表达方法

虽然机器中的零件各不相同,但根据其结构和形状可以分为轴套类零件、轮盘盖类零件、叉架类零件和箱体类零件。同类零件具有相似的结构特点和类似的表达方法。

1. 轴套类零件

在机器中,轴类零件一般起支承传动件和传递动力的作用,套类零件一般起支承、轴向定位、联接或传动作用。如图 8-3 和图 8-4 所示蜗轮轴轴测图和零件图,通过分析可以了解轴套类零件的结构和表达方法。

模型

图 8-3

图 8-3 蜗轮轴轴测图

(1)轴套类零件的结构特点

轴套类零件大多数是由同轴回转体组成,其上沿轴线方向通常设有轴肩、倒角、螺纹、退刀槽、砂轮越程槽、键槽、销孔、凹坑、中心孔等结构。如图 8-4 所示由右向左设有螺纹、退刀槽、键槽、凹坑、砂轮越程槽,还有轴肩和倒角。

(2)轴套类零件的表达方法

① 由于此类零件主要在车床或磨床上加工,为便于加工时读图方便,轴套类零件主视图选择其加工位置,即轴线应水平放置。

② 轴类零件一般为实心件,因此主视图一般选视图表达,不选全剖视图。套类零件是中空件,主视图一般选全剖视图。当零件上有键槽、凹坑、销孔时,轴类零件的主视图可根据情况选择局部剖视图。如图 8-4 所示主视图选择了两处局部剖,分别表达键槽和凹坑。

③ 此类零件一般不画俯视图和视图为圆的左视图。

④ 当零件上的局部结构需要进一步表达时,可以围绕主视图根据需要绘制一些局部视图、断面图和局部放大图来表达尚未表达清楚的结构。如图 8-4 所示主视图上方绘制了两处局部放大图、一处断面图和一处局部视图,分别表达砂轮越程槽、退刀槽和键槽的结构。

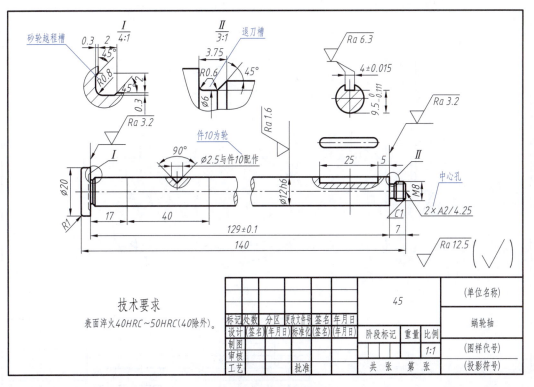

图 8-4 蜗轮轴零件图

2. 轮盘盖类零件

轮盘类零件一般包括手轮、带轮、法兰盘、端盖等。在机器中,轮盘类零件一般通过键、销与轴联接,传递扭矩。盖类零件一般通过螺纹联接件与箱体联接,此类零件主要起支承、轴向定位及密封作用。

如图 8-5 和图 8-6 所示是手轮轴测图和零件图,图 8-7 和图 8-8 所示是法兰盘轴测图和零件图。通过分析手轮零件图和法兰盘零件图,可以了解轮盘类零件的结构和表达方法。

图 8-5 手轮轴测图

扫一扫
手轮零件图

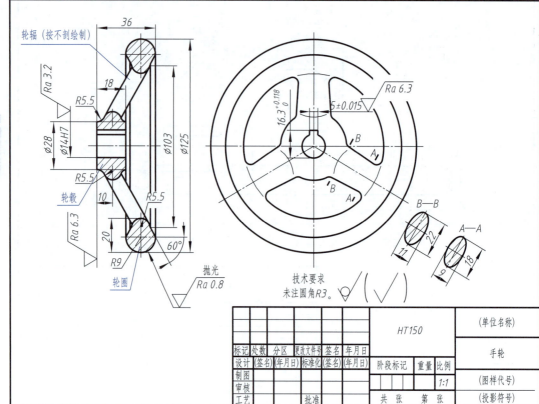

图 8-6 手轮零件图

模型
图 8-7

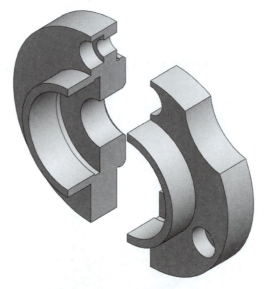

图 8-7 法兰盘轴测图

（1）轮盘类零件的结构特点

轮类零件一般由轮毂、轮辐和轮圈组成,轮毂上一般有键槽,轮辐有板式、肋板式等多种形式,如图 8-5 和图 8-6 所示。盘类零件与轴套类零件结构相似,一般也是由同轴回转体组

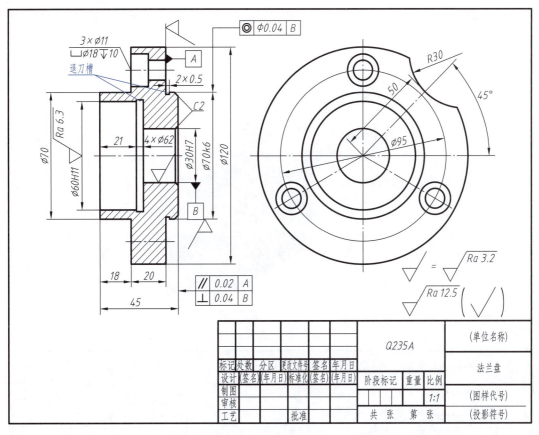

图 8-8　法兰盘零件图

成,有时也有部分结构是方形、环形,与轴类不同的是其轴向尺寸一般小于径向尺寸。盘类
零件上常见的结构包括:中心有阶梯孔,周围有均布的孔、槽等,如图 8-7 和图 8-8 所示法兰
盘中心有带退刀槽的阶梯孔,周围有 3 个均布的沉孔。

（2）轮盘类零件的表达方法

① 由于此类零件主要在车床或磨床上加工,为便于加工时读图方便,该类零件主视图
也选择其加工位置,即轴线应水平放置。

② 轮盘类零件一般为中空件,因此主视图一般选全剖或半剖表达。如图 8-6 和图 8-8
所示主视图均选择全剖视图。

③ 此类零件一般不画俯视图,但绘制视图为圆的左视图,用以表达零件上结构的分布
情况。如图 8-6 所示,左视图表达了均布的轮辐及其形状。如图 8-8 所示,左视图表达了孔
的分布情况和凹槽的位置和形状。

④ 当零件上的局部结构需要进一步表达时,可采用局部视图、局部剖视图、局部放大
图、断面图来表达尚未表达清楚的结构。如图 8-6 右下角所示,采用两处移出断面图来表达
轮辐的截面渐变情况。

3. 叉架类零件

叉架类零件多为铸造或锻造的毛坯经机械加工后而成的。一般包括拨叉、连杆、支座、
支架等。拨叉主要用于机器的操纵机构,起操纵或调速作用。支架主要起支承和连接作用。

如图 8-9 和图 8-10 所示支架轴测图和零件图,通过分析可以了解叉架类零件的结构特点和表达方法。

图 8-9 支架轴测图

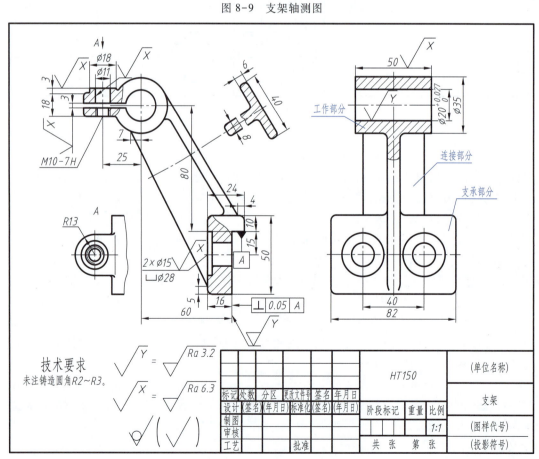

图 8-10 支架零件图

（1）叉架类零件的结构特点

叉架类零件的形状结构一般比较复杂,但大体可分为三部分:连接部分、支承部分、工作部分。连接部分通常是倾斜或弯曲的、断面有规律变化的肋板结构,用以连接零件的工作部分与支承部分。支承部分和工作部分常有圆柱孔、螺孔、沉孔、油槽、油孔、凸台、凹坑等。如图 8-10 所示,下部为支承部分,有两个沉孔,用于安装;上部为工作部分,中间有圆柱孔,左面用夹紧螺孔;中间是连接部分,其断面为渐变的肋板。

（2）叉架类零件的表达方法

① 由于此类零件加工方法和加工位置不止一个,所以主视图选择主要考虑工作位置和形状特征。如图 8-10 所示,主视图的形状特征最明显。

② 叉架类零件一般两端有内部结构,中间是实心肋板,因此主视图一般选择局部剖视图。如图 8-10 所示,主视图选择了两处局部剖,分别表达上部夹紧螺孔和下部的沉孔。

③ 由于此类零件结构较复杂,一般根据需要除主视图外,还选择 1~2 个基本视图表达零件的主体结构。如图 8-10 所示,左视图下部表达了安装板的形状和沉孔的位置,上部采用局部剖表达了工作部分内部结构的圆柱孔。

④ 当零件上的某些局部结构或某些不平行于基本投影面的结构需要进一步表达时,可采用局部视图、局部剖视图、斜视图、断面图来表达尚未表达清楚的结构。如图 8-10 左下角所示,采用 A 向局部视图表达零件工作部分的凸台及夹紧螺孔结构,主视图右方采用移出断面图表达了连接部分倾斜肋板的断面形状。

4. 箱体类零件

箱体类零件多为铸造的毛坯经机械加工后而成的。箱体类零件主要作用是支承、包容、保护、定位和密封内部机构。各种泵体、阀体、减速器箱体都属于此类零件。

通过分析图 8-11~8-15 所示的减速器箱体,可以了解箱体类零件的结构特点和表达方法。

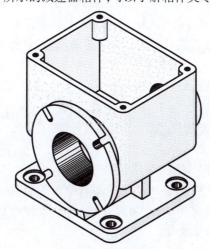

模型

图 8-11

图 8-11　减速器箱体

（1）箱体类零件的结构特点

此类零件的内腔和外形结构均很复杂。它们通常有一个用于安装的底板,底板上通常有安装孔,安装孔处有凸台或凹坑,底板下一般有槽,可以减少接触面积和加工面积。底板

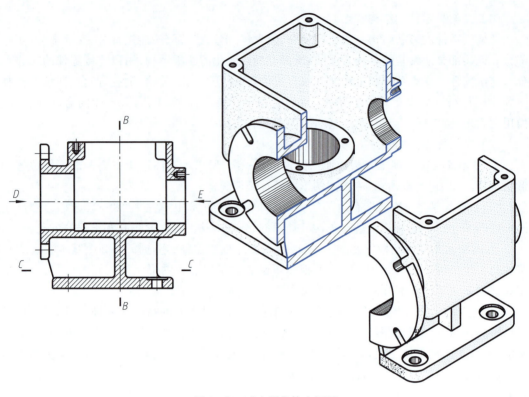

图 8-12　减速器箱体主视图

上面一般设有一个薄壁空腔,用以容纳运动零件和储存润滑油。箱壁四周根据传动需要,加工多个用以支承和安装传动件的带圆柱孔的凸台,凸台上有时根据安装端盖的需要加工螺孔。凸台下方加肋板起辅助支撑的作用。箱壁上方在需要安装箱盖处,加工凸台,凸台上有安装孔,便于安装上箱盖。如图 8-11 所示的减速器箱体,其结构比较复杂,基础形体由底板、箱壳、T 形肋板、互相垂直的蜗杆轴孔(水平)和蜗轮轴孔系(垂直)组成,蜗轮轴孔在底板和箱壳之间,其轴线与蜗杆轴孔的轴线异面垂直,T 形肋板将底板、箱壳和蜗轮轴孔连结成一个整体。

(2)箱体类零件的表达方法

① 箱体类零件的结构一般比较复杂,加工位置不止一个,因此,一般按工作位置摆放,并选择形体特征最明显的方向作为主视图投射方向。

② 箱体类零件一般为中空零件,因此主视图一般选择全剖视图。如图 8-12 所示,主视图选择了全剖视图,主要表达蜗杆轴孔、箱壳、肋板的形状和关系。左上方和右下方各采用了一处局部剖,来表达螺孔和安装孔。

③ 由于此类零件结构较复杂,一般根据需要除主视图外,还需采用多个视图,且各视图之间应保持直接的投影关系,来明确的表达零件的主体结构。如图 8-13 所示,左视图采用全剖视图,主要表达蜗轮轴孔、箱壳的形状和位置关系。如图 8-14 和图 8-15 所示,俯视图绘制成外形图,主要表达箱壳和底板、蜗轮轴孔和蜗杆轴孔的位置关系。此外采用 $C—C$ 剖视图表达底板形状和肋板的断面形状。沿同一投射方向绘制一个外形图和一个剖视图,是箱体类零件常用的表达方法。

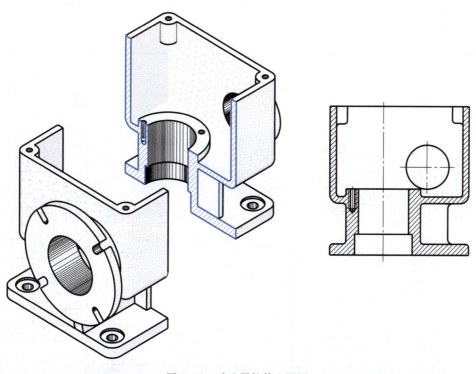

图 8-13　减速器箱体左视图

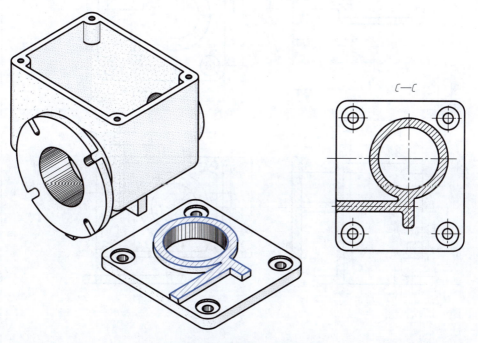

图 8-14　减速器箱体 C—C 剖视图

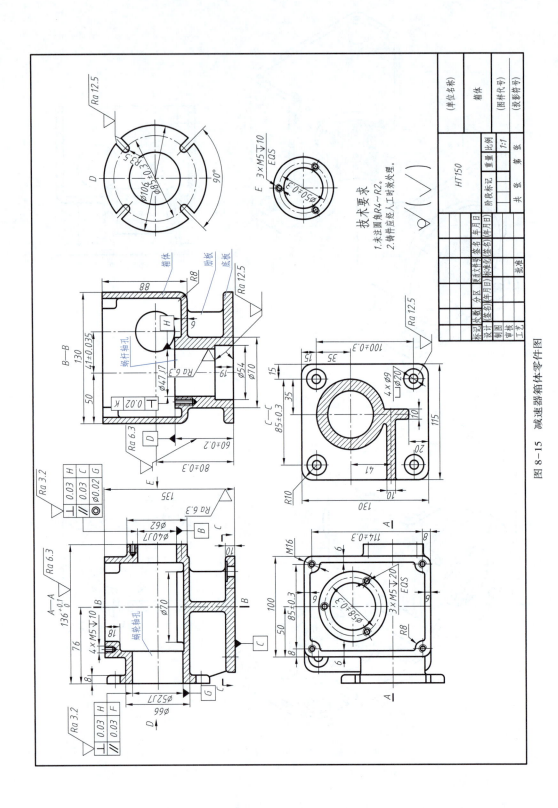

图 8-15 减速器箱体零件图

④ 当零件上的某些局部结构需要进一步表达时,可采用局部视图、局部剖视图、断面图来表达尚未表达清楚的结构。如图 8-15 所示,用 D 向、E 向两个局部视图分别表达两个凸台的形状。

8.3 零件上常见的工艺结构

零件上因设计或工艺的要求,常有一些特定的构造,如凸台、倒角等,下面简单介绍零件上常见结构的作用、画法和尺寸标注。

8.3.1 机械加工工艺结构

1. 圆角和倒角

阶梯的轴和孔,为了在轴肩、孔肩处避免应力集中,常以圆角过渡。轴和孔的端面上加工成 45°或其他度数的倒角,其目的是为了便于安装和操作安全。轴、孔的标准倒角和圆角的尺寸可由 GB/T 6403.4—2008 查得。其尺寸标注方法如图 8-16 所示。零件上倒角都是45°且尺寸全部相同时,可在图样标题栏上方注明"全部倒角 $C×$($×$为倒角的轴向尺寸)"。当零件倒角尺寸无一定要求时,则可在技术要求中注明"锐边倒钝"。

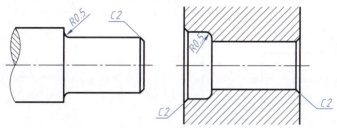

图 8-16 轴、孔的倒角及圆角

2. 钻孔结构

钻孔时,应尽量使钻头垂直于孔端面,否则易将孔钻偏或将钻头折断。当孔的端面是斜面或曲面时,应先把该平面铣平或制作成凸台或凹坑等结构,如图 8-17 所示。

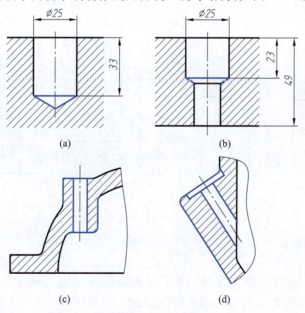

图 8-17 钻孔工艺结构

3. 退刀槽和越程槽

在切削加工中,为了使刀具易于退出,并在装配时容易与相关零件靠紧,常在加工表面的台肩处先加工出退刀槽或越程槽。常见的有螺纹退刀槽、砂轮越程槽、刨削越程槽等,退刀槽的尺寸可查阅 GB/T 3—1997,砂轮越程槽的尺寸可查阅 GB/T 6403.5—2008。退刀槽一般可按"槽宽×槽深"或"槽宽×直径"标注,越程槽一般用局部放大图画出,如图 8-18 所示。

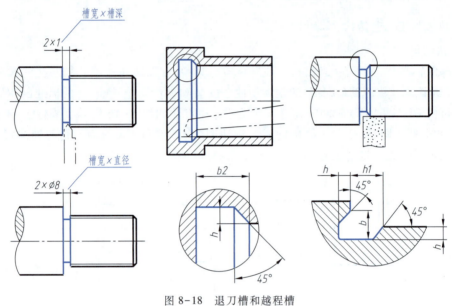

图 8-18　退刀槽和越程槽

8.3.2　铸件工艺结构

1. 壁厚

铸件各部分壁厚应尽量均匀,在不同壁厚处应逐渐过渡,以免铸件在冷却过程中,在较厚处形成热节,产生缩孔等,如图 8-19 所示。铸件壁厚应直接注出。

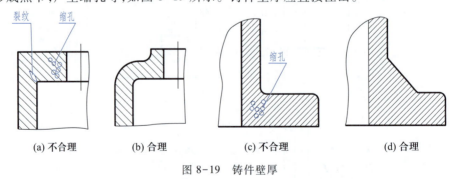

图 8-19　铸件壁厚

2. 铸造圆角

铸件上相邻两表面相交处应做成圆角。若为尖角,则浇铸时铁水易将尖角处的型砂冲落,而冷却时,尖角处易形成裂纹。铸造圆角的大小一般为 $R3 \sim R5$,可集中标注在右上角,或写在技术要求中。铸造圆角在图样上应画出。当有一个表面加工后圆角被切去,此时应画成尖角,如图 8-20 所示。

3. 起模斜度

为了起模顺利,铸件在沿起模方向的内外壁上应有适当斜度(起模斜度),起模斜度一般为 3°~5°30′。通常在图样上不画出,也不标注,可在技术要求或其他技术文件中统一说明。

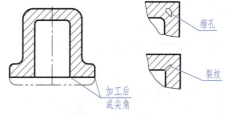

图 8-20 铸造圆角

4. 过渡线

如前所述,两个非切削表面相交处一般均做成圆角过渡。所以,两表面的交线就变得不明显,这种交线称为过渡线。当过渡线的投影和面的投影重合时,按面的投影绘制;当过渡线的投影不与面的投影重合时,过渡线按其理论交线的投影用细实线绘出,但线的两端要与其他轮廓线断开。此外,过渡线上一般不能标注尺寸。

如图 8-21 所示,两外圆柱表面均为非切削表面,相贯线为过渡线。在俯视图和左视图中,过渡线与柱面的投影重合;而在主视图中,相贯线的投影不与任何表面的投影重合,所以,相贯线用细实线绘出且两端与轮廓线断开。当两个圆柱面直径相等时,在相切处也应该断开。

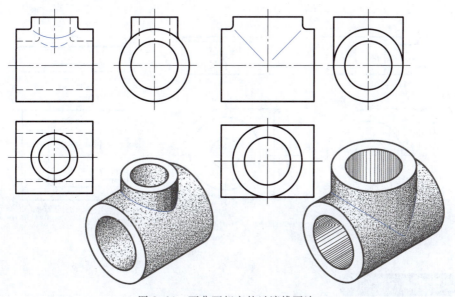

图 8-21 两曲面相交的过渡线画法

如图 8-22 所示为平面与平面,平面与曲面相交的过渡线画法。如图 8-22a 所示,三棱柱肋板的斜面与底板上表面的交线的水平投影不与任何平面投影重合,所以两端断开。如图 8-22b 所示,底板上面与圆柱面的交线的水平投影按过渡线绘制。

5. 工艺凸台和凹坑

为了减少加工表面,使配合面接触良好,常在两接触面处制出凸台和凹坑,如图 8-23 所示。

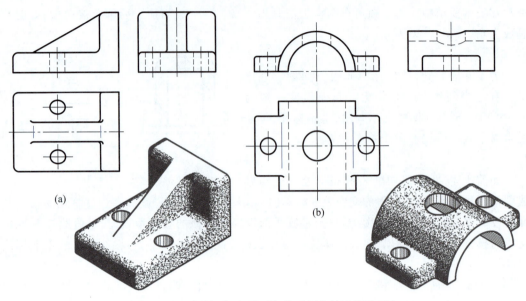

图 8-22 平面与平面,平面与曲面相交的过渡线画法

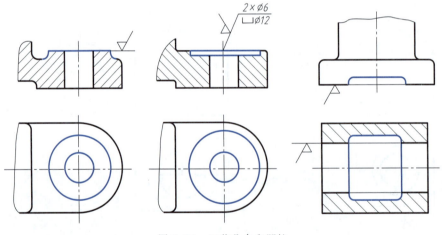

图 8-23 工艺凸台和凹坑

8.4 零件图的尺寸标注

零件图的尺寸标注既要符合尺寸标注的有关规定,又要达到完整、清晰、合理的要求。将尺寸标注的完整,靠的是形体分析法;将尺寸标注得清晰,靠的是仔细推敲每一个尺寸的标注位置。这两项要求已在平面图形的尺寸标注和组合体的尺寸标注中做了讨论,下面重点讨论尺寸标注的合理问题。

所谓尺寸标注的合理,是指标注的尺寸既要符合零件的设计要求,又要便于加工和检验。这就要求根据零件的设计和加工工艺要求,正确地选择尺寸基准,恰当地配置零件的结构尺寸。显然,只有具备较多的零件设计和加工检验知识,才能满足尺寸标注合理的要求。这是一位工程技术人员的重要专业修养,要通过其他有关课程的学习和生产实践来掌握。

8.4.1 尺寸基准的选择

零件在设计、制造和检验时,计量尺寸的起点为尺寸基准。根据基准的作用不同,分为设计基准、工艺基准、测量基准等。

设计基准——设计时确定零件表面在机器中位置所依据的点、直线和平面。

工艺基准——加工制造时,确定零件在机床或夹具中位置所依据的点、直线和平面。

测量基准——测量某些尺寸时,确定零件在量具中位置所依据的点、直线和平面。

如图 8-24 所示为齿轮轴在箱体中的安装情况,确定轴向位置依据的是端面 A,确定径向位置依据的是轴线 B,所以设计基准是端面 A 和轴线 B。在加工齿轮轴时,大部分工序是采用中心孔定位,中心孔所体现的直线与机床主轴回转轴线重合,也是圆柱面的轴线,所以,轴线 B 又为工艺基准。

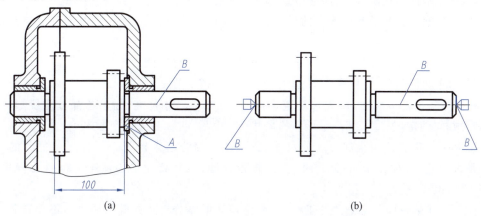

(a)   (b)

图 8-24 设计基准与工艺基准

每个零件都有长、宽、高三个方向的尺寸,每个尺寸都有基准,因此,每个方向至少有一个尺寸基准。同一方向上可以有多个尺寸基准,但其中必定有一个是主要的,称为主要基准,其余的称为辅助基准。辅助基准与主要基准之间应有尺寸相关联。

主要基准应与设计基准和工艺基准重合,工艺基准应与设计基准重合,这一原则称为"基准重合原则"。当工艺基准与设计基准不重合时,主要尺寸基准要与设计基准重合。

可作为设计基准或工艺基准的点、直线和平面主要有:对称平面、主要加工面、安装底面、端面、孔和轴的轴线等。这些平面和轴线常常是标注尺寸的基准。

8.4.2 尺寸标注的步骤

当零件结构比较复杂,形体比较多时,完整、清晰、合理地标注出全部尺寸是一件非常复杂的工作,只有遵从合理科学的方法和步骤,才能将尺寸标注得符合要求。标注复杂零件的尺寸通常按下述步骤进行:

① 分析尺寸基准,注出主要形体的定位尺寸。

② 形体分析,注出主要形体的定形尺寸。

③ 形体分析,标注次要形体的定形及定位尺寸。

④ 整理加工,完成全部尺寸的标注。

例如,蜗轮蜗杆减速器箱体的尺寸标注如图 8-25 所示。图中尺寸数字附近圆圈中的数字表示按形体分析标注尺寸的步骤。箱体长、宽、高三个方向的尺寸基准,多采用平面、轴线和对称平面为尺寸基准。主要形体为蜗轮轴孔和蜗杆轴孔的结构,以及长方形箱体和底板等。

箱体的主要结构有水平方向的蜗轮轴孔及其端面凸台;竖直方向的蜗杆轴孔及其端面凸台;长方形箱体、底板等。标注这几部分尺寸时,要按形体分析的顺序进行,遵守"同一个形体,尺寸尽量标注在形状特征最明显的视图上"的原则。蜗轮蜗杆减速器箱体的尺寸标注步骤如下:

① 标注底板的尺寸,序号为①,集中标注在 C—C 视图上。

② 标注蜗杆轴孔的尺寸,序号为②,集中标注在左视图上。

③ 标注蜗轮轴孔及其端面上的尺寸,序号为③,集中标注在主视图、D 向和 E 向局部视图上。

④ 标注长方形箱体的尺寸,序号为④,集中标注在俯视图上。

⑤ 标注肋板的尺寸,序号为⑤,集中标注在 C—C 视图上。

在标注每一部分尺寸时,先标注定形尺寸,再参考尺寸基准,标出各部分主要形体长、宽、高三方向的定位尺寸,把一个形体的尺寸标注完后,再标注另一个形体。

按形体分析法注出全部形体的尺寸之后,还要综合起来检查一下各形体之间的相对位置是否确定,有无多余、遗漏尺寸,基准是否合理,尺寸布置是否清晰。检查无误后,将全部尺寸加深。

标注尺寸是一件非常细致的工作,应严格遵守形体分析法的基本原则。不要看到一个尺寸就标注一个尺寸,漫无目的,不知所注尺寸的意义是什么。也不能一个形体没有注完就去标注另外一个形体,这是产生重复标注或遗漏尺寸的主要原因。

8.4.3 尺寸配置的形式

由于零件的设计、工艺要求不同,尺寸基准的选择也不尽相同,相应产生下列三种零件图上的尺寸配置形式。

1. 基准型尺寸配置

这种尺寸配置的优点是任一尺寸的加工误差不影响其他尺寸的加工精度,如图 8-26a 所示。

2. 连续型尺寸配置

这种尺寸配置,虽然前一段尺寸的加工误差并不影响后一段的尺寸精度,但是总尺寸的误差则是各段尺寸误差之和,如图 8-26b 所示。

3. 综合型尺寸配置

如图 8-26c 所示,综合型尺寸配置是上述两种尺寸配置的综合。在这种尺寸配置下,各尺寸的加工误差都累加到空出不注的一个尺寸上,如图 8-26d 所示的尺寸 e。

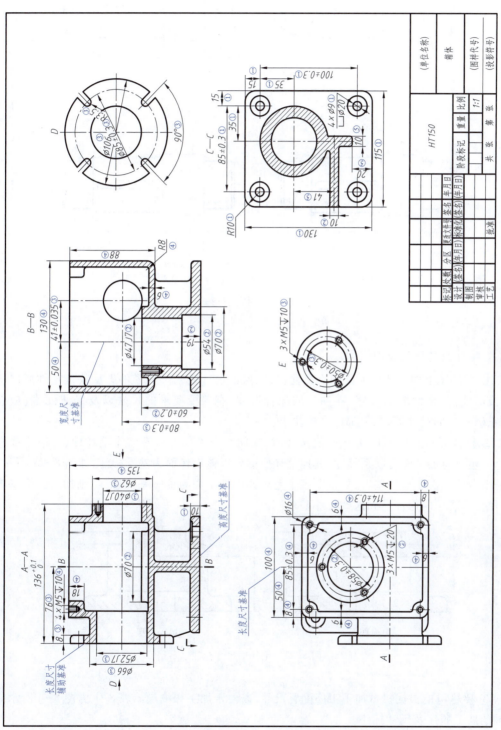

图 8-25 减速器箱体尺寸标注

227

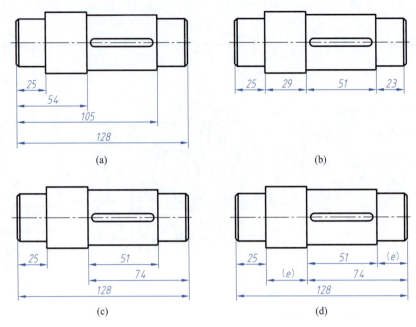

(a)

(b)

(c)

(d)

图 8-26 尺寸配置形式

8.4.4 标注尺寸应注意的问题

① 零件图上的重要尺寸必须直接注出,以保证设计要求。如零件上反映该零件所属机器(或部件)规格性能的尺寸、零件间的配合尺寸、有装配要求的尺寸以及保证机器(或部件)正确安装的尺寸等,图上都应直接注出。

② 标注铸件(或锻件)毛坯面的尺寸时,在同一个方向上若有多个毛坯面,一般只能有一个毛坯面与加工面有联系尺寸,其他毛坯面则要以该毛坯面为基准标注,如图 8-27 所示。这是因为毛坯面制造误差大,如果有多个毛坯面以加工面为统一基准标注,则加工这个基准时,往往不能同时保证达到这些尺寸要求。

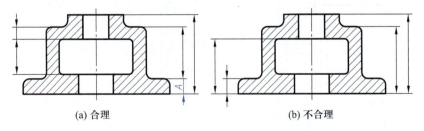

(a) 合理

(b) 不合理

图 8-27 毛坯面尺寸标注

③ 要尽可能根据机械加工工序配置尺寸,以便于加工和测量。表 8-1 为图 8-4 所示蜗轮轴的加工顺序及尺寸标注。

表 8-1　蜗轮轴加工顺序及尺寸标注

序号	说明	尺 寸 标 注
1	下料，车端面、打中心孔	140　φ20
2	车端面和外圆，车砂轮越程槽	φ13.5　136　4:1　0.3　2　45°　R0.8　45°　2　0.3
3	车右端螺纹外圆，车螺纹退刀槽，倒角、车螺纹	129±0.1　M8　C1　3:1　3.75　R0.6　45°　φ6
4	调头车圆角 R1	R1
5	铣键槽	25　5　4H9　9.5h11
6	磨外圆及端面 A。热处理（40除外）	A　φ12h6　17　(40)
7	装配时钻紧定螺钉坑	90°　φ2.5与件10配作

④ 尺寸标注要符合工艺要求。轴承盖孔的尺寸标注如图 8-28 所示,因为轴承的半圆孔是和轴承座配合在一起加工的,所以要标注直径。半圆键的键槽也要求标注直径,以便于选择铣刀。而铣平键键槽时键槽深度以线素为基准标注。

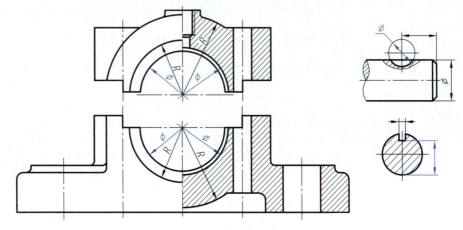

图 8-28　轴承盖孔的尺寸标注

⑤ 零件上常见孔的尺寸注法见表 8-2。

表 8-2　零件上常见孔的尺寸注法

结构类型	普通注法	旁注法		说明
光孔	4×∅12　14	4×∅12↧14	4×∅12↧14	"↧"为深度符号。 4 个 ∅12 的孔,孔深 14
	(无普通注法)	锥销孔∅4 配作	锥销孔∅4 配作	"配作"是指和另一零件的同位锥销孔一起加工。 ∅4 是与孔相配的圆锥销的公称直径(小端直径)
沉孔	90° ∅15 3×∅9	3×∅9 ⌵∅15×90°	3×∅9 ⌵∅15×90°	"⌵"为埋头孔符号。 该孔用于安装开槽沉头螺钉,3 个 ∅9 的沉孔,锥形孔 ∅15,90°
	∅11 3 4×∅6.6	4×∅6.6 ⊔∅11↧3	4×∅6.6 ⊔∅11↧3	"⊔"为沉孔符号(与锪平相同)。 沉孔内用来安装内六角圆柱头螺钉,沉孔的直径和深度均应注出

续表

结构类型	普通注法	旁注法		说明
锪平	Ø15 4×∅7	3×∅7 ⊔∅15	3×∅7 ⊔∅15	"⊔"为沉孔符号,无深度要求时表示"锪平"。 锪平加工通常加工到不出现毛坯面为止,锪平面 φ15 的深度不需标注
螺孔	3×M10 EQS	3×M10 EQS	3×M10 EQS	3 个 M10 的普通粗牙螺纹,通孔,均布,中径、顶径的公差为 6H
	3×M10 EQS 10 15	3×M10▽10 ▽15EQS	3×M10▽10 ▽15EQS	3 个 M10 的普通粗牙螺纹孔,螺孔深 10,钻孔深 15

8.5 零件图的技术要求

零件图中除了图形和尺寸外,还有制造该零件时应满足的一些加工要求,通常称为"技术要求",如表面结构、尺寸公差、几何公差以及材料热处理等。技术要求一般采用符号、代号或标记标注在图形上,或者用文字注写在图样的适当位置。

8.5.1 表面结构的表示法

表面结构是表面粗糙度、表面波纹度、表面缺陷、表面纹理和表面几何形状的总称。表面结构的各项要求在图样上的表示法在 GB/T 131—2006 中均有具体要求。本节主要介绍常用的表面粗糙度的表示法。

1. 表面粗糙度的概念

零件在经过机械加工后的表面会留有许多高低不平的凸峰和凹谷,零件加工表面上具有的较小间距和峰谷所组成的微观几何形状特性称为表面粗糙度。表面粗糙度与加工方法、刀刃形状和切削用量等各种因素都有密切关系。

表面粗糙度是评定零件表面质量的一项重要技术指标,对于零件的配合、耐磨性、耐腐蚀性,以及密封性等都有显著影响,是零件图中必不可少的一项技术要求。

零件表面粗糙度的选用应该既满足零件表面的功能要求,又要考虑经济合理。一般情况下,凡是零件上有配合要求或有相对运动的表面,粗糙度参数值要小,参数值越小,表面质量越高,但加工成本也越高。因此,在满足使用要求的前提下,应尽量选用较大的粗糙度参数值,以降低成本。

2. 评定表面结构常用的轮廓参数

对于零件表面结构的状况,可由三个参数组加以评定:轮廓参数(由 GB/T 3505—2009 定义)、图形参数(由 GB/T 18618—2009 定义)、支承率曲线参数(由 GB/T 18778.2—2003 和 GB/T 18778.3—2006 定义)。其中轮廓参数是我国机械图样中目前最常用的评定参数。本节仅介绍轮廓参数中评定粗糙度轮廓(R 轮廓)的两个高度参数 Ra 和 Rz。

① 轮廓的算术平均偏差 Ra,指在一个取样长度内,纵坐标 $z(x)$ 绝对值的算术平均值(图 8-29)。

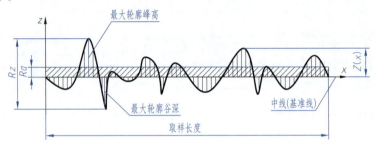

图 8-29　轮廓的算术平均偏差 Ra 和轮廓的最大高度 Rz

② 轮廓的最大高度 Rz,指在同一取样长度内,最大轮廓峰高和最大轮廓谷深之和的高度(图 8-29)。

表 8-3 列出了国家标准推荐的 Ra 优先选用系列。

表 8-3　评定轮廓的算术平均偏差 Ra 值 μm

0.012	0.025	0.05	0.1	0.2	0.4	0.8
1.6	3.2	6.3	12.5	25	50	100

3. 标注表面结构要求的图形符号

标注表面结构要求时的图形符号及尺寸见表 8-4 和表 8-5。

表 8-4　标注表面结构要求时的图形符号

符号名称	符号	含义
基本图形符号	H_1、H_2、d'(符号线宽)的尺寸见表 9-5	未指定工艺方法的表面,仅用于简化代号的标注,没有补充说明时不能单独使用
扩展图形符号		用去除材料方法获得的表面,仅当其含义是"被加工表面"时可单独使用
		不去除材料的表面,也可用于表示保持上道工序形成的表面,不管这种状况是通过去除材料或不去除材料形成的

续表

符号名称	符号			含义
完整图形符号				当要求标注表面结构特征的补充信息时,在上述三个符号的长边上可加一横线,用于标注有关参数或说明
工件轮廓各表面有相同的表面结构的图形符号(全周符号)				在上述三个符号的长边上加一个圆,表示对投影视图上封闭的轮廓线所表示的各表面有相同的表面结构要求

表 8-5 表面结构图形符号的尺寸 mm

数字与大写字母(或小写字母)的高度 h	2.5	3.5	5	7	10	14	20
符号的线宽 d'、数字与字母的笔画宽度 d	0.25	0.35	0.5	0.7	1	1.4	2
高度 H_1	3.5	5	7	10	14	20	28
高度 H_2	7.5	10.5	15	21	30	42	60

4. 表面结构要求在图形符号中的注写位置

为了明确表面结构要求,除了标注表面结构参数和数值外,必要时应标注补充要求,包括传输带、取样长度、加工工艺、表面纹理及方向、机械加工余量等。这些要求在图形符号中的注写位置如图 8-30 所示。

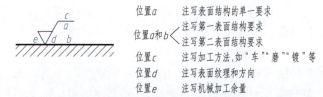

图 8-30 补充要求的注写位置

5. 表面结构代号

表面结构符号中注写了具体参数代号及参数值等要求后,称为表面结构代号。表面结构代号及其含义示例见表 8-6。

表 8-6 表面结构代号及其含义示例

序号	代号示例	含义/解释	补充说明
1	$\sqrt{Ra\ 0.2}$	表示不允许去除材料,单向上限值,默认传输带,R 轮廓,算术平均偏差为 0.2 μm,评定长度为 5 个取样长度(默认),16% 规则(默认)	参数代号与极限值之间应留空格。本例未标注传输带,应理解为默认传输带,此时取样长度可在 GB/T 10610 和 GB/T 6062 中查取

序号	代号示例	含义/解释	补充说明
2	$\sqrt{\text{Rzmax 0.2}}$	表示去除材料，单向上限值，默认传输带，R 轮廓，轮廓的最大高度的最大值为 0.2 μm，评定长度为 5 个取样长度（默认），最大规则	示例 1～4 均为单向极限要求，且均为单向上限值，则均可不加注"U"；若为单向下限值，则应加注"L"
3	$\sqrt{\text{0.008-0.8/Ra 3.2}}$	表示去除材料，单向上限值，传输带 0.008～0.8 mm，R 轮廓，算术平均偏差为 3.2 μm，评定长度为 5 个取样长度（默认），16% 规则（默认）	传输带"0.008～0.8"中的前后数值分别为短波和长波滤波器的截止波长（$\lambda_s\sim\lambda_c$）以表示波长范围，此时取样长度等于 λ_c，即 l_r = 0.8 mm
4	$\sqrt{\text{-0.8/Ra3 3.2}}$	表示去除材料，单向上限值，传输带 0.002 5～0.8 mm，R 轮廓，算术平均偏差为 3.2 μm，评定长包含 3 个取样长度，16% 规则（默认）	传输带仅注出一个截止波长值（本例 0.8 表示值）时，另一截止波长值 λ_s 应理解为默认值，由 GB/T 6062 中查知 λ_s = 0.002 5 mm
5	$\sqrt{\begin{array}{l}\text{U Rzmax 3.2}\\ \text{L Ra 0.8}\end{array}}$	表示不允许去除材料，双向极限值，两极限值均使用默认传输带，R 轮廓。上限值为 3.2 μm，评定长度为 5 个取样长度（默认），最大规则。下限值为 0.8 μm，评定长度为 5 个取样长度（默认），16% 规则（默认）	本例为双向极限要求，用"U"和"L"分别表示上限值和下限值，在不致引起歧义时，可不加注"U""L"

注：本表中所涉及的检测术语含义可查阅 GB/T 131—2006 及其相关标准。

6. 表面结构要求在图样中的注法

表面结构的要求在图样中标注就是表面结构代号在图样中的标注。具体注法如下：

① 表面结构要求对每一个表面一般只注一次，并尽可能注在相应的尺寸及其公差的同一视图上。除非另有说明，所标注的表面结构要求是对完工零件表面的要求。

② 表面结构要求的注写和读取方向与尺寸的注写和读取方向一致。表面结构要求可标注在轮廓线上，其符号应从材料外指向并接触表面，如图 8-31 所示。必要时，表面结构也可以用带箭头或黑点的指引线引出标注，如图 8-32 所示。

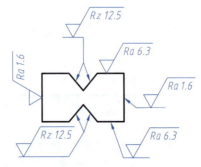

图 8-31　表面结构要求在轮廓线上的标注

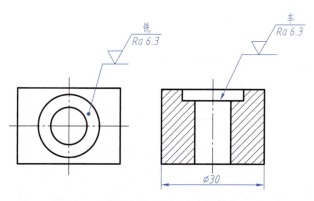

图 8-32 用指引线引出标注表面结构要求

③ 在不致引起误解时,表面结构要求可以标注在给定的尺寸线或尺寸界线上,也可以标注在轮廓线延长线上,如图 8-33 所示。

④ 表面结构要求可标注在几何公差框格上,如图 8-34 所示。

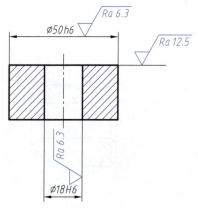

图 8-33 表面结构要求标注在尺寸
线、尺寸界线或轮廓延长线上

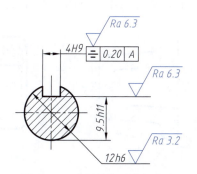

图 8-34 表面结构要求标注在
几何公差框格上

⑤ 圆柱和棱柱的表面结构要求只标注一次,如图 8-35 所示。如果每个棱柱表面有不同的表面结构要求,则应分别标注,如图 8-36 所示。

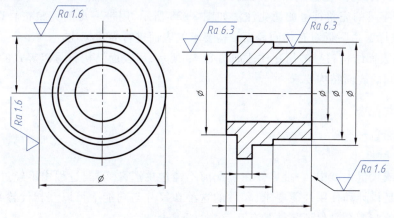

图 8-35 表面结构要求在圆柱上的标注

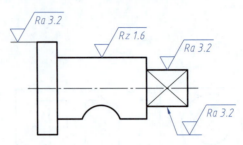

图 8-36　圆柱和棱柱的表面结构要求的注法

7. 表面结构要求在图样中的简化标注

（1）有相同表面结构要求的简化注法

如果在工件的多数（包括全部）表面有相同的表面结构要求，则其表面结构要求可统一标注在图样的标题栏附近（不同的表面结构要求应直接标注在图样中）。此时（除全部表面有相同要求的情况外），表面结构要求的符号后面应有：

① 在圆括号内给出无任何其他标注的基本符号，如图 8-37a、b 所示。

② 在圆括号内给出不同的表面结构要求，如图 8-37c 所示。

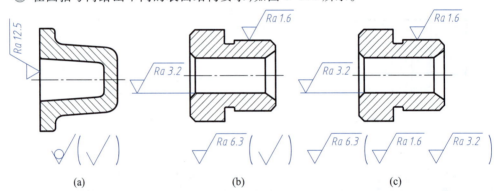

图 8-37　大多数表面有相同表面结构要求的简化注法

（2）多个表面有共同要求的简化注法

① 用带字母的完整符号的简化注法如图 8-38 所示，用带字母的完整符号以等式的形式，在图形或标题栏附近对有相同表面结构要求的表面进行简化标注。

② 只用表面结构符号的简化注法如图 8-39 所示，用表面结构符号以等式的形式，给出多个表面共同的表面结构要求。

8.5.2　极限与配合

1. 极限与配合的概念

（1）互换性

在成批或大量生产中，一批零件在装配前不经过挑选，在装配过程中不经过修配，在装配后即可满足设计和使用性能要求，零件的这种在尺寸与功能上可以互相代替的性质称为互换性。极限与配合是保证零件具有互换性的重要标准。

（2）基本术语

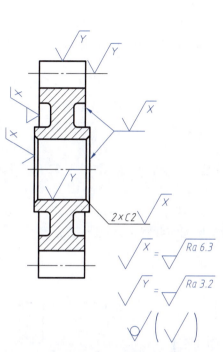

图 8-38 用带字母的完整符号的简化注法

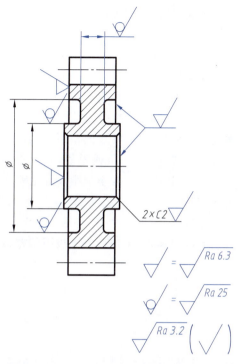

图 8-39 只用表面结构符号的简化注法

以图 8-40 所示为例,说明极限与配合的基本术语。

扫一扫
极限与配合

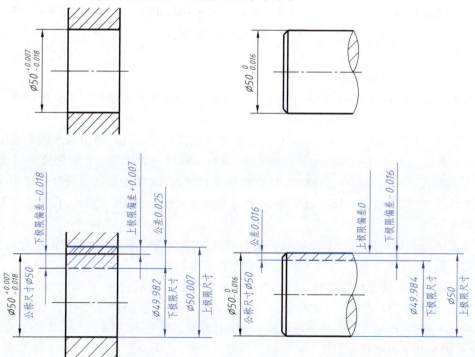

图 8-40 极限与配合的基本术语

公称尺寸:由图样规范定义的理想形状要素的尺寸,如 $\phi50$。

极限尺寸:尺寸要素的尺寸所允许的极限值。尺寸要素允许的最大尺寸称为上极限尺寸;尺寸要素允许的最小尺寸称为下极限尺寸。如 $\phi50.007$ 为孔的上极限尺寸,$\phi49.982$ 为孔的下极限尺寸。

极限偏差:相对于公称尺寸的上极限偏差和下极限偏差,上极限尺寸减其公称尺寸的代数差称为上极限偏差;下极限尺寸减其公称尺寸的代数差称为下极限偏差。孔的上极限偏差用 ES 表示,下极限偏差用 EI 表示;轴的上极限偏差用 es 表示,下极限偏差用 ei 表示。极限偏差可为正、负或零值。

公差:上极限尺寸与下极限尺寸之差。公差总是大于零的正数。如图 8-32 所示孔的公差为 0.025。

公差带:公差极限之间(包括公差极限)的尺寸变动值,如图 8-41a 所示,图中矩形的上边代表上极限偏差,下边代表下极限偏差,矩形的长度无实际意义,高度代表公差。

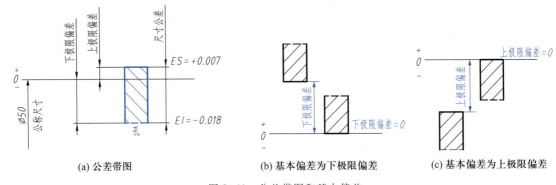

图 8-41　公差带图和基本偏差

（3）标准公差与基本偏差

国家标准 GB/T 1800.1—2020 中规定,公差带代号是标准公差和基本偏差的组合,标准公差决定公差带的高度,基本偏差确定公差带的位置。

线性尺寸公差 ISO 代号体系中的任一公差称为标准公差。其大小由两个因素决定,一个是公差等级,另一个是公称尺寸。国家标准 GB/T 1800.1—2020 将公差划分为 20 个等级,分别为 IT01,IT0,IT1,IT2,…,IT18,其中 IT01 精度最高,IT18 精度最低。公称尺寸相同时,公差等级越高(数值越小),标准公差越小;公差等级相同时,公称尺寸越大,标准公差越大。详见附表 7-3。

基本偏差是用以确定公差带相对于公称尺寸的那个极限偏差,一般为最接近公称尺寸的那个偏差,如图 8-41b、c 所示。基本偏差有正号和负号。

孔和轴的基本偏差代号各有 28 种,用字母或字母组合表示,孔的基本偏差代号用大写字母表示,轴用小写字母表示,如图 8-42 所示。需要注意的是,公称尺寸相同的轴和孔若基本偏差代号相同,则基本偏差值一般情况下互为相反数。此外,如图 8-42 所示,公差带不封口,这是因为基本偏差只决定公差带位置。公差带代号,由表示公差带位置的基本偏差代号和表示公差带大小的公差等级组成。如 $\phi50H8$,$\phi50$ 是公称尺寸,H8 为公差带代号,其中 H 是基本偏差代号,大写表示孔,公差等级为 IT8。

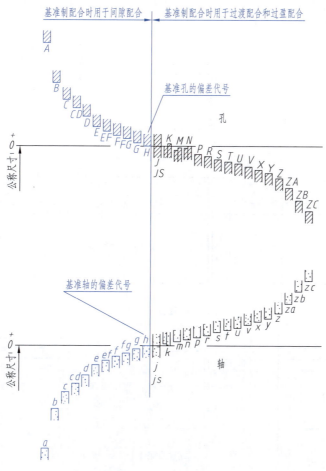

图 8-42 基本偏差代号

（4）配合类别

类型相同且待装配的外尺寸要素（轴）和内尺寸要素（孔）之间的关系称为配合。按配合性质不同,配合可分为间隙配合、过渡配合和过盈配合三类,如图 8-43 所示。

间隙配合:具有间隙(包括最小间隙等于零)的配合。此时,孔的公差带在轴的公差带上方。

过盈配合:具有过盈(包括最小过盈等于零)的配合。此时,孔的公差带在轴的公差带下方。

过渡配合:可能具有间隙或过盈的配合。此时,轴和孔的公差带相互交叠。

（5）配合制

采用配合制是为了在基本偏差为一定的基准件的公差带与配合件相配时,只需改变配合件的不同基本偏差的公差带,便可获得不同松紧程度的配合,从而达到减少加工零件的定值刀具和量具的规格数量。国家标准规定了两种配合制,即基孔制和基轴制,如图 8-44 所示。

基孔制是基本偏差为一定(H)的孔的公差带,与不同基本偏差的轴的公差带形成各种配合的一种制度;基孔制配合的孔称为基准孔,其基本偏差代号为 H;基轴制是基本偏差为一定(h)的轴的公差带,与不同基本偏差的孔的公差带形成各种配合的一种制度,基轴制配合的轴称为基准轴,其基本偏差代号为 h。

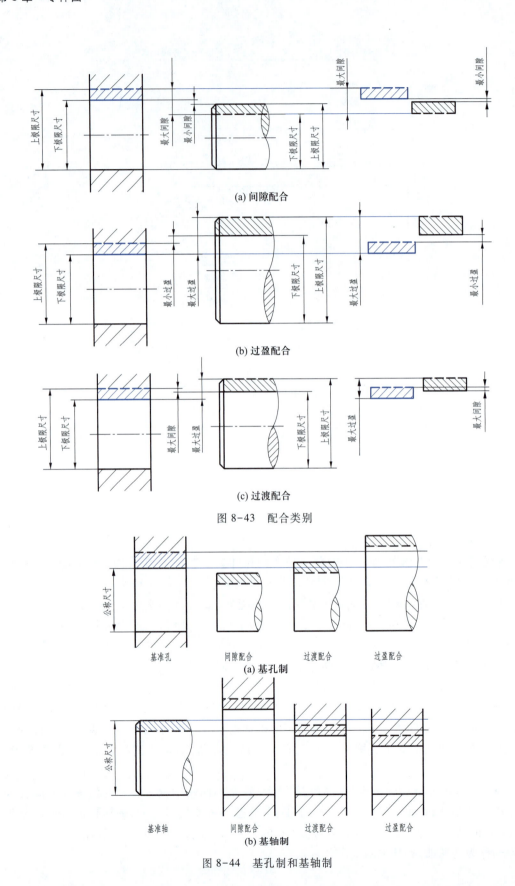

(a) 间隙配合

(b) 过盈配合

(c) 过渡配合

图 8-43 配合类别

(a) 基孔制

(b) 基轴制

图 8-44 基孔制和基轴制

（6）常用配合和优先配合

国家标准 GB/T 1800.1—2020 规定的基孔制优先配合共 45 种,见表 8-7。基轴制优先配合共 38 种,见表 8-8。

表 8-7　基孔制优先配合

基准孔	轴公差带代号		
	间隙配合	过渡配合	过盈配合
H6	g5　h5	js5　k5　m5	n5　p5
H7	f6　g6　h6	js6　k6　m6　n6	p6　r6　s6　t6　u6　x6
H8	e7　f7　h7	js7　k7　m7	s7　　　　　u7
	d8　e8　f8　h8		
H9	d8　e8　f8　h8		
H10	b9　c9　d9　e9　h9		
H11	b11　c11　d10　h10		

注:优先选用框内公差带代号。

表 8-8　基轴制优先配合

基准轴	孔公差带代号		
	间隙配合	过渡配合	过盈配合
h5	G6　H6	JS6　K6　M6	N6　P6
h6	F7　G7　H7	JS7　K7　M7　N7	P7　R7　S7　T7　U7　X7
h7	E8　F8　H8		
h8	D9　E9　F9　H9		
h9	E8　F8　H8		
	D9　E9　F9　H9		
	B11　C10　D10　H10		

注:优先选用框内公差带代号。

2. 极限与配合的标注

（1）极限与配合在零件图中的标注

在零件图中,线性尺寸的公差有三种标注形式:一是只标注公差带代号;二是只标注上、下极限偏差;三是既标注公差带代号,又标注上、下极限偏差,此时偏差值用括号括起来,如图 8-45 所示。

标注极限与配合时应注意以下几点:

① 上、下极限偏差的字高比公称尺寸数字小一号,且下极限偏差与公称尺寸数字在同一水平线上。

② 当公差带相对于公称尺寸对称时,即上、下极限偏差互为相反数时,可采用"±"加偏差的绝对值的注法,如 $\phi30\pm0.016$(此时偏差和公称尺寸数字为同字号)。

③ 上、下极限偏差的小数位必须相同、对齐,小数点末位的"0"一般不予注出,仅当为凑

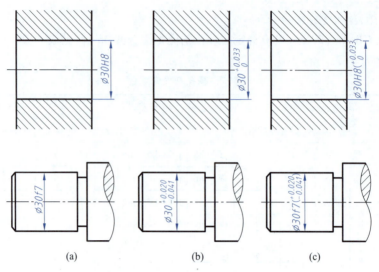

图 8-45 零件图中极限偏差的标注

齐上、下极限偏差小数点后的位数时，才用"0"补齐。当上极限偏差或下极限偏差为零时，用数字"0"标出，如 $\phi 30^{+0.033}_{\ 0}$。

（2）极限与配合在装配图中的标注

在装配图上一般只标注配合代号。配合代号用分数形式表示，分子为孔的公差带代号，分母为轴的公差带代号。对于与轴承等标准件相配的孔或轴，则只标注专用件（配合件）的公差带代号。如轴承内圈孔与轴的配合，只标注轴的公差带代号；外圈的外圆柱面与箱体孔的配合，只标注箱体孔的公差带代号，如图 8-46 所示。

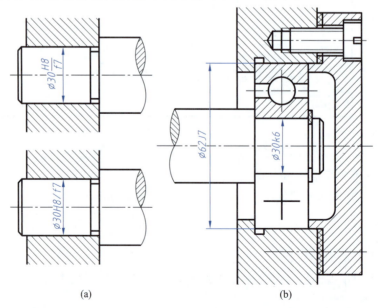

图 8-46 装配图中配合代号的标注

3. 极限与配合查表举例

【例8-1】 查表确定 $\phi 50 \dfrac{\text{H7}}{\text{s6}}$ 中轴和孔的极限偏差。

【解】 公称尺寸 $\phi 50$ 属于大于40至50尺寸段。轴的公差带代号为s6,孔的公差带代号为H7,属于基孔制配合。由附表7-1、附表7-2查得轴的上极限偏差 $es = 59\ \mu\text{m}$、下极限偏差 $ei = 43\ \mu\text{m}$,孔的上极限偏差 $ES = 25\ \mu\text{m}$、下极限偏差 $EI = 0$。

【例8-2】 查表确定 $\phi 32 \dfrac{\text{N7}}{\text{h6}}$ 轴、孔的极限偏差,画出公差带图,判断配合性质。

【解】 此配合为公称尺寸 $\phi 32$ 的基轴制配合。轴的公差带代号为h6,孔的公差带代号为N7。由附表7-1、附表7-2查得轴的极限偏差为 $\phi 32^{+0}_{-0.016}$,孔的公称尺寸极限偏差为 $\phi 32^{-0.008}_{-0.033}$,公差带图如图8-47所示。由图可知,配合性质为过渡配合,最大间隙为 $8\ \mu\text{m}$,最大过盈为 $33\ \mu\text{m}$。

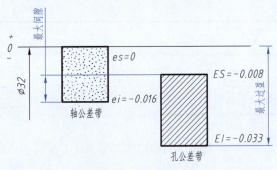

图8-47 公差带图

8.5.3 几何公差(GB/T 1182—2018)

1. 几何公差的概念

几何公差包括形状、方向、位置和跳动公差。零件在加工过程中,不仅产生尺寸误差和表面粗糙度,而且会产生几何误差。几何误差的允许变动量称为几何公差。几何公差的术语、定义、代号及其标注详见国家标准GB/T 1182—2018,本书仅做简要介绍。

2. 几何公差的标注

在机械图样中,几何公差应采用公差框格、几何特征符号、公差值、基准、被测要素以及其他附加符号等标注。几何公差的类型、名称和特征符号等见表8-9。

几何公差的公差框格及基准代号画法如图8-48所示。指引线连接被测要素和公差框格,指引线的箭头指向被测要素的表面或其延长线,箭头方向一般为公差带的方向。框格中的字符高度与尺寸数字的高度相同。基准中的字母永远水平书写。

表 8-9　几何公差的几何特征符号

公差类型	几何特征	符号	有无基准	公差类型	几何特征	符号	有无基准
形状公差	直线度	—	无	方向公差	线轮廓度	⌒	有
	平面度	▱	无		面轮廓度	⌓	有
	圆度	○	无	位置公差	位置度	⊕	有
	圆柱度	⌖	无		同轴度	◎	有
	线轮廓度	⌒	无		对称度	⚌	有
	面轮廓度	⌓	无		线轮廓度	⌒	有
方向公差	平行度	//	有		面轮廓度	⌓	有
	垂直度	⊥	有	跳动公差	圆跳动	↗	有
	倾斜度	∠	有		全跳动	↗↗	有

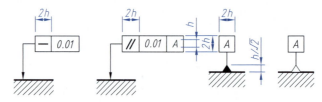

图 8-48　几何公差框格及基准代号

3. 几何公差的公差带定义和标注示例

常用的几何公差的公差带定义、标注和解释示例见表 8-10。未详尽处,需要时请查阅相关标准。

表 8-10　几何公差的公差带定义、标注和解释示例

名称	公差带形状	公差带定义	标注示例	标注解释
平面度		公差带为距离等于公差值 t 的两平行平面所限定的区域	▱ 0.015	提取(实际)表面应限定在间距等于 0.015 的两平行平面之间
直线度		由于公差值前加注 ϕ,公差带为直径等于公差值 t 的圆柱面所限定的区域	— $\phi0.008$	圆柱面的提取(实际)中心线应限定在直径等于 0.008 的圆柱面内

续表

名称	公差带形状	公差带定义	标注示例	标注解释
圆柱度		公差带为半径差等于公差值 t 的两同轴柱面所限定的区域		提取（实际）圆柱面应限定在半径差等于 0.06 的两同轴圆柱面之间
圆度		公差带为在给定截面内，半径差等于公差值 t 的两同心圆所限定的区域		圆柱面的任一横截面内，提取（实际）圆周应限定在半径差等于 0.02 的两共面同心圆之间
平行度		公差带为距离等于公差值 t、平行于基准平面的两平行平面所限定的区域		提取（实际）表面应限定在间距等于 0.025、平行于基准 A 的两平行平面之间
		公差带为平行于基准平面、距离等于公差值 t 的两平行平面所限定的区域		提取（实际）中心线应限定在平行于基准 A、间距等于 0.025 的两平行平面之间
对称度		公差带为间距等于公差值 t，对称于基准中心平面的两平行平面所限定的区域		提取（实际）中心面应限定在间距等于 0.025，对称于基准中心平面 A 的两平行平面之间
垂直度		若公差值前加注符号 ϕ，公差带为直径等于公差值 t，轴线垂直于基准平面的圆柱面所限定的区域		圆柱面的提取（实际）中心线应限定在直径等于 0.02，垂直于基准平面 A 的圆柱面内

续表

名称	公差带形状	公差带定义	标注示例	标注解释
同轴度		公差值前标注符号 ϕ，公差带为直径等于公差值 t 的圆柱面所限定的区域。该圆柱面的轴线与基准轴线重合	$\odot$ $\phi0.015$ A	小圆柱面的提取（实际）中心线应限定在直径等于0.015、轴线和基准轴线 A 重合的圆柱面内
圆跳动		公差带为在任一垂直于基准轴线的横截面内、半径差等于公差值 t、圆心在基准轴线上的两同心圆所限定的区域	0.02 A—B	在任一垂直于公共基准轴线 A—B 的横截面内，提取（实际）圆应限定在半径差等于0.02、圆心在基准轴线 A—B 上的两同心圆之间

8.6 零件测绘

根据已有的零件画出其零件图的过程称零件测绘。在机械设计中，可在产品设计之前先对现有的同类产品进行测绘，作为设计产品的参考资料。在机器维修时，如果某零件损坏，又无备件或图纸时，可对零件进行测绘，画出零件图，作为制造该零件的依据。

8.6.1 零件测绘的步骤

1. 分析零件，确定表达方案

对零件进行形体和结构分析，主要是了解所测绘零件的名称、作用、材料、制造方法以及与其他零件的相互关系，以确定表达方案。

2. 画零件草图

一般测绘常在生产现场进行。零件草图是徒手目测画在方格纸或白纸上的，画图时要尽量保持零件各部分的大致比例关系。形体结构表达要准确，线条要粗细分明，图面干净整洁。一定要克服草图是潦草图的错误理解。

画草图的基本过程和画仪器图相同，即先布图、画图框和标题栏，然后画视图底稿，底稿检查无误后加深。

3. 测量和标注尺寸

画出各视图后，再画出全部尺寸的尺寸界线和尺寸线。然后用量具精确测量出主要尺寸及部分结构尺寸，而一般结构的尺寸经测量取整后逐一注写到草图上。能计算出的主要尺寸，如齿轮啮合中心距等要通过计算再标注。标准化结构可先测量再查有关的标准，根据标准值注写。

测量零件尺寸常用的测量工具有直尺、内外卡钳、游标卡尺、螺纹规、量角器等。线性尺寸如壁厚、中心距及直径等可直接用量具测出,这里不做介绍。下面重点介绍螺纹和齿轮参数的测量。

（1）螺纹参数的测量

螺纹参数主要有牙型、公称直径（大径）、螺距、线数和旋向。线数和旋向凭目测即可,牙型若为标准螺纹可根据其类型确定牙型角。外螺纹的大径可用游标卡尺直接测量,内螺纹的大径可通过与之旋合的外螺纹的大径确定,没有外螺纹时,可测出其小径和螺距,再查表确定大径值。

螺距的测量可采用螺纹规,如图 8-49 所示。没有螺纹规时可采用简单的压印法测量螺距,螺距 $P=T/(n-1)$,式中 n 为测量范围 T 内的螺纹压痕数,如图 8-50 所示。采用压印法时应多测几个螺距值,然后取平均值。

不论是大径还是螺距,测量后应查阅有关的标准再取整测量值,标注到图纸上的应当是标准值。

（2）齿轮参数的测量

标准直齿圆柱齿轮的参数有齿数、模数、齿顶圆直径、分度圆直径等。齿数可以直观数出,模数和分度圆直径可通过测量齿顶圆直径后换算得出。

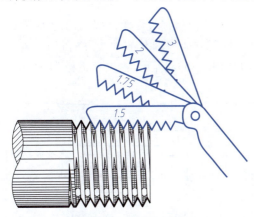

图 8-49 螺距的测量

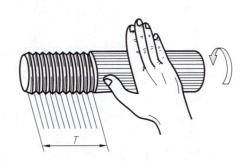

图 8-50 压印法测量螺距

齿顶圆直径的测量分两种情况:第一种是齿数为偶数时,相对的两个齿顶距离即为齿顶圆直径,可用游标卡尺直接测量;第二种是齿数为奇数时,此时可按图 8-51 所示的方法测出 D 和 e,则 $d_a = D+2e$。

测出齿顶圆直径和齿数后可按 $m = d_a/(z+2)$ 计算出模数（注意,计算出的模数要查标准,选择和计算值接近的标准值）,然后按 $d = m \cdot z$ 计算出分度圆直径。

4. 标注精度要求

标注完尺寸后,要根据零件的工作情况确定并标注极限偏差、表面粗糙度和几何公差。极限偏差、表面粗糙度及几何公差的数值要根据表面的作用及加

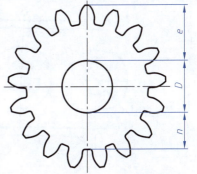

图 8-51 奇数齿轮齿顶圆的测量

工情况合理选择。

5. 绘制零件图

将零件草图整理成完整的零件图,可用仪器或计算机绘制,绘制方法和步骤与绘制草图的步骤相同。

●8.6.2　零件测绘举例

【例 8-3】　测绘如图 8-52 所示滑动轴承盖。

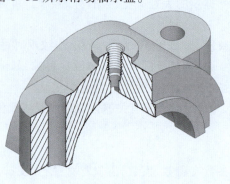

图 8-52　滑动轴承盖轴测图

【解】　轴承盖毛坯采用铸件,材料为铸铁。盖的结构具有对称性,主要加工表面为止口、轴孔及其端面。表达方案为主视图采用半剖,投射方向与轴孔的轴线方向相同,俯视图采用外形视图,左视图采用半剖。绘制出草图如图 8-53a 所示,根据草图绘制的零件图,如图 8-53b 所示。

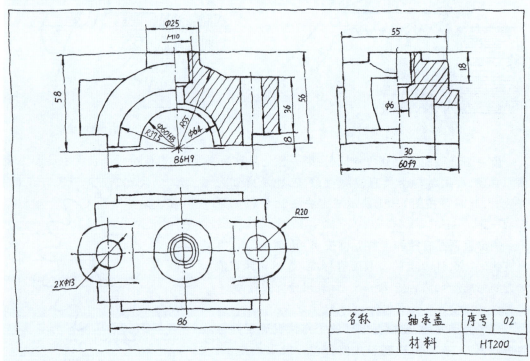

(a) 滑动轴承盖草图

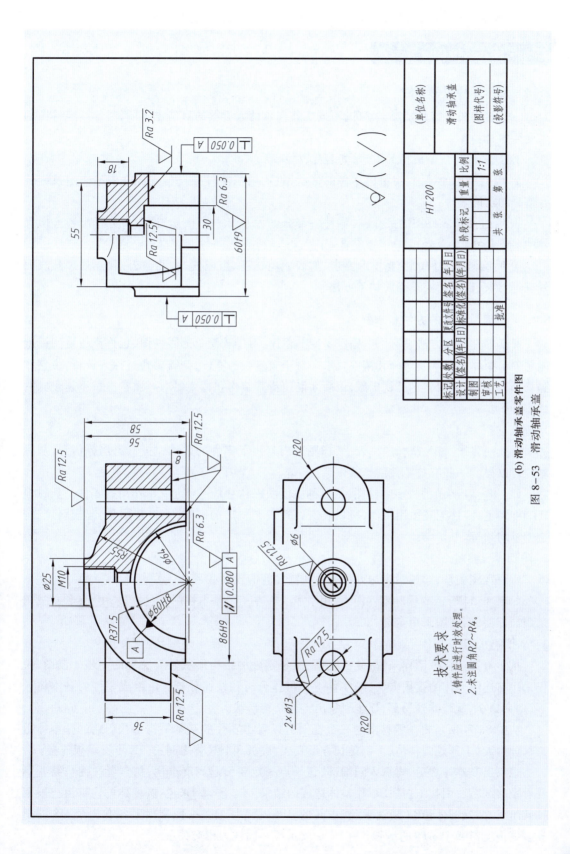

(b) 滑动轴承盖零件图

图 8-53 滑动轴承盖

8.7　阅读零件图的一般步骤

8.7.1　阅读零件图的目的

一张零件图内容是相当丰富的,不同工作岗位的人看图的目的也不同,通常读零件图的主要目的为:

① 对零件有一个概括的了解,如名称、材料等。

② 根据给出的视图,想象出零件的形状,进而明确零件在设备或部件中的作用及零件各部分的功能。

③ 通过阅读零件图的尺寸,对零件各部分的大小有一个概念,进一步分析出各方向尺寸的主要基准。

④ 明确制造零件的主要技术要求,如表面粗糙度、极限偏差、几何公差、热处理及表面处理等要求,以便确定正确的加工方法。

8.7.2　阅读零件图的方法和步骤

阅读零件图的方法没有一个固定不变的程序,对于较简单的零件图,也许泛泛地阅读就能想象出物体的形状及明确其精度要求。对于较复杂的零件,则需要通过深入分析,由整体到局部,再由局部到整体反复推敲,最后才能搞清其结构和精度要求。通常应按下述步骤阅读零件图。

1. 看标题栏

阅读一张图,首先从标题栏入手,标题栏内列出了零件的名称、材料、比例等信息,从标题栏可以得到一些有关零件的概括信息。

如图 8-54 所示的机座零件图,从名称就能联想到它是一个起支承作用的零件。从材料 HT200 知道,零件毛坯采用铸件,所以具有铸造工艺要求的结构,如铸造圆角、起模斜度、铸造壁厚均匀等。

2. 明确视图关系

所谓视图关系,即视图表达方法和各视图之间的投影联系。

如图 8-54 所示的机座零件图,采用了主、俯、左三个基本视图,主视图采用半剖,左视图采用局部剖,俯视图采用全剖。

3. 分析视图,想象零件结构形状

从学习阅读机械图样来说,分析视图、想象零件的结构形状是最关键的一步。读图时,仍采用前述组合体的读图方法,对零件进行形体分析和线面分析。由组成零件的基本体入手,由大到小,从整体到局部,逐步想象出零件结构形状。

从图 8-54 所示机座零件图的三个视图可以看出零件的基本结构形状。它的基本体由三部分构成,上部是圆柱体,下部是长方形底板,底板和圆柱体之间用“H”形支承板连接。

想象出基本体之后,再深入到细部,这一点一定要引起高度重视,初学者往往被某些不易看懂的细节所困扰,这是抓不住整体造成的结果。对于本例来说,圆柱体的内部由三段圆柱孔组成,两端的 $\phi80H7$ 是轴承孔,中间的 $\phi96$ 是毛坯面。柱面端面上各有 3 个 M8 的螺孔。底板上有 4 个 $\phi11$ 的地脚孔,“H”形支承板和圆柱为相交关系。

扫一扫

机座零件图

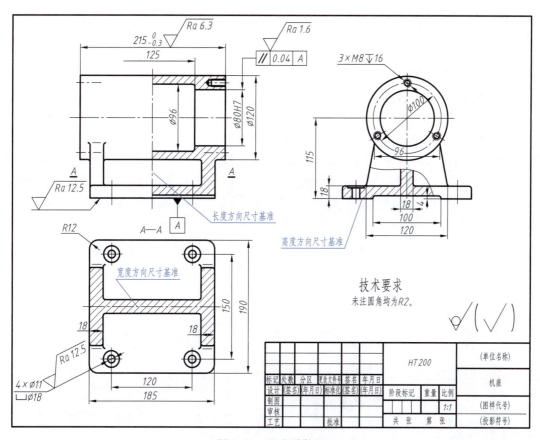

图 8-54 机座零件图

4. 看尺寸,分析尺寸基准

分析零件图上尺寸的目的,是识别和判断哪些尺寸是主要尺寸,各方向的主要尺寸基准是什么,明确零件各组成部分的定形、定位尺寸。按上述形体分析的方法对图 8-54 所示机座进行形体分析,找出各部分形体的定形尺寸、定位尺寸和各方向的尺寸基准。

5. 看技术要求

零件图上的技术要求主要有表面粗糙度,极限与配合,几何公差及文字说明的加工、制造、检验等要求。这些要求是制订加工工艺、组织生产的重要依据,要深入分析理解。

如图 8-54 所示的机座零件图中,精度最高的是 $\phi80H7$ 轴承孔,表面粗糙度 $Ra = 1.6\ \mu m$,且有对底面的平行度要求。

8.8 创建 SolidWorks 模板图

SolidWorks 系统提供了零件、装配体和工程图的模板图,但是这些系统模板图有的不符合国家标准,系统模板图不一定适合于每一个用户,用户可以通过设计自己的模板图,提高绘图效率,保证绘图质量,减少人为原因产生的失误。

当我们创建一个新零件、装配体或工程图时,系统会提供一个默认的模板图,这个模板图包含了我们没有察觉的许多信息。创建用户模板图可以在系统提供的模板图基础上,修改一些信息参数,然后保存成用户自己的模板图。

在这一节中,我们通过创建用户零件、装配体、工程图和明细栏模板图,来实现在完成零件、装配体建模之后,生成零件和装配工程图时,自动填写标题栏和明细栏。

扫一扫

创建零件

模板图

8.8.1　创建零件模板图

创建零件模板图的操作步骤如下:

第一步:运行 SolidWorks 之后,单击标准工具栏上的"新建"按钮,在打开的"新建 Solid-Works 文件"对话框中选择"零件",然后单击"确定"按钮。

第二步:单击下拉菜单"工具|选项",打开"文档属性"对话框,如图 8-55 所示。单击目录树中的"单位",按图 8-55 所示设定模型的度量单位和精度,然后单击"确定"按钮。

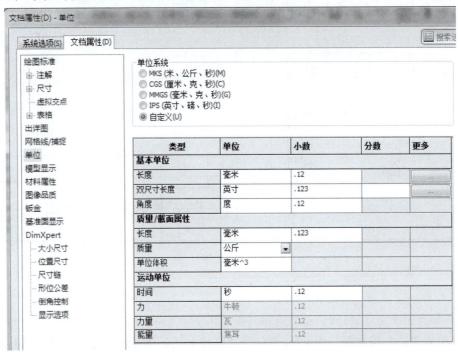

图 8-55　自定义度量单位

第三步:单击下拉菜单"文件|属性",打开"摘要信息"对话框中的"自定义"选项卡,将默认模板图中的自定义属性修改为如图 8-56 所示的用户属性名称及类型。表中属性"质量"的数值是选择的系统变量"质量",其文字表达式为"SW-Mass@ 零件 1.SLDPRT"(其中零件 1.SLDPRT 是当前零件保存的文件名),其他属性的数值是用户自定义的。

第四步:单击下拉菜单"文件|另保存",打开如图 8-57 所示的"另存为"对话框,存储位置是系统默认的位置,输入文件名"用户零件模板图","保存类型"选择"Part Templaters(＊.prtdot)"(零件模板类型)。单击"保存"按钮完成零件模板图的设置。

第五步:重新运行 SolidWorks,单击标准工具栏上的"新建"按钮,在打开的"新建 Solid-Works 文件"对话框中单击"高级"按钮,然后在"模板"对话框中,我们将看到刚保存的零件模板图"用户零件模板图",选中该模板图,单击"确定"按钮,就可以在该模板图中创建新的零件模型了。

图 8-56 "自定义"选项卡

图 8-57 保存零件模板图

上述操作我们只对系统模板图中零件的度量单位和零件文档的属性做了修改。在该用户零件模板图下创建的零件模型,保存后将具有这些文档属性和单位。下面我们设置工程图模板图时,将调用这些属性插入到标题栏中,在由该零件模板图下制作的零件生成工程图时,标题栏将自动填写。如果需要修改属性的值,按上述第三步操作修改即可,例如,当零件的材料标记不是 Q235,而是 HT200 时,可以打开"自定义"选项卡,将属性"材料标记"的值修改为 HT200。

8.8.2　创建装配体模板图

创建装配体模板图的目的和零件模板图的目的是一样的,都是为了在该模板图下生成的装配体具有统一的单位和属性,将来生成装配工程图时能自动填写标题栏和明细栏。

操作方法和步骤如下:

第一步:运行 SolidWorks 之后,单击标准工具栏上的"新建"按钮,在打开的"新建 Solid-Works 文件"对话框中选择"装配体"(如果是以"高级"用户打开,就单击"Tutorial"面板,选中"assem"),然后单击"确定"按钮。进入建模界面后,在"开始装配体"面板中单击"×"按钮关闭。

第二步:和创建零件模板图的操作和参数设置相同,在第四步中,保存模板图时,输入文件名"用户装配体模板图",保存类型栏目选择"Assembly Templaters(＊.asmdot)"(装配体模板类型)。

8.8.3　创建工程图模板图

SolidWorks 系统提供的默认工程图模板图,因为其标题栏不符合 GB/T 10609.1—2008《技术制图　标题栏》规定的格式和尺寸,所以,用户需要创建自己的工程图模板图。下面我们创建的工程图模板图既可用于上面创建的零件模板图生成的零件,也可用于上面创建的装配体模板图生成的装配体。

创建工程图模板图的步骤如下:

第一步:运行 SolidWorks 之后,单击标准工具栏上的"新建"按钮,在打开的"新建 Solid-Works 文件"对话框中选择"工程图"(如果是以"高级"用户打开,就单击"Tutorial"面板,选中"draw"),然后单击"确定"按钮。进入绘图界面后,在"模型视图"面板中单击"×"按钮关闭。

第二步:将鼠标指向左侧设计树上的"图纸 1",单击鼠标右键,在弹出的菜单中选择"属性"选项,如图 8-58 所示。

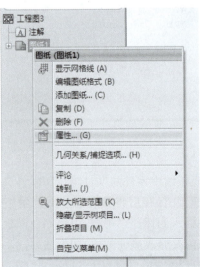

图 8-58　图纸 1 的弹出菜单

第三步:在打开的"图纸属性"对话框(图 8-59)中完成如下操作:

① 将比例修改为 1:1。

② 选中"自定义图纸大小",设置"宽度"为 210,设置"高度"为 297。

③ "投影类型"选择"第一视角"。如图 8-59 所示,我们定义的模板图是 A4 图纸,竖放。

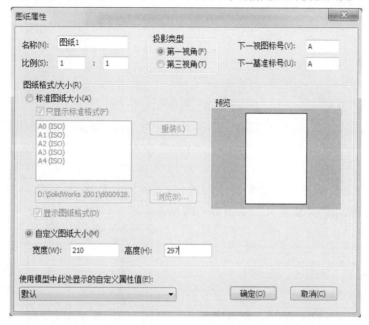

图 8-59 "图纸属性"对话框

第四步:将鼠标指向左侧设计树上的"图纸 1",单击鼠标右键,在弹出的菜单(图 8-58)中选择"编辑图纸格式"选项。如果本操作基于的系统工程图模板有标题栏和图框,请用鼠标拖出一个窗口,选中系统模板图中的标题栏和图框,单击键盘上的 Delete 键删除这些内容。

在工程图中有两种编辑状态:一种是"编辑图纸",此时可以插入模型,生成视图,标注视图的尺寸等;另一种是"编辑图纸格式",此时可以绘制图框,编辑标题栏等。在"编辑图纸"状态下,图框和标题栏处于锁定状态,不能编辑;在"编辑图纸格式"状态下,模型的视图、尺寸等将隐藏。

第五步:单击界面左下角的 **FORMAT** 图层按钮,打开如图 8-60 所示的"图层"对话框。在该对话框中完成以下操作:

① 双击"FORMAT",将系统默认的图层"FORMAT"改为"粗实线","厚度"改为 0.5。

② 单击"新建"按钮,新建一个"细实线"图层,"厚度"设为 0.25。

③ 单击"新建"按钮,新建一个"尺寸"图层,"厚度"设为 0.25,如图 8-60 所示。单击"确定"按钮完成图层设置。

第六步:绘制图框和标题栏,在这一步完成以下操作:

① 单击右下角的 **粗实线** 图层列表,将"粗实线"图层设为当前图层。

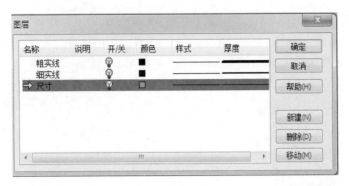

图 8-60 图层对话框

② 单击"草图"工具条上的"直线"按钮,绘制图框下面的线,选中线段的右端点,在左侧操作面板中将坐标修改为"X=25""Y=5","长度"输入 180,然后选中线段,添加"固定"几何关系,如图 8-61a 所示。

③ 重复上述操作画完图框线的其余图线,输入线段的长度,添加几何关系"相对""平行""固定"等,使草图"完全定义",如图 8-61b 所示。

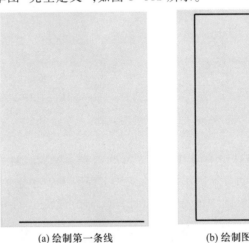

(a) 绘制第一条线

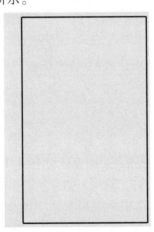

(b) 绘制图框的其他图线

(c) 等距标题栏内的图线

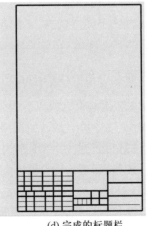

(d) 完成的标题栏

图 8-61 绘制图框线和标题栏

④ 单击"草图"工具条上的"等距实体"按钮,根据标题栏的尺寸,在"等距实体"操作面板中设置等距距离为7,选中"反向",然后在绘图区域单击图框下面的图线,单击"对勾"按钮完成操作。等距命令一次只能偏移一条线段,用同样的操作等距标题栏的其他水平线段。竖线先等距一条,用"裁剪实体"修剪合适之后再等距,如图8-61c所示。选中签名区的两条横线,在对应的操作面板中修改图层属性为"细实线"层。

⑤ 等距标题栏中的其他图线,并根据线型粗细修改图层属性,完成的图框和标题栏如图8-61d所示。标题栏中投影符号上面的那条线,是用"直线"命令绘制的。

第七步:填写标题栏中的常量项,所谓常量项就是不随零件模型变化的表格项,如"设计""制图"等。操作方法是:单击"注解"工具条上的 注释 按钮,在表格中拾取文字的起点单击,在打开的"格式化"工具条上选择字体样式(仿宋)、字号(12),如图8-62所示。然后调整输入法,输入文字,单击"注释"操作面板上的"对勾"按钮完成操作。

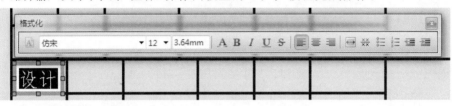

图 8-62 "格式化"工具条

填写好第一项之后,表格中的其余项可以采用"复制→粘贴→修改"的方法完成。操作方法是选中第一项"设计",按键盘上的"Ctrl+C",然后按"Ctrl+V",移动好位置后双击进入修改字体模式。修改完成的标题栏如图8-63所示。如要修改字号,需先选中字体,再在"格式化"工具条上选择字号。

图 8-63 填写标题栏中的常量项

第八步:为了将第三步创建的自定义文件属性(图8-56)插入到标题栏中,需要完成以下操作:

① 单击标准工具栏上的"新建"按钮,在打开的"新建SolidWorks文件"对话框中单击"模板"按钮(如果是以"新手"用户打开,就单击"高级"按钮),选中"用户零件模板图"(8.8.1节创建的零件模板图),然后单击"确定"按钮。

② 任意创建一个实体,然后保存文件,如文件名:轮盘,文件类型:零件(* .prt, * .sldprt)。

③ 鼠标指向设计树中的"图纸 1"选项,单击鼠标右键,在弹出的菜单中选择"编辑图纸"(该菜单项在"编辑图纸格式"状态显示为"编辑图纸";在"编辑图纸"状态显示为"编辑图纸格式",如图 8-58 所示),进入编辑图纸状态。

④ 单击"视图布局"工具条上的 模型视图 按钮,在打开的"模型视图"操作面板中,双击"打开文档"下面的"轮盘"文档(如果轮盘文档关闭,就单击下面的"浏览"按钮,到文件夹中选择"轮盘"文件)。

⑤ 在绘图区域单击生成一个视图。

第九步:填写标题栏中的变量项,所谓变量项就是随零件模型变化的表格项,如"图样名称""图样代号""质量"等。操作方法和步骤如下:

① 将编辑模式切换到"编辑图纸格式"状态。

② 单击"注解"工具条上的 注释 按钮,在打开的"注释"操作面板中单击"链接到属性"按钮,如图 8-64 所示。

③ 单击"链接到属性"后,将弹出"链接到属性"对话框,如图 8-65a 所示。"图纸属性中所指定视图中模型"选项对应的属性列表如图 8-65b 所示,该列表中以"SW-"开头的是系统定义的零件模型属性(随零件模型一起保存),其余是零件模型文件自定义属性(随零件模型一起保存)。按下面的方法进行操作:

图 8-64 "注释"操作面板

选中"SW-文件名称(File Name)"→填写到标题栏中的"图样名称"栏(零件模型保存的文件名将填写到该栏)。

选中"材料标记"→填写到标题栏中的"材料标记"栏。

选中"图样代号"→填写到标题栏中的"图样代号"栏。

选中"阶段标记"→填写到标题栏中的"阶段标记"栏。

选中"质量"→填写到标题栏中的"质量"栏。

选择图 8-65a 所示的"当前文档",对应的属性列表如图 8-65c 所示,该列表中以"SW-"开头的是系统定义的工程图文档属性(随工程图一起保存),其余是零件模型文件自定义属性(随零件模型一起保存)。按下面的方法进行操作:

选中"SW-图纸比例(Sheet Scale)"→填写到标题栏中的"比例"栏。

选中"SW-图纸总数(Total Sheets)"→填写到标题栏中的"共 张"中间。

选中"SW-当前图纸(Current Sheet)"→填写到标题栏中的"第 张"中间。

填写之后选中对象,可以修改其字体样式和大小。完成的标题栏如图 8-66 所示。

④ 将编辑模式切换到"编辑图纸"状态。

⑤ 鼠标指向设计树中的"工程视图 1",单击鼠标右键,在弹出的菜单中选择"删除"选项。

第十步:单击下拉菜单"工具|选项(P)…",打开"文档属性"对话框,然后完成以下操作:

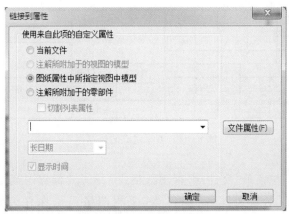

(a)"链接到属性"对话框

(b) 系统属性和零件模型文件自定义属性

(c) 当前图纸文件属性

图 8-65 填写变量项

① 选择目录列表中的"绘图标准",将"总绘图标准"改为"GB"。

② 展开目录"注解",选择"注释",在对应的对话框中将"基本注释标准"修改为"GB","字体"修改为"仿宋",单位修改为"3.5"。

第十一步:单击下拉菜单"文件|另保存",打开"另存为"对话框,存储位置是系统默认的位置,输入文件名"用户工程图模板图",保存类型选择"工程图模板(∗.drwdot)"(工程图模板类型,该类型的模板文件,将出现在"新建 SolidWorks 文件"对话框中的"模板"清单中),单击"保存"完成工程图模板图的设置。

								××××学校	
						Q235			
标记	处数	分区	更改文件号	签名	年月日			轮盘	
设计			标准化			阶段标记	质量	比例	
制图						A	0.057	1:2	JZ-01
审核									
工艺			批准			共 1 张 第 1 张			

图 8-66 填写完成的标题栏

第十二步：单击下拉菜单"文件|保存图纸格式"，打开"保存图纸格式"对话框，存储位置为系统默认的位置，输入文件名"用户 A4 工程图格式"，保存类型为"图纸格式（ * .slddrt）"（图纸格式文件将出现在图 8-51 所示"图纸属性"对话框中），单击"保存"完成图纸格式的保存。

●8.8.4 创建明细栏模板

SolidWorks 2013 中，明细栏是一个独立的 Excel 表格，可以单独保存。系统提供的默认明细栏模板，不符合 GB/T 10609.2—2009《技术制图 明细栏》规定的格式和尺寸，所以，用户需要创建自己的明细栏模板。操作步骤如下：

第一步：运行 SolidWorks 之后，单击标准工具栏上的"新建"按钮，在打开的"新建 Solid-Works 文件"对话框中单击"模板"（如果是以"新手"用户打开，就单击"高级"按钮），选中"用户工程图模板图"（8.9.3 节创建的工程图模板图），然后单击"确定"按钮。

第二步：在"模型视图"操作面板中，单击"浏览"，找到 8.9.3 节创建的"轮盘"零件，在绘图区域随便插入一个视图（因为插入明细栏需要一个工程图视图）。

第三步：单击"注释工具条|表格|材料明细表"，系统提示"选择一工程图为生成材料明细表指定模型"，在绘图区域拾取轮盘视图，打开"材料明细表"操作面板，如图 8-67 所示，参数采用缺省设置。

图 8-67 "材料明细表"操作面板

第四步:单击"材料明细表"操作面板中的"对勾"按钮,在绘图区域插入一个系统默认明细栏,如图 8-68 所示。因为我们插入的模型是一个零件,所以明细栏只有两行,一行为表头,一行为零件信息记录,如果插入的是装配体,记录条数就为组成装配体的零件种类数。

项目号	零件号	说明	数量
1	轮盘		1

图 8-68 系统默认明细栏格式

第五步:修改明细栏,对默认明细栏做如下修改:

① 选中行,在打开的表格编辑面板中,修改字体为"仿宋",字号为"12"。

② 选中表格,单击表格编辑面板中的 按钮,将表头放在下方。

③ 双击表头上的单元格,将表头按下述要求修改:项目号→序号,零件号→代号,说明→名称。

④ 选中数量列,单击鼠标右键,在弹出的菜单中选择"插入|右列",在表头处输入"材料"。重复该操作,插入质量列和备注列,如图 8-69 所示。

⑤ 选中表头行,单击鼠标右键,在弹出的菜单中选择"格式化|行高度",将行高度修改为 14mm。重复该操作,将第一行的行高度修改为 7mm。

⑥ 选中第一列(序号列),单击鼠标右键,在弹出的菜单中选择"格式化|列宽",将列宽修改为 9mm。重复该操作,将代号列列宽修改为 40mm;名称列列宽修改为 44mm;数量列列宽修改为 8mm;材料列列宽修改为 38mm;质量列列宽修改为 12mm;备注列列宽修改为 30mm。修改后的明细栏如图 8-61 所示,和 GB/T 10609.2 规定的格式稍有不同。

1	轮盘		1			
序号	代号	名称	数量	材料	质量	备注

图 8-69 修改后的明细栏格式

⑦ 下面修改明细栏列链接的属性。序号列系统默认链接的是"项目号",不用修改。数量列链接的是"默认"(零件数量),也不用修改。需要修改的是代号、名称、材料和质量列。修改列链接属性的操作方法如下:单击列编号"B"→在打开的编辑面板中单击 按钮→在弹出的面板中,列类型选择"自定义属性"选项,属性名称选择"图样代号"。重复该操作,将名称列链接到"SW-文件名称(File Name)";材料列链接到"材料标记";质量列链接到"质量",如图 8-70 所示。

第六步:在设计树中展开"图纸 1",将鼠标指向"材料明细表定位点 1",单击鼠标右键,在弹出的菜单中选择"设定定位点",拾取标题栏的右上角为定位点。

第七步:拾取明细栏左上角的 按钮,选择表格,在弹出的"材料明细表"操作面板中,"恒定边角"选择明细栏的右下角,选中"附加到定位点",如图 8-71 所示。则可将明细栏固定在标题栏的上方。

图 8-70　自定义属性列表　　　　图 8-71　明细栏定位点

第八步:拾取明细栏左上角的 ⊕ 按钮,选择表格,单击鼠标右键,在弹出的菜单中选择"另存为…"选项,在打开的"另存为"对话框中,输入文件名"用户明细栏模板",文件类型为"模板(＊.sldbomtbt),这样我们就完成了明细栏的设定,SolidWorks 系统自动将该明细栏模板设置为默认模板。如果在其他计算机上想应用该模板文件,将文件拷贝到其他计算机上,在图 8-67 所示"材料明细表"操作面板中,单击"表格模板"后面的 按钮,选择模板文件即可。

8.9　利用 SolidWorks 生成零件模型和零件图

如图 8-72 所示为滑轮支架零件草图,本节我们将创建滑轮支架的零件模型,并生成零件图,在 9.7 节我们将创建滑轮支架的装配体和装配图。

8.9.1　创建零件模型

1. 创建 3 号零件轴套的模型

操作方法和步骤如下:

第一步:单击标准工具栏上的"新建"按钮,在打开的"新建 SolidWorks 文件"对话框中单击"模板"(如果是以"新手"用户打开,就单击"高级"按钮),选中"用户零件模板图"(8.8.1节创建的零件模板图),然后单击"确定"按钮。

第二步:单击"草图"工具条上的"草图绘制"按钮,选择"前视基准面"为草图基准面。用"中心线"命令绘制轴线,如图 8-73a 所示,注意应从原点画起。用"直线"命令绘制截面图形,注意添加几何关系(左端面线和原点共线),如图 8-73b 所示。用"智能尺寸"命令标注尺寸,标注直径时拾取轮廓线和轴线,然后拖动尺寸到轴线下方即可标注直径,如图8-73c所示。

第三步:在设计树中选择"草图 1",单击"特征"工具条上的"旋转凸台"按钮,采用缺省参数,单击"对勾"按钮完成操作。

第四步:选择"特征"下的"倒角"命令,在内孔左端添加数值为 0.5 的倒角。

第五步:单击下拉菜单"文件|属性",在打开的"自定义"对话框中,将"材料标记"的数

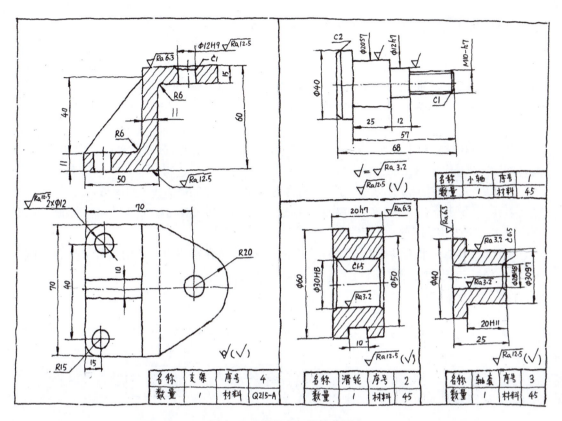

图 8-72　滑轮支架零件草图

值改为 45,"图样代号"的数值改为"HLJ-03"。

第六步:单击标准工具栏上的"保存"按钮,将文件保存在用户指定的文件夹中,文件名为"03-轴套",文件类型为"零件(∗.prt; ∗.sldprt)"。

扫一扫

轴套草图
绘制步骤

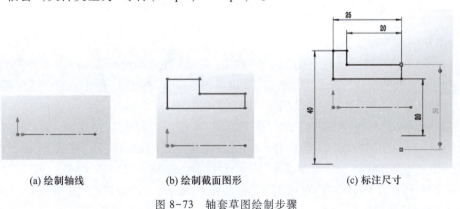

(a) 绘制轴线　　　　　(b) 绘制截面图形　　　　　(c) 标注尺寸

图 8-73　轴套草图绘制步骤

2. 创建 2 号零件滑轮的模型

操作方法和步骤如下:

第一步:单击标准工具栏上的"新建"按钮,在打开的"新建 SolidWorks 文件"对话框中单击"模板"(如果是以"新手"用户打开,就单击"高级"按钮),选中"用户零件模板图"

（8.8.1节创建的零件模板图），然后单击"确定"按钮。

　　第二步：单击"草图"工具条上的"草图绘制"按钮，选择"前视基准面"为草图基准面。用"中心线"命令绘制轴线，如图 8-74a 所示，注意应从原点画起。用"直线"命令绘制截面图形，上面两线段添加"相等"和"共线"几何关系，如图 8-74b 所示。用"智能尺寸"命令标注尺寸，标注半径时拾取轮廓线和轴线，然后拖动尺寸到轴线上方即可标注半径，如图 8-74c 所示。

　　第三步：在设计树中选择"草图 1"，单击"特征"工具条上的"旋转凸台"按钮，采用缺省参数，单击"对勾"按钮完成操作。

　　第四步：选择"特征"下的"倒角"命令，为内孔两端添加数值为 1.5 的倒角。

　　第五步：单击下拉菜单"文件|属性"，在打开的"自定义"对话框中，将"材料标记"的数值改为 45，"图样代号"的数值改为"HLJ-02"。

　　第六步：单击标准工具栏上的"保存"按钮，将文件保存在用户指定的文件夹中，文件名为"02-滑轮"，文件类型为"零件(∗.prt; ∗.sldprt)"。

(a) 绘制轴线

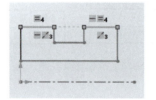

(b) 绘制截面图形，添加几何关系

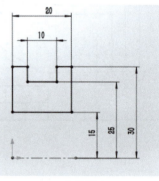

(c) 标注尺寸

图 8-74　滑轮草图绘制步骤

3. 创建 1 号零件小轴的模型

　　操作方法和步骤如下：

　　第一步：单击标准工具栏上的"新建"按钮，在打开的"新建 SolidWorks 文件"对话框中单击"模板"（如果是以"新手"用户打开，就单击"高级"按钮），选中"用户零件模板图"（8.8.1节创建的零件模板图），然后单击"确定"按钮。

　　第二步：单击"草图"工具条上的"草图绘制"按钮，选择"前视基准面"为草图基准面。用"中心线"命令绘制轴线，如图 8-75a 所示，注意应从原点画起。用"直线"命令绘制截面图形，如图 8-75b 所示。用"智能尺寸"命令标注尺寸，如图 8-75c 所示。

　　第三步：在设计树中选择"草图 1"，单击特征工具条上的"旋转凸台"按钮，采用缺省参数，单击"对勾"按钮完成操作。

　　第四步：选择"特征"下的"倒角"命令，为左端外圆添加数值为 2 的倒角，螺纹右端面添加数值为 1 的倒角。

　　第五步：单击下拉菜单"插入|注解|装饰螺纹线…"，在打开的"装饰螺纹线"操作面板中，单击"圆形边线"右面的矩形框，使其变蓝，然后到绘图区域拾取螺纹柱面的圆边线，其余

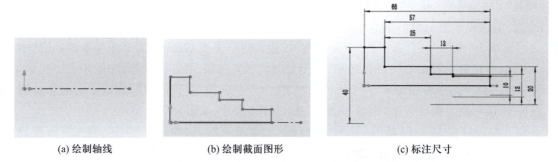

　　　(a) 绘制轴线　　　　　　　　(b) 绘制截面图形　　　　　　(c) 标注尺寸

图 8-75　小轴草图绘制步骤

扫一扫

小轴草图
绘制步骤

参数按图 8-76 所示设置，单击"对勾"按钮完成。

　　第六步：单击下拉菜单"文件|属性"，在打开的"自定义"对话框中，将"材料标记"的数值改为 45，"图样代号"的数值改为"HLJ-01"。

　　第七步：单击标准工具栏上的"保存"按钮，将文件保存在用户指定的文件夹中，文件名为"01-小轴"，文件类型为"零件（*.prt；*.sldprt）"。

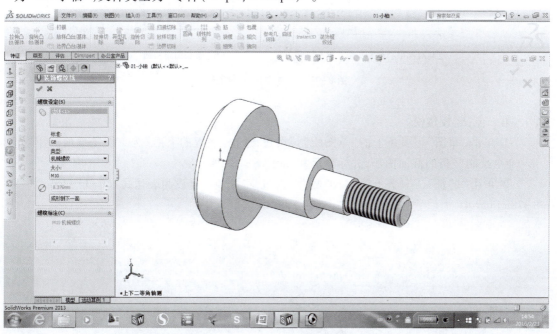

图 8-76　添加装饰螺纹线

4. 创建 4 号零件支架的模型

　　根据图 8-72 所示的支架草图，我们进行形体分析，可以看出，支架由底板、竖板和上板组成一个 Z 字形弯板，然后添加了一个三棱柱的肋板。所以建模过程按"底板→竖板→上板→肋板"的顺序进行。操作方法和步骤如下：

　　第一步：底板建模。

　　① 单击标准工具栏上的"新建"按钮，在打开的"新建 SolidWorks 文件"对话框中单击

"模板"(如果是以"新手"用户打开,就单击"高级"按钮),选中"用户零件模板图"(8.8.1 节创建的零件模板图),然后单击"确定"按钮。

② 单击"草图"工具条上的"草图绘制"按钮,选择"上视基准面"为草图基准面。用"中心线"命令绘制对称中心线,用"矩形"命令绘制底板轮廓线,并标注尺寸,如图 8-77a 所示。用"圆角"命令为底板添加 R15 的圆角,用"圆"命令绘制圆,画圆时使圆的圆心和圆角的圆心重合,选中两个圆心添加"相等"几何关系,并标注尺寸,如图 8-77b 所示。

③ 在设计树中选择"草图 1",单击"特征"工具条上的"拉伸凸台"按钮,将拉伸深度设为 11mm,单击"对勾"按钮完成操作。

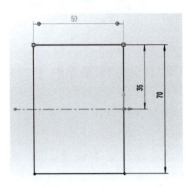

(a) 绘制对称中心线和矩形, 并标注尺寸

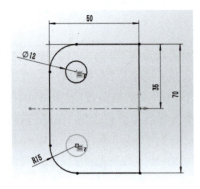

(b) 绘制圆角和圆

图 8-77　底板草图绘制步骤

第二步:竖板建模。

① 单击"草图"工具条上的"草图绘制"按钮,选择"底板的上面"为草图基准面。用"矩形"命令绘制竖板的截面图形,并标注尺寸,如图 8-78a 所示。

② 单击"特征"工具条上的"拉伸凸台"按钮,将拉伸深度设为表达式"60-11-15",如图 8-78b 所示。

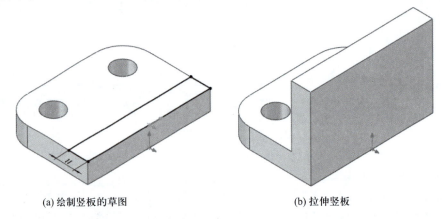

(a) 绘制竖板的草图

(b) 拉伸竖板

图 8-78　竖板建模过程

第三步:上板建模。

① 单击"草图"工具条上的"草图绘制"按钮,选择"竖板的上面"为草图基准面。用"直

线"命令和"3 点圆弧"命令绘制上板轮廓线,如图 8-79a 所示。选中圆弧的圆心和中心线,添加"重合"几何关系;选中圆弧和直线添加"相切"几何关系,如图 8-79b 所示。绘制圆并标注尺寸,如图 8-79c 所示。

② 单击"特征"工具条上的"拉伸凸台"按钮,将拉伸深度设为"15",拉伸上板。

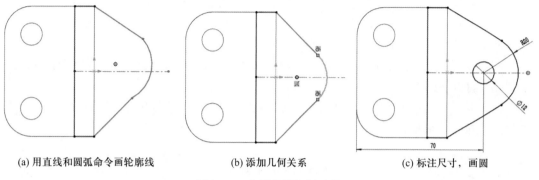

(a) 用直线和圆弧命令画轮廓线　　　(b) 添加几何关系　　　(c) 标注尺寸,画圆

图 8-79　上板草图绘制过程

第四步:添加肋板。

单击"特征"工具条上的"筋"按钮,选择"前视基准面"为草图基准面。用"直线"命令绘制肋板开环轮廓线,并标注尺寸,退出草图,按图 8-80 所示的操作面板设置参数。

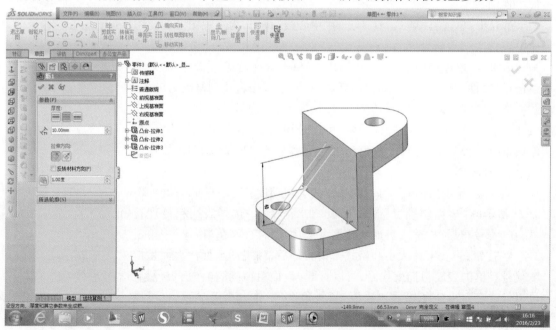

图 8-80　添加肋板

最后添加特征圆角和倒角。单击下拉菜单"文件|属性",在打开的"自定义"对话框中,将"材料标记"的数值改为"Q215-A","图样代号"的数值改为"HLJ-04"。单击标准工具栏上的"保存"按钮,将文件保存在用户指定的文件夹中,文件名为"04-支架",文件类型为"零件(＊.prt;＊.sldprt)"。

8.9.2 创建工程图

我们以生成 4 号零件支架的零件图为例。

操作步骤如下：

第一步：单击标准工具栏上的"新建"按钮，在打开的"新建 SolidWorks 文件"对话框中单击"模板"（如果是以"新手"用户打开，就单击"高级"按钮），选中"用户工程图模板图"（8.8.3 节创建的工程图模板图），然后单击"确定"按钮。

第二步：在打开的"模型视图"操作面板中单击"浏览"按钮，找到"04-支架"零件并选中，单击"打开"按钮。

第三步：在"工程视图 1"面板中，选择标准视图为俯视图，比例选择"使用图纸比例"，单击"对勾"按钮完成操作。

第四步：生成主视图。单击"视图布局"工具条上的 剖面视图 按钮→在打开的"剖面视图"操作面板中选择切割线→在俯视图上拾取剖切平面位置→单击"剖面视图"操作面板中的"对勾"按钮→弹出"剖面范围"对话框→在设计树中展开"工程图视图 1"→展开"04-支架"→选择"筋"特征→单击"剖面范围"对话框中的"确定"按钮→拖动放置主视图。

第五步：单击"注解"工具条上的"中心线"按钮，为主视图上的孔添加中心线。

第六步：鼠标指向左下角的"图纸 1"单击鼠标右键，在弹出的菜单中选择"属性"选项，在打开的"图纸属性"对话框中将比例修改为 1:1。

第七步：单击"注解"工具条中的"智能尺寸"按钮，标注尺寸。标注尺寸之后，如果要对尺寸进行编辑，可以选中尺寸，在打开的"尺寸"操作面板中进行操作，为尺寸数值添加前缀和后缀，如"2×φ12H9"，或添加上、下极限偏差。

第八步：单击"注解"工具条中的"表面粗糙度符号"按钮，打开如图 8-73 所示的"表面粗糙度"操作面板，在"符号"中选择表面粗糙度符号，在"符号布局"中输入表面粗糙度参数代号和数值，在"格式"中单击"字体"按钮，设置字体大小和格式。设置好后，到视图上标注表面粗糙度代号。单击表面粗糙度代号，可以打开"表面粗糙度"操作面板，然后可以修改表面粗糙度代号和数值、倾斜角度、字体大小等参数，也可以为表面粗糙度代号添加指引线（图 8-82 中底面的表面粗糙度代号）。其他技术要求如几何公差、焊接代号等标注方法类似。完成的支架零件图如图 8-82 所示。

图 8-81 "表面粗糙度"操作面板

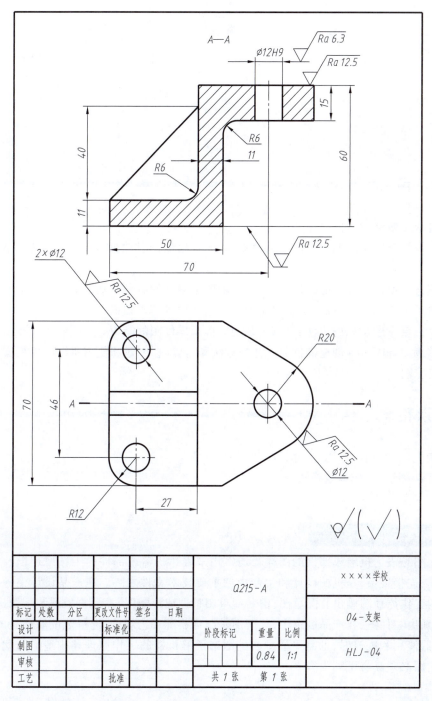

图 8-82　支架零件图

9

装 配 图

学习目标和要求

1. 要求了解装配图的作用和内容。

2. 掌握装配图的特殊表达方法,掌握装配图画法的基本规定,能根据零件图拼画装配图。

3. 熟悉装配图上尺寸标注原则,了解装配图上零件的编号法则。

4. 熟悉部件测绘的方法,了解常见装配工艺结构等基本知识。

5. 掌握阅读装配图的方法,具有由装配图拆画零件图的能力。

6. 掌握 SolidWorks 创建部件装配体的方法和步骤,会创建和使用明细栏模板文件,会生成部件装配图。

重点和难点

1. 装配图的内容、作用、尺寸标注和画法。

2. 部件测绘、装配草图画法。

9.1 装配图的作用和内容

装配图是表达机器或部件的图样。通常用来表达机器或部件的工作原理以及零、部件间的装配、连接关系,是机械设计和生产中的重要技术文件之一。在产品设计中,一般先根据产品的工作原理图画出装配草图,由装配草图整理成装配图,然后再根据装配图进行零件设计,并画出零件图;在产品制造中,装配图是制订装配工艺规程,进行装配和检验的技术依据;在机器使用和维修时,也需要通过装配图来了解机器的工作原理和构造。因此,一张完整的装配图必须具有下列内容。

1. 必要数量的视图

用一组视图,完整、清晰、准确地表达出机器的工作原理、各零件的相对位置及装配关系、连接方式和重要零件的形状结构。

如图 9-1 所示是滑动轴承的装配轴测图,它直观地表示了滑动轴承的外形结构,但不能清晰地表示各零件的装配关系。如图 9-2 所示是滑动轴承装配图,图中采用了三个基本视图,由于结构基本对称,所以三个视图均采用了半剖视图,这就比较清楚地表示了轴承盖、轴承座和上、下轴衬的装配关系。

模型

图 9-1

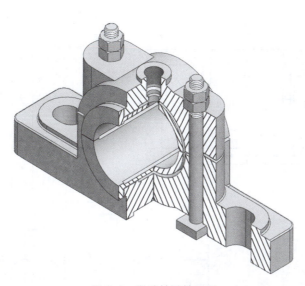

图 9-1 滑动轴承轴测图

2. 几种必要的尺寸

装配图上需标注有表示机器或部件的规格、装配、检验和安装时所需要的尺寸。

如图 9-2 所示滑动轴承装配图中,轴孔直径 $\phi50H8$ 为规格尺寸,176、58、2×$\phi20$ 等为安装尺寸,$\phi60\dfrac{H8}{k7}$、$86\dfrac{H9}{f9}$ 等为装配尺寸,236、121、76 为总体尺寸。

3. 技术要求

技术要求就是说明机器或部件的性能和装配、调整、试验等所必须满足的技术条件。如图 9-2 所示的部件,其技术要求是:装配后要进行接触面涂色检查。

4. 零件的编号、明细栏和标题栏

装配图中的零件编号、明细栏用于说明每个零件的名称、代号、数量和材料等,标题栏包括零、部件名称、比例、制图及审核人员的签名等。制图及审核人员签名后就要对图纸的技术质量负责,所以绘图时必须细致认真。

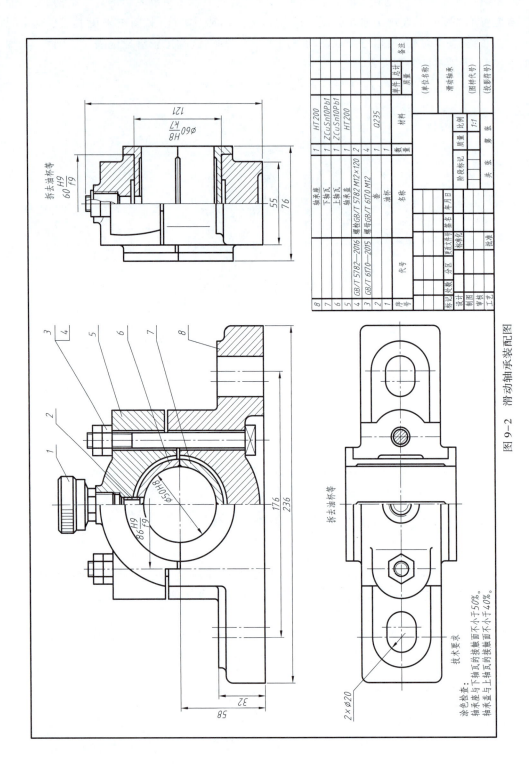

图 9-2　滑动轴承装配图

9.2 装配图的视图表达方法

装配图的表达方法和零件图基本相同,都是通过各种视图、剖视图和断面图等来表示的,所以零件图中所应用的各种表达方法都适用于装配图。此外,根据装配图的要求还有一些规定画法的特殊规定。

9.2.1 装配图画法的一般规定

① 两相邻零件的接触面和配合面只画一条线,但是,如果两相邻零件的公称尺寸不相同,即使间隙很小,也必须画成两条线。如图 9-3 所示轴承盖和轴承座的接触表面,$86\frac{H9}{f9}$ 是配合尺寸,所以画成一条线,其他非接触表面画成两条线。

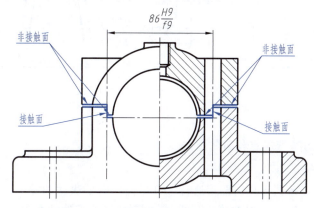

图 9-3　接触面和非接触面画法

② 相邻两个或多个零件的剖面线应有区别,或者方向相反,或者方向一致但间隔不等,相互错开,如图 9-4 所示。但必须特别注意,在装配图中,所有剖视图、断面图中同一零件的剖面线方向和间隔必须一致。这样有利于找出同一零件的各个视图,想象其形状和装配关系。

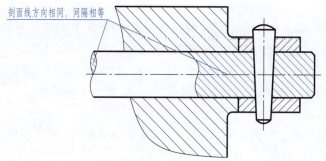

图 9-4　装配图中剖面线的画法

③ 对于紧固件以及实心的球、手柄、键等零件,若剖切平面通过其对称平面或轴线时,则这些零件均按不剖绘制;如需表示零件的凹槽、键槽、销孔等构造,可用局部剖视图表示,如图 9-5 所示。

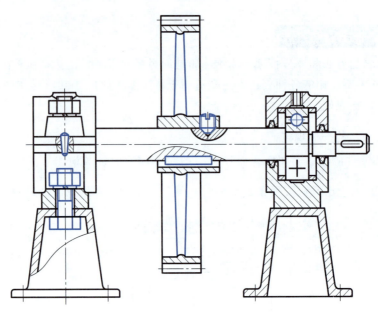

图 9-5 剖视图中不剖零件的画法

9.2.2 装配图画法的特殊规定和简化画法

1. 装配图画法的特殊规定

① 拆卸画法 当某些零件的图形遮住了其后面的需要表达的零件,或在某一视图上不需要画出某些零件时,可拆去某些零件后再画,也可选择沿零件结合面进行剖切的画法。如图 9-2 所示的滑动轴承装配图中,俯视图采用了这种拆卸画法。

② 单独表达某零件的方法 如所选择的视图已将大部分零件的形状、结构表达清楚,但仍有少数零件的某些方面还未表达清楚时,可单独对这些零件作视图或剖视图。如图 9-6 所示的阀装配图中的 B 向视图表达了塞子的形状,俯视图表达了阀体底座的形状。

③ 假想画法 为表示部件或机器的作用、安装方法,可将其他相邻零、部件的部分轮廓用细双点画线画出。如图 9-7 所示的带的张紧轮装配图中,用细双点画线表示了张紧轮固定在底座上的情况。假想轮廓的剖面区域内不画剖面线。

当需要表示运动零件的运动范围或运动的极限位置时,可按其运动的一个极限位置绘制图形,再用细双点画线画出另一极限位置的图形,如图 9-8 所示。

2. 简化画法

① 对于装配图中若干相同的零件、部件组,如螺栓联接等,可详细地画出一组,其余只需用细点画线表示其位置即可,如图 9-9 所示。

② 在装配图中,对薄的垫片等不易画出的零件可将其涂黑,如图 9-9 所示。

③ 在装配图中,零件的工艺结构,如小圆角、倒角、退刀槽、起模斜度等可不画出,如图 9-9 所示。

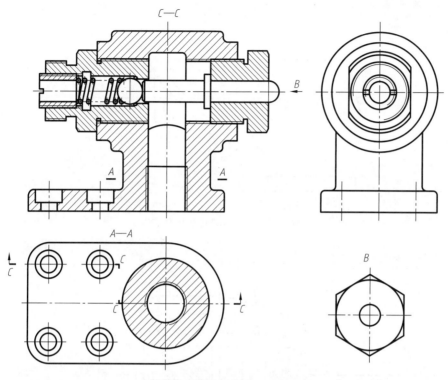

图 9-6　单独表达零件的方法

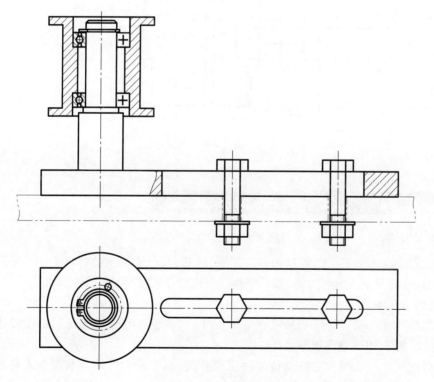

图 9-7　假想画法

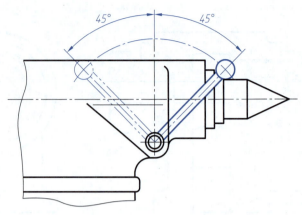

图 9-8　运动零件的极限位置

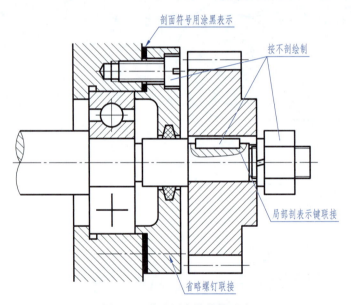

图 9-9　装配图中的简化画法

9.3　装配图中的尺寸标注、零、部件编号及明细栏

9.3.1　尺寸标注

　　装配图的作用是表达零、部件的装配关系,因此,其尺寸标注的要求不同于零件图。不需要注出每个零件的全部尺寸,一般只需标注规格尺寸、装配尺寸、安装尺寸、外形尺寸和其他重要尺寸 5 大类尺寸。

　　① 规格尺寸　说明部件规格或性能的尺寸,它是设计和选用产品时的主要依据。如图 9-2 所示的 $\phi50H8$ 就是规格尺寸。

　　② 装配尺寸　装配尺寸是保证部件正确装配,说明配合性质及装配要求的尺寸。如图 9-2 所示的 $86\frac{H9}{f9}$、$60\frac{H9}{f9}$、$\phi60\frac{H8}{k7}$ 及联接螺栓中心距等都属于装配尺寸。

③ 安装尺寸 将部件安装到其他零、部件或基础上所需要的尺寸。如图 9-2 所示的地脚螺栓孔的尺寸 176 等属于安装尺寸。

④ 外形尺寸 机器或部件的总长、总宽和总高尺寸，它反映了机器或部件的体积大小，即该机器或部件在包装、运输和安装过程中所占空间的大小。如图 9-2 所示的 236、121 和 76 即是外形尺寸。

⑤ 其他重要尺寸 除以上 4 类尺寸外，在装配或使用中必须说明的尺寸，如运动零件的位移尺寸等。

需要说明的是，装配图上的某些尺寸有时兼有几种意义，而且每一张图上也不一定都具有上述 5 类尺寸。在标注尺寸时，必须明确每个尺寸的作用，对装配图没有意义的结构尺寸不需注出。

9.3.2 零、部件编号

在生产中，为便于图纸管理、生产准备、机器装配和看懂装配图，对装配图上各零、部件都要编注序号和代号。序号是为了看图方便编制的，代号是该零件或部件的图号或国家标准代号。

1. 一般规定

① 装配图中所有的零、部件均应编号。装配图中一个部件可以只编写一个序号；同一装配图中相同的零、部件用一个序号，一般只标注一次；多次出现的相同的零、部件，必要时也可重复标注。

② 装配图图形中零、部件（指所属较小部件）序号应与明细栏中的序号一致。

2. 序号的组成

装配图中的序号由指引线（细实线）、圆点（或箭头）、横线（或圆圈）和序号数字组成，如图 9-10a 所示。具体要求如下：

① 指引线不要与轮廓线或剖面线等图线平行，指引线与指引线不允许相交，但指引线允许弯折一次。

② 指引线末端不便画出圆点时，可在指引线末端画出箭头，箭头指向该零件的轮廓线，如图 9-10b 所示。

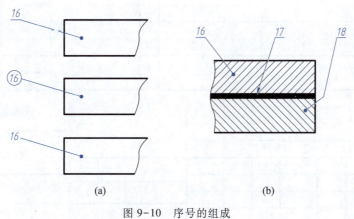

(a)　　　　　　　　(b)

图 9-10 序号的组成

③ 序号数字比装配图中的尺寸数字大一号或大两号。

3. 零件组序号

对紧固件组或装配关系清楚的零件组,允许采用公共指引线,如图 9-11 所示。

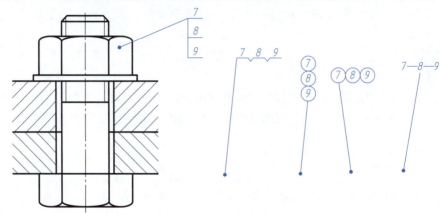

图 9-11　零件组序号

4. 序号的排列

零件的序号应沿水平或垂直方向按顺时针或逆时针方向顺次排列,并尽量使序号间隔相等,如图 9-11 所示。

9.3.3　标题栏及明细栏(表)

标题栏格式由前述的 GB/T 10609.1—2008 确定,明细栏则按 GB/T 10609.2—2009 的规定绘制。如图 9-12 所示为明细栏配置在装配图中标题栏上方时的一种格式。企业也可视需要适当调整标题栏、明细栏格式。

扫一扫

明细栏

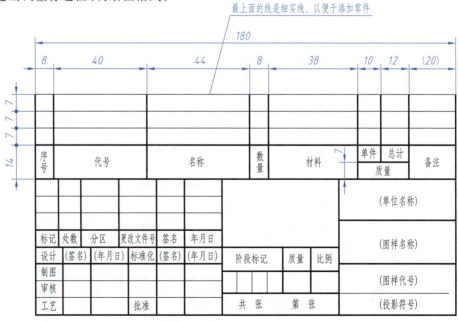

图 9-12　装配图标题栏和明细栏格式

绘制和填写标题栏、明细栏时应注意以下问题：

① 明细栏和标题栏的分界线是粗实线，明细栏的外框竖线和内部竖线是粗实线，明细栏的横线是细实线（包括最上一条横线）。

② 序号应自下而上顺序填写，如向上延伸位置不够，可以在标题栏紧靠左边自下而上延续。

③ 标准件的标准编号要写入代号一栏。

9.4 常见的装配工艺结构

了解装配体上一些有关装配的工艺结构和常见装置，可使图样画得更合理，以满足装配要求。

9.4.1 装配工艺结构

① 为了避免装配时表面互相发生干涉，两零件在同一方向上只应有一个接触面，如图 9-13 所示。

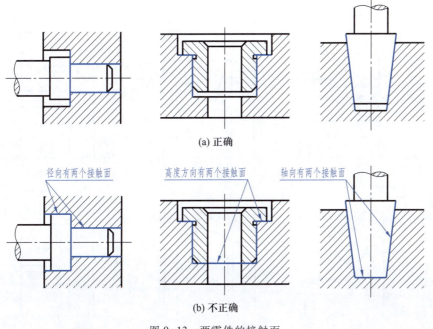

图 9-13 两零件的接触面

扫一扫
装配工艺结构

如图 9-2 所示的滑动轴承装配图中，轴承盖、轴承座和上、下轴衬在竖直方向通过 $\phi 60 \dfrac{\text{H8}}{\text{k7}}$ 接触，所以轴承盖和座在竖直方向无接触面。

② 两零件有一对垂直相交的表面接触时，在转角处应制出倒角、圆角、凹槽等，以保证表面接触良好，如图 9-14 所示。

③ 零件的结构设计要考虑维修时拆卸方便，如图 9-15 所示。其中图 9-15a 所示的结构易于拆卸，图 9-15b 所示的结构无法拆卸。

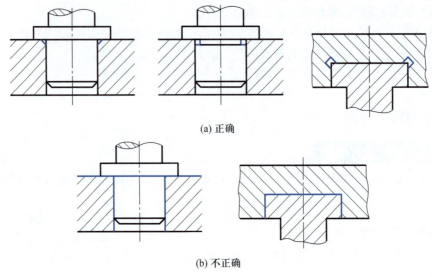

(a) 正确

(b) 不正确

图 9-14 直角接触面处的结构

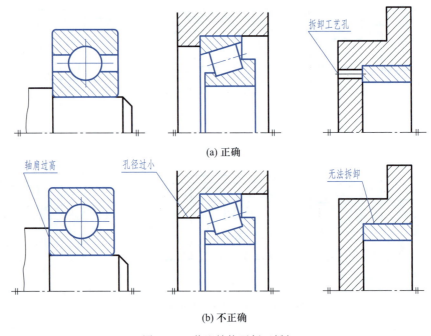

(a) 正确

(b) 不正确

图 9-15 装配结构要便于拆卸

④ 用螺纹联接的地方要留足装拆时的活动空间,如图 9-16 所示。

9.4.2 机器上的常见装置

1. 螺纹防松装置

为防止机器在工作中由于振动而将螺纹联接件松开,常采用双螺母、弹簧垫圈、止动垫圈、开口销等防松装置,其结构如图 9-17 所示。

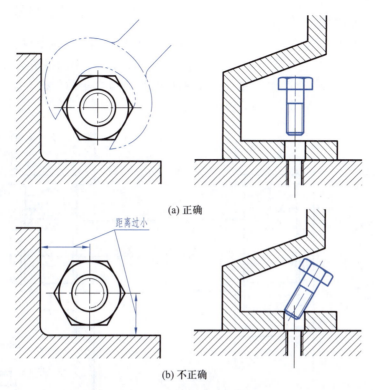

(a) 正确

(b) 不正确

图 9-16　螺纹联接装配结构

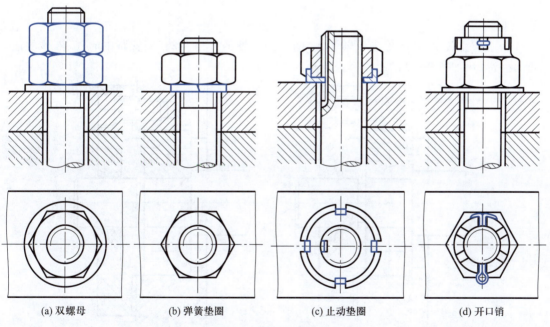

(a) 双螺母　　　　(b) 弹簧垫圈　　　　(c) 止动垫圈　　　　(d) 开口销

图 9-17　螺纹防松装置

2. 滚动轴承的固定装置

使用滚动轴承时,需根据受力情况将滚动轴承的内、外圈固定在轴上或机体的孔中。因考虑到工作温度的变化,会导致滚动轴承卡死而无法工作,所以不能将两端的轴承内、外圈全部固定,一般可以一端固定,另一端留有轴向间隙,允许有极小的伸缩。如图 9-18 所示,右端轴承内、外圈均做了固定,左端只固定了内圈。

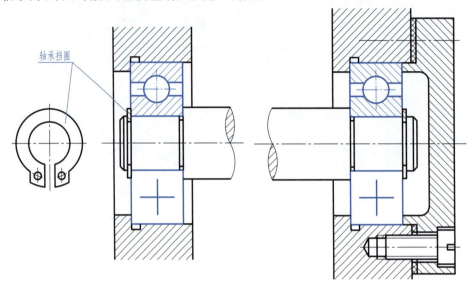

图 9-18 滚动轴承固定装置

3. 密封装置

为了防止灰尘、杂屑等进入轴承,并防止润滑油的外溢和阀门、管路中的气、液体的泄漏,通常采用如图 9-19 所示的密封装置。

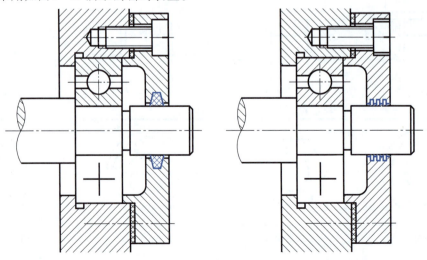

(a)

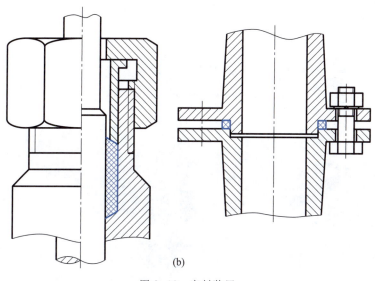

(b)

图 9-19 密封装置

9.5 部件测绘和装配图画法

9.5.1 部件测绘

根据现有部件(或机器)画出其装配图和零件图的过程称为部件(或机器)测绘。在新产品设计、引进先进技术以及对原有设备进行技术改造和维修时,有时需要对现有的机器或零、部件进行测绘,画出其装配图、零件图。因此,掌握测绘技术对工程技术人员具有重要意义。

以下结合齿轮油泵介绍部件测绘的方法和步骤。

1. 了解和分析部件结构

部件测绘时,首先要对部件进行研究分析,了解其工作原理、结构特点和部件中各零件的装配关系。

齿轮油泵是机床等设备常用的润滑系统的供油泵,其基础零件是泵体,主要零件有传动齿轮、泵盖、轴等,细节部分有密封结构、螺钉联接等。其装配关系如图 9-20 所示。

齿轮油泵的工作原理图如图 9-21 所示。当主动齿轮做逆时针方向旋转时,带动从动齿轮作顺时针方向的旋转。这时,右边啮合的轮齿逐渐分开,空腔体积逐渐扩大,压力降低,因而机油被吸入,齿隙中的油随着齿轮的继续旋转被带到左边;而左边的各对轴齿又重新啮合,空腔体积减小,使齿隙中不断挤出的机油成为高压油,并由出口压出,经管道送到需要润滑的各零件间。

由图 9-20 所示可以看出,齿轮油泵主要有两个装配关系:一个是齿轮副啮合,另一个是压盖与压紧螺母处的填料密封装置。此外,泵盖和泵体由 6 个螺钉联接,中间有纸板密封垫。齿轮与轴用圆柱销联接。主要的装配轴线为主动齿轮轴。

2. 画装配示意图

装配示意图用来表示部件中各零件的相互位置和装配关系,是部件拆卸后重新装配和

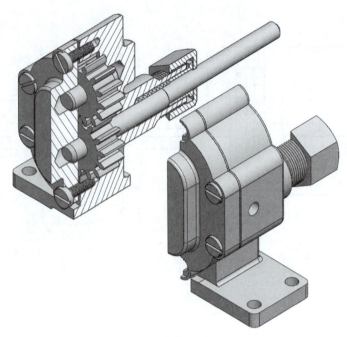

图 9-20　齿轮油泵轴测图

画装配图的依据。如图 9-22 所示为齿轮油泵的装配示意图。

从图 9-22 可以看出装配示意图有以下特点：

① 装配示意图只用简单的符号和线条表达部件中各零件的大致形状和装配关系。

② 一般零件可用简单图形画出其大致轮廓。形状简单的零件如螺钉、轴等可用单线表示，其中常用的标准件可用国家标准规定的示意图符号表示，如轴承、键等。

③ 相邻两零件的接触面或配合面之间应留有间隙，以便区别。

④ 零件可看作透明体，且没有前后之分，均为可见。

⑤ 全部零件应进行编号，并填写明细栏。

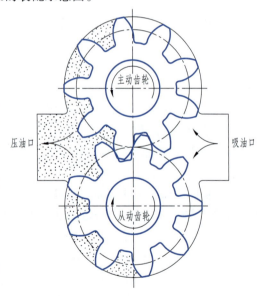

图 9-21　齿轮油泵的工作原理图

3. 拆卸零件

拆卸零件前要研究拆卸方法和拆卸顺序，不可拆的部分要尽量不拆，不能采用破坏性拆卸方法。

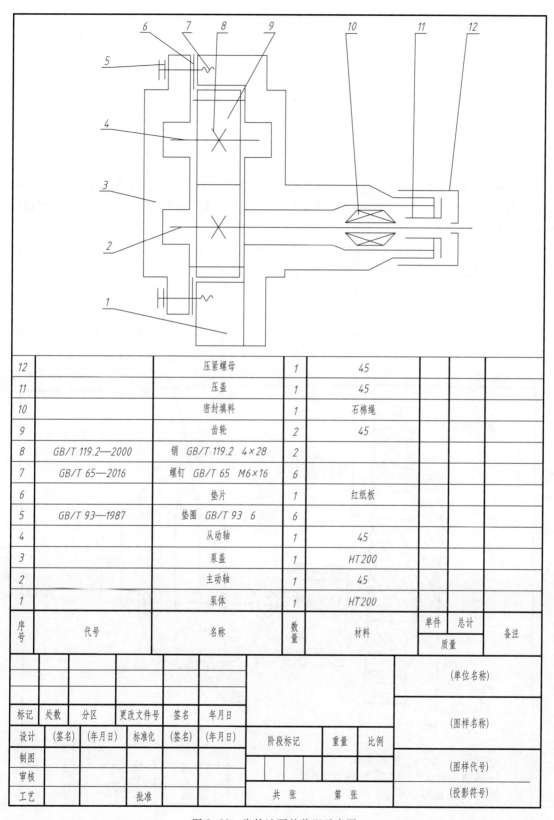

12		压紧螺母	1	45			
11		压盖	1	45			
10		密封填料	1	石棉绳			
9		齿轮	2	45			
8	GB/T 119.2—2000	销 GB/T 119.2 4×28	2				
7	GB/T 65—2016	螺钉 GB/T 65 M6×16	6				
6		垫片	1	红纸板			
5	GB/T 93—1987	垫圈 GB/T 93 6	6				
4		从动轴	1	45			
3		泵盖	1	HT 200			
2		主动轴	1	45			
1		泵体	1	HT 200			
序号	代号	名称	数量	材料	单件 质量	总计	备注

							(单位名称)
标记	处数	分区	更改文件号	签名	年月日		(图样名称)
设计	(签名)	(年月日)	标准化	(签名)	(年月日)	阶段标记　　重量　　比例	
制图							(图样代号)
审核							
工艺			批准			共 张　　第 张	(投影符号)

图 9-22　齿轮油泵的装配示意图

　　拆卸前要测量一些重要尺寸,如运动部件的极限位置和装配间隙等。拆卸后要对零件进行编号、清洗,并妥善保管,以免损坏丢失。

4. 画零件草图

　　对所有非标准零件,均要绘制零件草图。零件草图应包括零件图的所有内容。如图9-23~图9-27所示分别绘制了齿轮油泵主要零件的零件草图。

9.5.2　画装配图

1. 装配图的视图选择

　　装配图的作用是表达机器或部件的工作原理、装配关系以及主要零件的结构形状。视图选择的目的是以最少的视图,完整、清晰地表达出机器或部件的装配关系和工作原理,其一般步骤为:

　　① 进行部件分析　对要绘制的机器或部件的工作原理,装配关系及主要零件的形状,零件与零件之间的相对位置,定位方式等进行深入细致的分析。

　　② 确定主视图方向　主视图的选择应能较好地表达部件的工作原理和主要装配关系,并尽可能按工作位置放置,使主要装配轴线处于水平或垂直位置。

　　③ 确定其他视图　针对主视图还没有表达清楚的装配关系和零件间的相对位置,选用其他视图给予补充(剖视图、断面图、拆去某些零件、剖视图中再套用剖视图),以期将装配关系表达清楚。

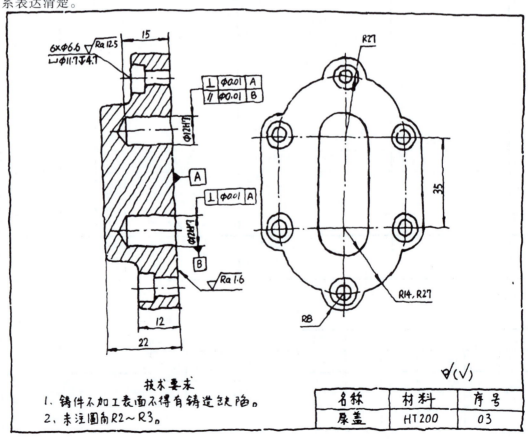

图 9-23　泵盖草图

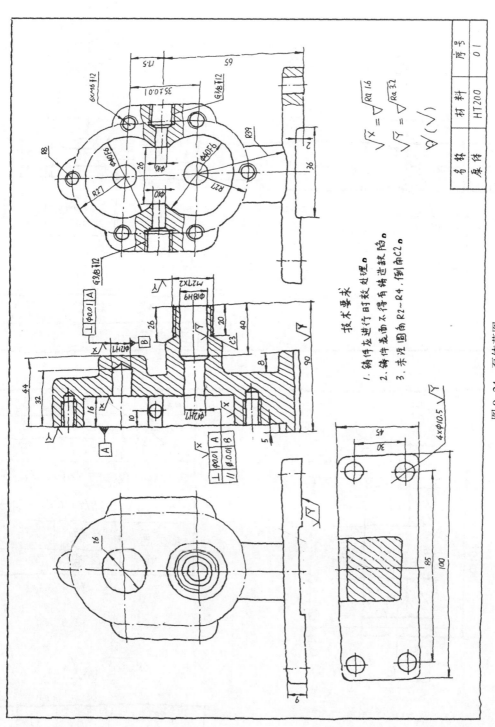

图 9-24 泵体草图

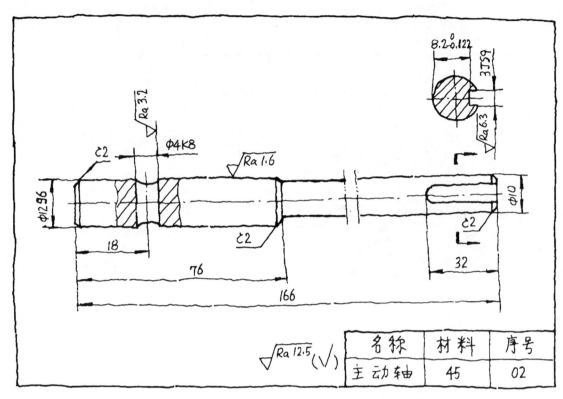

图 9-25　主动轴零件草图

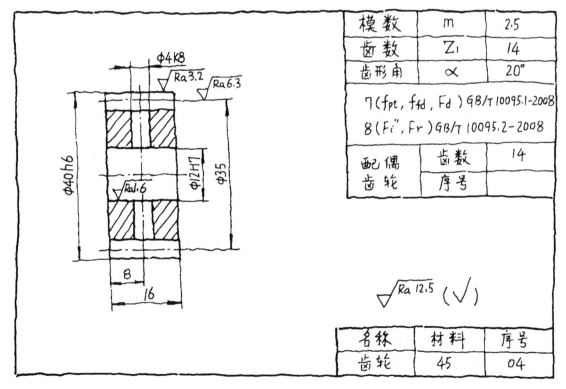

图 9-26　齿轮零件草图

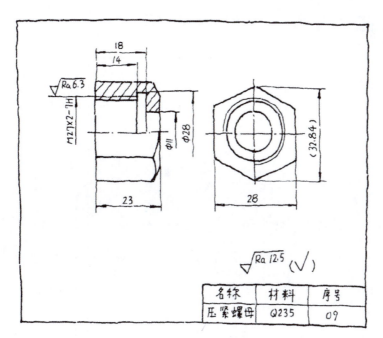

图 9-27　压紧螺母零件草图

　　确定机器或部件的表达方案时,可以多设计几套方案,每套方案一般均有优、缺点,通过分析再选择其中比较理想的表达方案。

　　齿轮油泵的表达方案为:以能表达油泵的形状结构、安装情况的一面作为主视图,并采用全剖视图,把油泵的主要零件之间的相对位置、装配关系及连接方式表达出来。由于结构对称,所以左视图采用了沿接合面剖切的半剖视图,这就清楚地表达了齿轮油泵的工作原理和螺钉的分布位置。此外,左视图还采用了局部剖视图,分别表达了吸油孔的形状结构及安装孔的形状。最终方案如图 9-31 所示。

2. 装配图的画图步骤

　　确定表达方案后,就可着手画图。画图时必须遵守以下步骤:

　　① 选比例、定图幅、布图、绘制基础零件的轮廓线。

　　应尽可能采用 1∶1 的比例,这样有利于想象物体的形状和大小。需要采用放大或缩小的比例时,必须采用 GB/T 14690—1993 推荐的比例。确定比例后,根据表达方案确定图幅。确定图幅和布图时要考虑标题栏和明细栏的大小和位置,然后从基础零件的轮廓线入手绘制。如图 9-28 所示,绘制齿轮油泵的装配图就是从齿轮开始的。

　　② 绘制主要零件的轮廓线。

　　齿轮油泵的主要零件是泵体、泵盖和齿轮。画出齿轮的主要轮廓线后,接着画泵体、泵盖的轮廓线,如图 9-29 所示。

　　③ 绘制细部零件及结构。

　　画完齿轮油泵的主要零件的基本轮廓线之后,可继续绘制详细部件、零件的结构,如螺钉联接、填料、压盖、压紧螺母等,如图 9-30 所示。

　　④ 整理加深图线,标注尺寸、编号、填写明细栏和标题栏,写出技术要求,完成全图,如图 9-31 所示。

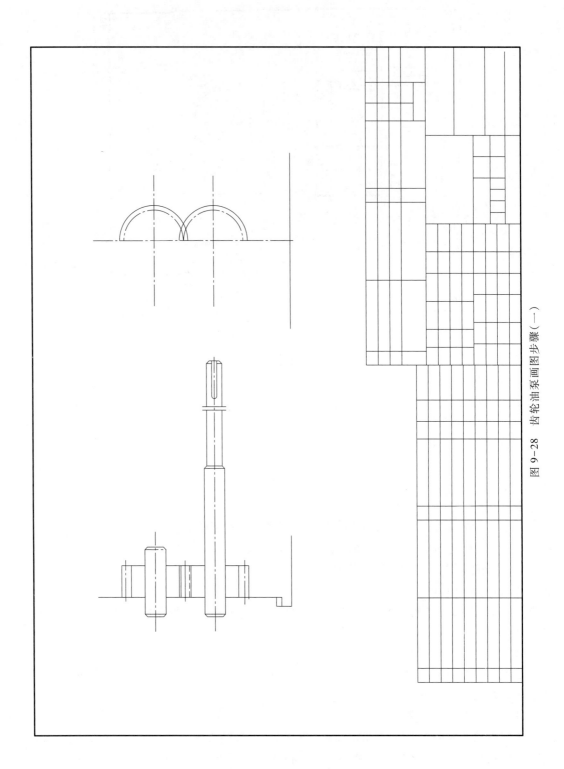

图 9-28 齿轮油泵画图步骤(一)

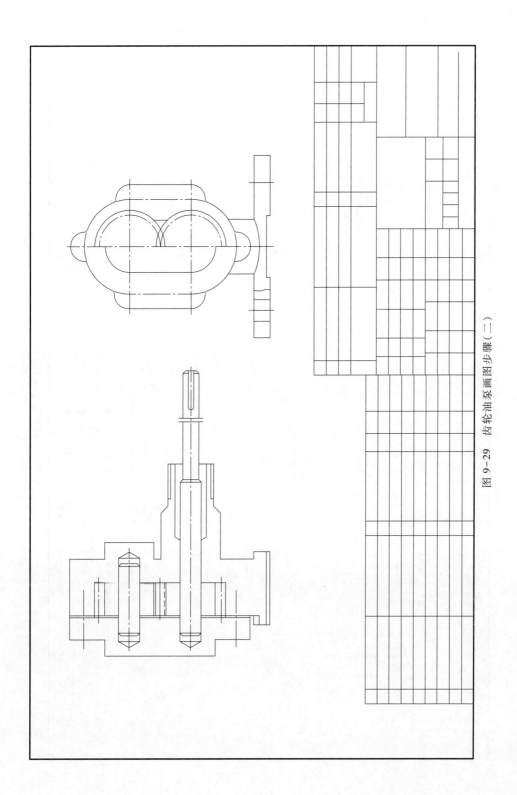

图 9-29 齿轮油泵画图步骤（二）

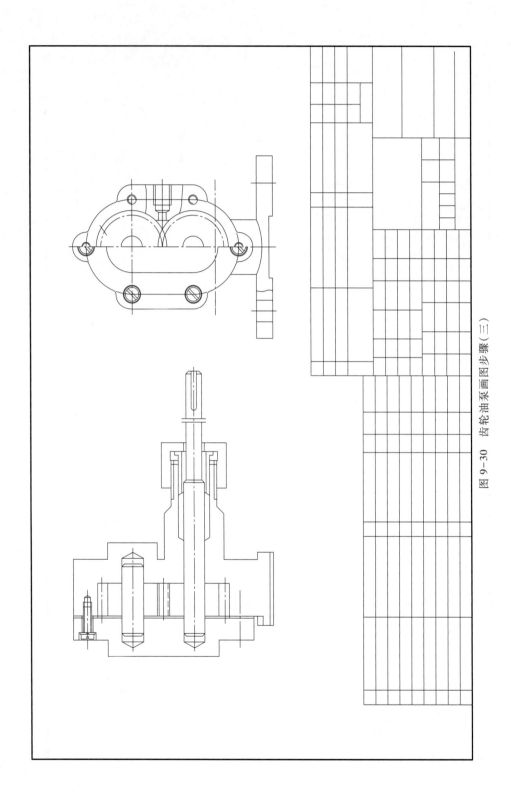

图 9-30 齿轮油泵画图步骤（三）

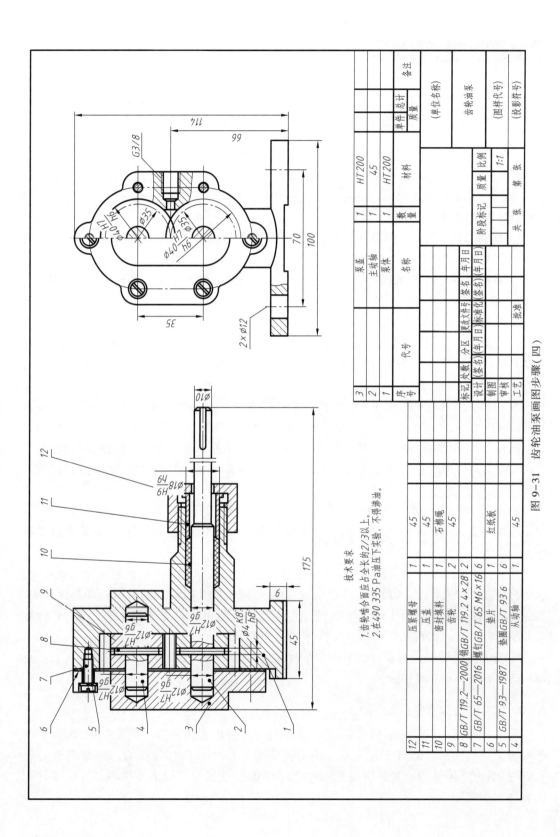

技术要求

1. 齿轮啮合面应占全长的2/3以上。
2. 在490 335 Pa油压下实验，不得渗油。

图9-31 齿轮油泵画图步骤（四）

序号	代号	名称	数量	材料	备注
3		泵盖	1	HT200	
2		主动轴	1	45	
1		泵体	1	HT200	

12		压紧螺母	1	45	
11		压盖	1	45	
10		密封填料	1	石棉绳	
9		齿轮	2	45	
8	GB/T 119.2—2000	销GB/T 119.2 4×28	2		
7	GB/T 65—2016	螺钉GB/T 65 M6×16	6		
6		垫片	1	红纸板	
5	GB/T 93—1987	垫圈GB/T 93 6	6		
4		从动轴	1	45	

（单位名称）

齿轮油泵

（图样代号）

（投影符号）

比例 1:1

第 张 共 张

9.6　读装配图和拆画零件图

读装配图应特别注意从机器或部件中分离出每一个零件,并分析其主要结构形状和作用,以及同其他零件的关系。然后再将各个零件合在一起,分析机器或部件的作用、工作原理及防松、润滑、密封等系统的原理和结构等。必要时还应查阅有关的专业资料。

9.6.1　读装配图的方法和步骤

不同的工作岗位看图的目的是不同的,如有的仅需要了解机器或部件的用途和工作原理;有的要了解零件的连接方法和拆卸顺序;有的要拆画零件图等。一般说来,应按以下方法和步骤读装配图:

① 概括了解　从标题栏和有关的说明书中了解机器或部件的名称和大致用途;从明细栏和图中的编号了解机器或部件的组成。

② 对视图进行初步分析　明确装配图的表达方法、投影关系和剖切位置,并结合标注的尺寸,想象出主要零件的主要结构形状。

如图 9-32 所示的阀的装配图。该部件装配在液体管路中,用以控制管路的“通”与“不通”。该图采用了主(全剖视图)、俯(全剖视图)、左三个视图和一个 B 向局部视图的表达方法。有一条装配轴线,部件通过阀体上的 G1/2 螺孔、4×φ8 的螺栓孔和管接头上的 G3/4 螺孔装入液体管路中。

③ 分析工作原理和装配关系　在概括了解的基础上,应对照各视图进一步研究机器或部件的工作原理、装配关系,这是看懂装配图的一个重要环节。看图时应先从反映工作原理的视图入手,分析机器或部件中零件的情况,从而了解工作原理。然后再根据投影规律,从反映装配关系的视图着手,分析各条装配轴线,弄清零件相互间的配合要求、定位和连接方式等。

如图 9-32 所示阀的工作原理从主视图看最清楚。即当杆 1 受外力作用向左移动时,钢珠 4 压缩弹簧 5,阀门被打开,当去掉外力时钢珠在弹簧作用下将阀门关闭。旋塞 7 可以调整弹簧作用力的大小。

阀的装配关系也从主视图看最清楚。左侧将钢珠 4、压缩弹簧 5 依次装入管接头 6 中,然后将旋塞 7 拧入管接头,调整好弹簧压力,再将管接头拧入阀体左侧 M30×1.5 的螺孔中。右侧将杆 1 装入塞子 2 的孔中,再将塞子 2 拧入阀体右侧 M30×1.5 的螺孔中。杆 1 和管接头 6 径向有 1 mm 的间隙,管路接通时,液体由此间隙流过。

④ 分析零件结构　对主要的复杂零件要进行投影分析,想象出其形状及结构,必要时可按下述方法画出其零件图。

9.6.2　由装配图拆画零件图

为了看懂某一零件的结构形状,必须先把这个零件的视图由整个装配图中分离出来,然后想象其结构形状。对于表达不清的地方要根据整个机器或部件的工作原理进行补充,然后画出其零件图。这种由装配图画出零件图的过程称为拆画零件图。拆画零件图的方法和步骤如下:

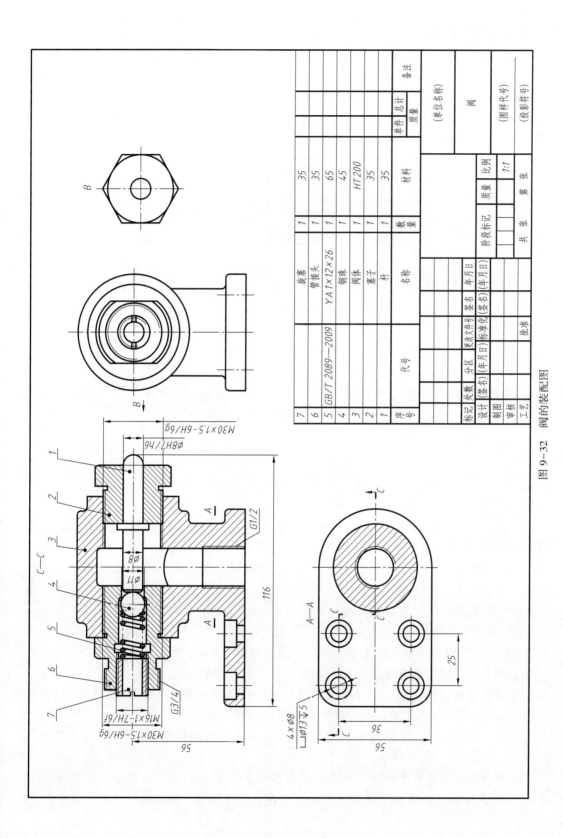

图 9-32 阀的装配图

序号	代号	名称	数量	材料	单件	总计	备注
					质量		
7		填塞	1	35			
6		管接头	1	35			
5	GB/T 2089—2009	YA1×12×26	1	65			
4		钢球	1	45			
3		阀体	1	HT200			
2		塞子	1	35			
1		杆	1	35			

（1）看懂装配图

将要拆画的零件从整个装配图中分离出来。例如,我们要拆画阀装配图中阀体 3 的零件图,首先应将阀体 3 从主、俯、左三个视图中分离出来,然后想象其形状。对于大体形状想象并不困难,但阀体内形腔的形状,因左、俯视图没有表达,所以不易想象,但通过主视图中 G1/2 螺孔上方的相贯线形状得知,阀体形腔为圆柱形,轴线水平放置,且圆柱孔的长度等于 G1/2 螺孔的钻孔直径长度,如图 9-33 所示。

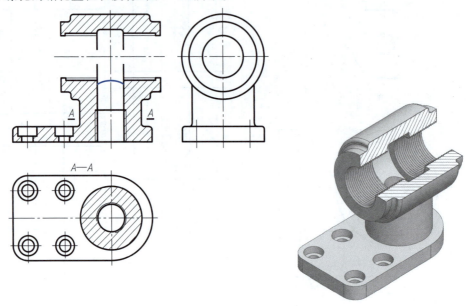

图 9-33　拆画装配图过程

（2）确定视图表达方案

看懂零件的形状后,要根据零件的结构形状及在装配图中的工作位置或零件的加工位置,重新选择视图,确定表达方案。此时可以参考装配图的表达方案,但要注意不受原装配图的限制。如图 9-34 所示阀体的表达方法,主、俯视图和装配图相同,左视图采用了半剖视图。

（3）标注尺寸

由于装配图上给出的尺寸较少,而在零件图上则需注出零件各组成部分的全部尺寸,所以很多尺寸是在拆画零件图时才确定的,此时应注意以下几点:

① 凡是在装配图上已给出的尺寸,在零件图上可直接注出。

② 某些设计时计算的尺寸(如齿轮啮合的中心距)及查阅标准手册而确定的尺寸(如键槽等尺寸),应按计算所得数据及查表值准确标注,不得圆整。

③ 除上列尺寸外,零件的一般结构尺寸,可按比例从装配图上直接量取,并作适当圆整。

④ 标注零件各表面粗糙度、几何公差及技术要求时,应结合零件各部分的功能、作用及要求,合理选择精度要求,同时还应使标注数据符合有关标准。阀体的尺寸标注如图 9-34 所示。

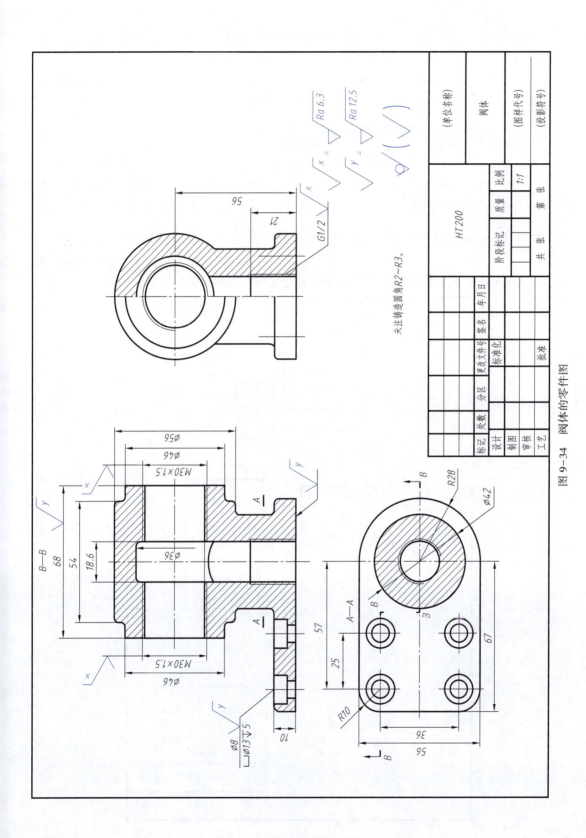

图 9-34 阀体的零件图

拆画零件图是一种综合能力训练。它不仅要具有看懂装配图的能力,而且还应具备有关的专业知识。随着计算机绘图技术的普及提高,拆画零件图变得更容易,如果已由计算机绘出机器或部件的装配图,可对被拆画的零件进行复制,然后加以整理,并标注尺寸,即可画出零件图。本节的阀体零件图,就是采用这种方法拆画的。

9.7　利用 SolidWorks 创建部件装配体和装配图

　　装配体是由若干个零件或子装配体组合成的复合体。装配体的设计常采用"自下而上"的设计方法,即先生成零件,再生成子装配体,子装配体和零件生成上一级装配体,以此类推生成最终机器或部件装配体。

9.7.1　利用 SolidWorks 创建滑轮支架装配体

　　如图 9-35 所示为滑轮支架的装配示意图,在 8.9 节我们已经创建了 4 个非标准零件的模型,下面根据装配示意图和零件模型,创建滑轮支架的装配体模型,并生成装配图。

模型

图 9-35

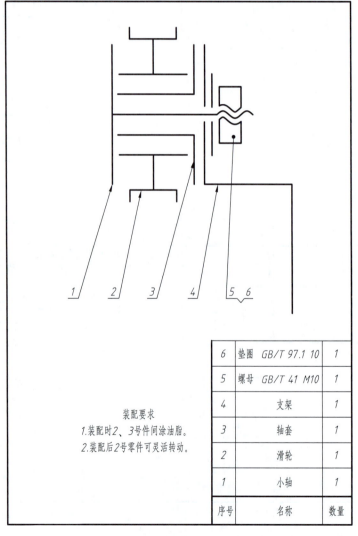

装配要求
1.装配时2、3号件间涂油脂。
2.装配后2号零件可灵活转动。

6	垫圈　GB/T 97.1 10	1
5	螺母　GB/T 41 M10	1
4	支架	1
3	轴套	1
2	滑轮	1
1	小轴	1
序号	名称	数量

图 9-35　滑轮支架的装配示意图

创建装配体模型的操作步骤如下:

第一步:运行 SolidWorks 之后,单击标准工具栏上的"新建"按钮,在打开的"新建 SolidWorks 文件"对话框中单击"模板"(如果是以"新手"用户打开,就单击"高级"按钮),选中"用户装配体模板图"(8.8.2 节创建的装配体模板图),然后单击"确定"按钮。

第二步:在"开始装配体"操作面板中单击"浏览"按钮,到 8.9.1 节创建并存储的文件夹中拾取"04-支架"零件,在绘图区域单击插入第一个零件支架。插入的第一个零件,系统默认状态是固定的。

第三步:插入第二个零件的操作方法和步骤如下:

① 单击"装配体"工具条上的"插入零部件"按钮,在"插入零部件"操作面板中单击"浏览"按钮,到 8.9.1 节用户创建并存储的文件夹中拾取"01-小轴",在绘图区域单击插入第二个零件小轴。

② 单击"装配体"工具条上的"移动零件"和"旋转零部件"按钮,将小轴调整到合适的装配位置。

③ 单击"装配体"工具条上的 配合 按钮,按图 9-36 所示,拾取支架的 $\phi12$ 内孔柱面和小轴柱面(小轴任一柱面均可),添加"同心"配合,按图 9-36 所示,拾取支架左侧平面和小轴轴肩平面,添加"重合"配合。

第四步:重复第三步插入"03-轴套"和"02-滑轮",装配后的结构如图 9-37 所示(剖视图)。

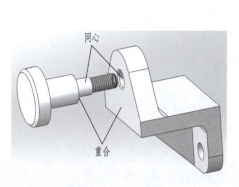

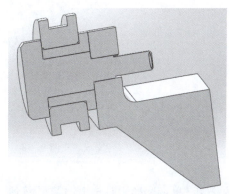

扫一扫

SolidWorks 标准件库的使用方法

图 9-36 添加配合   图 9-37 装配效果

第五步:插入标准件垫圈和螺母

插入标准件的操作步骤如下:

① 新建一个空白装配体文档,单击下拉菜单"工具|插件(D)…",在打开的对话框中选中 ☑ SolidWorks Toolbox Browser 选项,然后单击"确定"按钮。

因为 SolidWorks 的标准件库很大,不能加载到模型文档中(如果加载到模型文档,模型文档的字节数会很大),所以每次在使用标准件库时都要加载该库后才能使用。另外用 SolidWorks 2013 版本的标准件库生成的标准件,不能在其他 SolidWorks 版本中引用,如果要想解决这些问题,可以采用外挂的其他商品标准件。

② 单击绘图区域右侧的"设计库" 按钮,随即打开"设计库"操作面板,在上方目录列

表中选择"Toolbox|GB|垫圈和挡圈|平挡圈",在下方窗口的实例中选择"平垫圈 A 级 GB/T 97.1—2002",将其拖入绘图区域,在右侧的"配置零部件"操作面板中输入参数 10,单击"对勾"按钮完成操作。

③ 在绘图区域单击垫圈,在弹出的操作列表中选择"打开" 按钮,即可在零件建模状态下打开垫圈。单击下拉菜单"文件|属性",按图 8-48 所示自定义属性,"图样代号"的数值设为"GB/T 97.1—2002"。单击下拉菜单"工具|选项",打开"文档属性"对话框,按图 8-47 所示自定义度量单位,修改质量的单位为"公斤"(即 kg)。单击标准工具栏上的"保存"按钮,在弹出的对话框中选择"另存为副本…",将文件保存在用户指定的文件夹中,文件名为"垫圈　GB/T 97.1　10",文件类型为"零件(*.prt; *.sld-prt)"。

④ 重复②和③生成螺母标准件,螺母在设计库目录列表中的位置是"Toolbox|GB|螺母|六角螺母",在下方窗口的实例中为"六角螺母 C 级 GB/T 41—2016"。自定义属性中"图样代号"的数值设为"GB/T 41—2016"。保存文件名为"螺母　GB/T 41　M10"。

⑤ 关闭为生成标准件打开的零件和装配体文档,返回滑轮支架装配体文档。

⑥ 重复第三步插入垫圈和螺母。为了使螺母的一个侧面在生成工程图时平行于投影面,可以为螺母的一个侧面和"04-支架"的系统基准面添加"平行"配合。完成的装配体如图 9-38 所示(剖视图)。

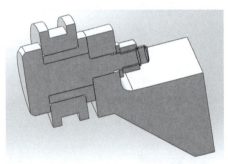

图 9-38　滑轮支架装配体

第六步:单击标准工具栏上"保存"按钮,将文件保存在用户指定的文件夹中,文件名为"00-滑轮支架",文件类型为"装配体(*.asm; *.sldasm)"。

9.7.2　生成滑轮支架装配图

SolidWorks 中生成装配图和生成零件图的基本操作(工程图模板、生成视图、标注尺寸、填写标题栏)相同,但是装配图要对零件或子装配体编号,要填写明细栏,如果零件建模采用8.8.1 创建的"用户零件模板图"作模板文件,并按零件"材料标记""图样代号"等修改"自定义属性",在采用 8.8.4 创建的"用户明细栏模板"时,可以实现自动填写明细栏。生成装配图的操作步骤如下:

第一步:单击标准工具栏上的"新建"按钮,在打开的"新建 SolidWorks 文件"对话框中单击"模板"(如果是以"新手"用户打开,就单击"高级"按钮),选中"用户工程图模板图"(8.4.3 节创建的工程图模板图),然后单击"确定"按钮。

第二步:在打开的"模型视图"操作面板中单击"浏览"按钮,找到并选中 9.7.1 生成并保存的滑轮支架装配体模型"00-滑轮支架",单击"打开"按钮。

第三步:在"工程视图 1"操作面板中,选择标准视图为主视图,比例选择"使用图纸比例",单击"对勾"按钮完成操作。

第四步:单击"视图布局"工具条上的断开的按钮→用鼠标铅笔在主视图外绘制一条闭合

曲线包围主视图→弹出"剖面范围"对话框→在设计树中展开"工程图视图 1"→展开"00-滑轮支架"→选择小轴、垫圈和螺母不剖→单击"剖面范围"对话框中的"确定"按钮→"断开的剖面视图"操作面板中按要求输入深度,在绘图区域单击小轴的圆柱轮廓线(用轮廓边线确定剖切平面位置)→单击"断开的剖面视图"操作面板中的"对勾"按钮完成操作。

因为只有一个视图,且为采用单一剖切平面的全剖视图,用"断开的剖视图"功能可以实现这一表达方法。

第五步:单击"注解"工具条上的"中心线"按钮,为主视图上的孔添加中心线。

第六步:选中轴套的剖面线,修改其方向。

第七步:鼠标指向左下角的"图纸 1",单击鼠标右键,在弹出的菜单中选择"属性"选项,在打开的"图纸属性"对话框中将比例修改为 1:1。

第八步:单击"注解"工具条中的"智能尺寸"按钮,标注尺寸。

第九步:单击"注解"工具条中的"自动零件序号"按钮,在视图上单击选取,然后拖动序号到合适的位置。

第十步:单击"注解"工具条中的"表格/材料明细表"按钮,按 8.8.4 节的方法定位明细栏。

完成的滑轮支架装配图如图 9-39 所示。

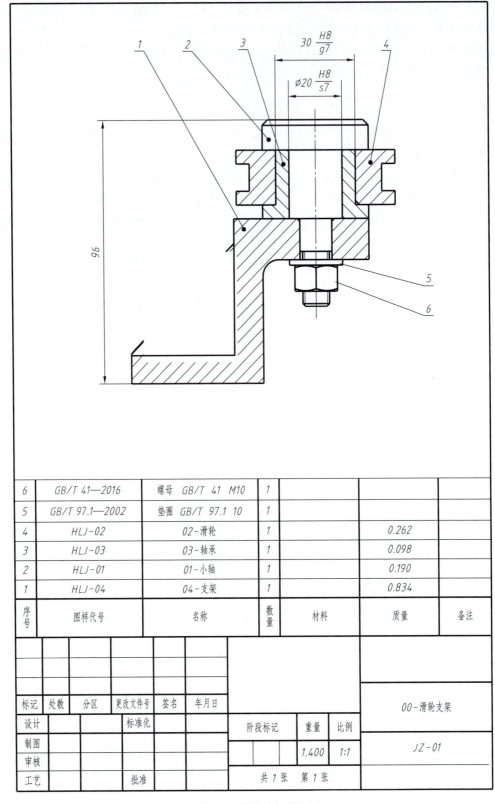

6	GB/T 41—2016	螺母 GB/T 41 M10	1			
5	GB/T 97.1—2002	垫圈 GB/T 97.1 10	1			
4	HLJ-02	02-滑轮	1		0.262	
3	HLJ-03	03-轴承	1		0.098	
2	HLJ-01	01-小轴	1		0.190	
1	HLJ-04	04-支架	1		0.834	
序号	图样代号	名称	数量	材料	质量	备注

标记	处数	分区	更改文件号	签名	年月日				00-滑轮支架
设计			标准化			阶段标记	重量	比例	
制图							1.400	1:1	JZ-01
审核									
工艺			批准			共 1 张　第 1 张			

图 9-39　滑轮支架装配图

附　　录

一、螺纹

附表 1-1　普通螺纹直径与螺距系列(GB/T 193—2003)、基本尺寸(GB/T 196—2003)摘编　mm

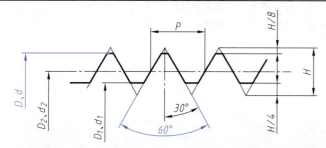

公称直径 D、d		螺距 P		粗牙中径	粗牙小径
第一系列	第二系列	粗　牙	细　牙	D_2、d_2	D_1、d_1
3		0.5	0.35	2.675	2.459
	3.5	0.6		3.110	2.850
4		0.7		3.545	3.242
	4.5	0.75	0.5	4.013	3.688
5		0.8		4.480	4.134
6		1	0.75	5.350	4.917
7				6.350	5.197
8		1.25	1,0.75	7.188	6.647
10		1.5	1.25,1,0.75	9.026	8.376
12		1.75	1.25,1	10.863	10.106
	14	2	1.5,1.25*,1	12.701	11.835
16		2	1.5,1	14.701	13.835
	18	2.5	2,1.5,1	16.376	15.294
20		2.5		18.376	17.294
	22	2.5	2,1.5,1	20.376	19.294
24		3	2,1.5,1	22.051	20.752
	27	3	2,1.5,1	25.051	23.752
30		3.5	(3),2,1.5,1	27.727	26.211
	33	3.5	(3),2,1.5	30.727	29.211
36		4	3,2,1.5	33.402	31.670
	39	4		36.402	34.670

续表

公称直径 D、d		螺距 P		粗牙中径 D_2、d_2	粗牙小径 D_1、d_1
第一系列	第二系列	粗　牙	细　牙		
42		4.5	4,3,2,1.5	39.077	37.129
	45	4.5		42.077	40.129
48		5		44.752	42.587
	52	5		48.752	46.587
56		5.5	4,3,2,1.5	52.428	50.046
	60	5.5		56.428	54.046
64		6		60.103	57.505
	68	6		64.103	61.505

注:1. 优先选用第一系列,括号内尺寸尽可能不用,第三系列未列入。

2. * M14×1.25 仅用于火花塞。

附表 1-2　55°密封管螺纹　第 1 部分　圆柱内螺纹与圆锥外螺纹(GB/T 7306.1—2000) 摘编
　　　　　　　　　　　　　　　　第 2 部分　圆锥内螺纹与圆锥外螺纹(GB/T 7306.2—2000)

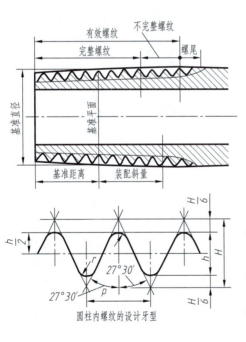

圆柱内螺纹的设计牙型

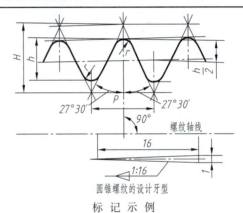

圆锥螺纹的设计牙型

标 记 示 例

GB/T 7306.1—2000	GB/T 7306.2—2000
尺寸代号 3/4,右旋,圆柱内螺纹:$R_p 3/4$	尺寸代号 3/4,右旋,圆锥内螺纹:$R_c 3/4$
尺寸代号 3,右旋,圆锥外螺纹:$R_1 3$	尺寸代号 3,右旋,圆锥外螺纹:$R_2 3$
尺寸代号 3/4,左旋,圆柱内螺纹:$R_p 3/4LH$	尺寸代号 3/4,左旋,圆锥内螺纹:$R_c 3/4LH$
右旋圆锥外螺纹、圆柱内螺纹螺纹副:$R_p / R_1 3$	右旋圆锥内螺纹、圆锥外螺纹螺纹副:$R_c / R_2 3$

尺寸代号	每 25.4mm 内所含的牙数 n	螺距 P/mm	牙高 h/mm	基准平面内的基本直径			基准距离(基本)/mm	外螺纹的有效螺纹不小于/mm
				大径(基准直径) $d(=D)$/mm	中径 $d_2(=D_2)$/mm	小径 $d_1(=D_1)$/mm		
1/16	28	0.907	0.581	7.723	7.142	6.561	4	6.5
1/8	28	0.907	0.581	9.728	9.147	8.566	4	6.5
1/4	19	1.337	0.856	13.157	12.301	11.445	6	9.7
3/8	19	1.337	0.856	16.662	15.806	14.950	6.4	10.1

续表

尺寸代号	每25.4mm内所含的牙数 n	螺距 P/mm	牙高 h/mm	基准平面内的基本直径			基准距离（基本）/mm	外螺纹的有效螺纹不小于/mm
				大径（基准直径）$d(=D)$/mm	中径 $d_2(=D_2)$/mm	小径 $d_1(=D_1)$/mm		
1/2	14	1.814	1.162	20.955	19.793	18.631	8.2	13.2
3/4	14	1.814	1.162	26.441	25.279	24.117	9.5	14.5
1	11	2.309	1.479	33.249	31.770	30.291	10.4	16.8
1 1/4	11	2.309	1.479	41.910	40.431	38.952	12.7	19.1
1 1/2	11	2.309	1.479	47.803	46.324	44.845	12.7	19.1
2	11	2.309	1.479	59.614	58.135	56.656	15.9	23.4
2 1/2	11	2.309	1.479	75.184	73.705	72.226	17.5	26.7
3	11	2.309	1.479	87.884	86.405	84.926	20.6	29.8
4	11	2.309	1.479	113.030	111.551	110.072	25.4	35.8
5	11	2.309	1.479	138.430	136.951	135.472	28.6	40.1
6	11	2.309	1.479	163.830	162.351	160.872	28.6	40.1

附表 1-3　55°非密封管螺纹（GB/T 7307—2001）摘编

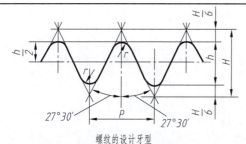

螺纹的设计牙型

标 记 示 例

尺寸代号2，右旋，圆柱内螺纹：G2

尺寸代号3，右旋，A级圆柱外螺纹：G3A

尺寸代号2，左旋，圆柱内螺纹：G2 LH

尺寸代号4，左旋，B级圆柱外螺纹：G4B LH

尺寸代号	每25.4mm内所含的牙数 n	螺距 P/mm	牙高 h/mm	基 本 直 径		
				大径 $d(=D)$/mm	中径 $d_2(=D_2)$/mm	小径 $d_1(=D_1)$/mm
1/16	28	0.907	0.581	7.723	7.142	6.561
1/8	28	0.907	0.581	9.728	9.147	8.566
1/4	19	1.337	0.856	13.157	12.301	11.445
3/8	19	1.337	0.856	16.662	15.806	14.950
1/2	14	1.814	1.162	20.955	19.793	18.631
3/4	14	1.814	1.162	26.441	25.279	24.117
1	11	2.309	1.479	33.249	31.770	30.291
1 1/4	11	2.309	1.479	41.910	40.431	38.952
1 1/2	11	2.309	1.479	47.803	46.324	44.845
2	11	2.309	1.479	59.614	58.135	56.656
2 1/2	11	2.309	1.479	75.184	73.705	72.226
3	11	2.309	1.479	87.884	86.405	84.926
4	11	2.309	1.479	113.030	111.551	110.072
5	11	2.309	1.479	138.430	136.951	135.472
6	11	2.309	1.479	163.830	162.351	160.872

二、螺纹紧固件

附表 2-1　六角头螺栓（GB/T 5782—2016）摘编　　　　　　　　　　　　　mm

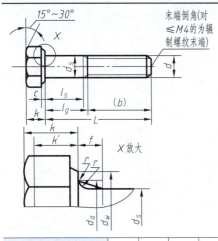

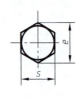

标　记　示　例

螺纹规格 M12、公称长度 $L=80$ mm、性能等级为 8.8 级、表面氧化、产品等级为 A 级的六角头螺栓：

螺栓 GB/T 5782 M12×80

螺纹规格 d			M3	M4	M5	M6	M8	M10	M12	M16	M20	M24	M30	M36	M42	M48
螺距 P			0.5	0.7	0.8	1	1.25	1.5	1.75	2	2.5	3	3.5	4	4.5	5
$b_{参考}$	$L_{公称}\leqslant125$		12	14	16	18	22	26	30	38	46	54	66	—	—	—
	$125<L_{公称}\leqslant200$		18	20	22	24	28	32	36	44	52	60	72	84	96	108
	$L_{公称}>200$		31	33	35	37	41	45	49	57	65	73	85	97	109	121
c	max		0.4	0.4	0.5	0.5	0.6	0.6	0.60	0.8	0.8	0.8	0.8	0.8	1.0	1.0
	min		0.15	0.15	0.15	0.15	0.15	0.15	0.15	0.2	0.2	0.2	0.2	0.2	0.3	0.3
d_{a}	max		3.6	4.7	5.7	6.8	9.2	11.2	13.7	17.7	22.4	26.4	33.4	39.4	45.6	52.6
d_{s}	公称＝max		3.00	4.00	5.00	6.00	8.00	10.00	12.00	16.00	20.00	24.00	30.00	36.00	42.00	48.00
	min	产品等级 A	2.86	3.82	4.82	5.82	7.78	9.78	11.73	15.73	19.67	23.67	—	—	—	—
		等级 B	2.75	3.70	4.70	5.70	7.64	9.64	11.57	15.57	19.48	23.48	29.48	35.38	41.38	47.38
d_{w}	min	产品等级 A	4.57	5.88	6.88	8.88	11.63	14.63	16.63	22.49	28.19	33.61	—	—	—	—
		等级 B	4.45	5.74	6.74	8.74	11.47	14.47	16.47	22	27.7	33.25	42.75	51.11	59.95	69.45
e	min	产品等级 A	6.01	7.66	8.79	11.05	14.38	17.77	20.03	26.75	33.53	39.98	—	—	—	—
		等级 B	5.88	7.50	8.63	10.89	14.20	17.59	19.85	26.17	32.95	39.55	50.85	60.79	71.3	82.6
l_{f}	max		1	1.2	1.2	1.4	2	2	3	3	4	4	6	6	8	10
k	公称		2	2.8	3.5	4	5.3	6.4	7.5	10	12.5	15	18.7	22.5	26	30
	产品等级 A	max	2.125	2.925	3.65	4.15	5.45	6.58	7.68	10.18	12.715	15.215	—	—	—	—
		min	1.875	2.675	3.35	3.85	5.15	6.22	7.32	9.82	12.285	14.785	—	—	—	—
	B	max	2.2	3.0	3.74	4.24	5.54	6.69	7.79	10.29	12.85	15.35	19.12	22.92	26.42	30.42
		min	1.8	2.6	3.26	3.76	5.06	6.11	7.21	9.71	12.15	14.65	18.28	22.08	25.58	29.58

续表

k_w	min	产品	A	1.31	1.87	2.35	2.70	3.61	4.35	5.12	6.87	8.6	10.35	—	—	—	—
		等级	B	1.26	1.82	2.28	2.63	3.54	4.28	5.05	6.8	8.51	10.26	12.8	15.46	17.91	20.71
r	min			0.1	0.2	0.2	0.25	0.4	0.4	0.6	0.6	0.8	0.8	1	1	1.2	1.6
s	公称 = max			5.50	7.00	8.00	10.00	13.00	16.00	18.00	24.00	30.00	36.00	46	55.0	65.0	75.0
	min	产品	A	5.32	6.78	7.78	9.78	12.73	15.73	17.73	23.67	29.67	35.38	—	—	—	—
		等级	B	5.20	6.64	7.64	9.64	12.57	15.57	17.57	23.16	29.16	35.00	45	53.8	63.1	73.1
L(商品规格范围)				20~30	25~40	25~50	30~60	40~80	45~100	50~120	65~160	80~200	90~240	110~300	140~360	160~440	180~480
L(系列)				20,25,30,35,40,45,50,55,60,65,70,80,90,100,110,120,130,140,150,160,180,200,220,240,260,280,300,320,340,360,380,400,420,440,460,480														

注: l_g 与 l_s 表中未列出。

附表 2-2 双 头 螺 柱   mm

$$b_m = 1d(\text{GB/T 897}{-}1988) \qquad b_m = 1.25d(\text{GB/T 898}{-}1988)$$

$$b_m = 1.5d(\text{GB/T 899}{-}1988) \qquad b_m = 2d(\text{GB/T 900}{-}1988) \text{摘编}$$

A型   B型

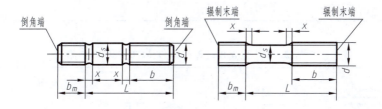

末端按 GB/T 2—1985 的规定; $d_s \approx$ 螺纹中径(仅适用于 B 型)

标 记 示 例

两端均为粗牙普通螺纹, $d = 10$ mm、 $L = 50$ mm、性能等级为 4.8 级、不经表面处理、B 型、 $b_m = 1d$ 的双头螺柱:

螺柱 GB/T 897 M10×50

旋入机件一端为粗牙普通螺纹,旋螺母一端为螺距 $P = 1$ mm 的细牙普通螺纹, $d = 10$ mm、 $l = 50$ mm、性能等级为 4.8 级、不经表面处理、A 型、 $b_m = 1d$ 的双头螺柱:

螺柱 GB/T 897 AM10-M10×1×50

螺纹规格 d	b_m(公称)				L/b
	GB/T 897 —1988	GB/T 898 —1988	GB/T 899 —1988	GB/T 900 —1988	
M2			3	4	12~16/6,20~25/10
M2.5			3.5	5	16/8,20~30/11
M3			4.5	6	16~20/6,25~40/12
M4			6	8	16~20/8,25~40/14

续表

螺纹规格 d	b_m（公称）				L/b
	GB/T 897 —1988	GB/T 898 —1988	GB/T 899 —1988	GB/T 900 —1988	
M5	5	6	8	10	$(16\sim20)/10,(25\sim50)/16$
M6	6	8	10	12	$20/10,(25\sim30)/14,(35\sim70)/18$
M8	8	10	12	16	$20/12,(25\sim30)/16,(35\sim90)/22$
M10	10	12	15	20	$25/14,(30\sim35)/16,(40\sim120)/26,130/32$
M12	12	15	18	24	$(25\sim30)/16,(35\sim40)/20,(45\sim120)/30,(130\sim180)/36$
M16	16	20	24	32	$(30\sim35)/20,(40\sim50)/30,(60\sim120)/38,(130\sim200)/44$
M20	20	25	30	40	$(35\sim40)/25,(45\sim60)/35,(70\sim120)/46,(130\sim200)/52$
M24	24	30	36	48	$(45\sim50)/30,(60\sim70)/45,(80\sim120)/54,(130\sim200)/60$
M30	30	38	45	60	$60/40,(70\sim90)/50,(100\sim120)/66,(130\sim200)/72,(210\sim250)/85$
M36	36	45	54	72	$70/45,(80\sim110)/60,120/78,(130\sim200)/84,(210\sim300)/97$
M42	42	52	63	84	$(70\sim80)/50,(90\sim110)/70,120/90,(130\sim200)/96,(210\sim300)/109$
M48	48	60	72	96	$(80\sim90)/60,(100\sim110)/80,120/102,(130\sim200)/108,(210\sim300)/121$
L（系列）	12,16,20,25,30,35,40,45,50,60,70,80,90,100,110,120,130,140,150,160,170,180,190,200,210,220,230,240,250,260,280,300				

附表 2-3 1型六角螺母（GB/T 6170—2000）摘编   mm

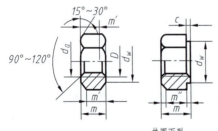

垫圈面型，
应在订单中注明

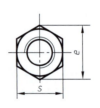

标 记 示 例

螺纹规格 M12、性能等级为 8 级、不经表面处理、产品等级为 A 级的 1 型六角螺母：

螺母 GB/T 6170 M12

螺纹规格 D		M1.6	M2	M2.5	M3	M4	M5	M6	M8	M10	M12
螺距 P		0.35	0.4	0.45	0.5	0.7	0.8	1	1.25	1.5	1.75
c	max	0.2	0.2	0.3	0.4	0.4	0.5	0.5	0.6	0.6	0.6
d_a	max	1.84	2.3	2.9	3.45	4.6	5.75	6.75	8.75	10.8	13
	min	1.60	2.0	2.5	3.00	4.0	5.00	6.00	8.00	10.0	12
d_w	min	2.4	3.1	4.1	4.6	5.9	6.9	8.9	11.6	14.6	16.6
e	min	3.41	4.32	5.45	6.01	7.66	8.79	11.05	14.38	17.77	20.03

续表

m	max	1.30	1.60	2.00	2.40	3.2	4.7	5.2	6.80	8.40	10.80
	min	1.05	1.35	1.75	2.15	2.9	4.4	4.9	6.44	8.04	10.37
m_w	min	0.8	1.1	1.4	1.7	2.3	3.5	3.9	5.2	6.4	8.3
s	公称=max	3.20	4.00	5.00	5.50	7.00	8.00	10.00	13.00	16.00	18.00
	min	3.02	3.82	4.82	5.32	6.78	7.78	9.78	12.73	15.73	17.73

螺纹规格 D		M16	M20	M24	M30	M36	M42	M48	M56	M64
螺距 P		2	2.5	3	3.5	4	4.5	5	5.5	6
c	max	0.8	0.8	0.8	0.8	0.8	1.0	1.0	1.0	1.0
d_a	max	17.3	21.6	25.9	32.4	38.9	45.4	51.8	60.5	69.1
	min	16.0	20.0	24.0	30.0	36.0	42.0	48.0	56.0	64.0
d_w	min	22.5	27.7	33.3	42.8	51.1	60	69.5	78.7	88.2
e	min	26.75	32.95	39.55	50.85	60.79	72.02	82.6	93.56	104.86
m	max	14.8	18.0	21.5	25.6	31.0	34.0	38.0	45.0	51.0
	min	14.1	16.9	20.2	24.3	29.4	32.4	36.4	43.4	49.1
m_w	min	11.3	13.5	16.2	19.4	23.5	25.9	29.1	34.7	39.3
s	公称=max	24.00	30.00	36	46	55.0	65.0	75.0	85.0	95.0
	min	23.67	29.16	35	45	53.8	63.1	73.1	82.8	92.8

注:1. A 级用于 $D \leqslant 16$ mm 的螺母；B 级用于 $D > 16$ mm 的螺母。本表仅按优选的螺纹规格列出。

2. 螺纹规格为 M8~M64、细牙、A 级和 B 级的 1 型六角螺母，请查阅 GB/T 6171—2000。

附表 2-4　1 型六角开槽螺母——A 和 B 级 (GB/T 6178—1986) 摘编　　　　　mm

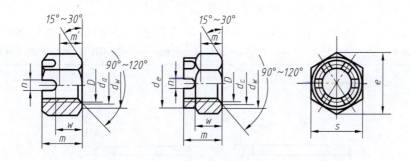

允许制造的形成

标 记 示 例

螺纹规格 M12、性能等级为 8 级、表面氧化、A 级的 1 型六角开槽螺母：

螺母 GB/T 6178　M12

螺纹规格 D		M4	M5	M6	M8	M10	M12	M16	M20	M24	M30	M36
d_s	max	4.6	5.75	6.75	8.75	10.8	13	17.3	21.6	25.9	32.4	38.9
	min	4	5	6	8	10	12	16	20	24	30	36
d_e	max	—	—	—	—	—	—	—	28	34	42	50
	min	—	—	—	—	—	—	—	27.16	33	41	49
d_w	min	5.9	6.9	8.9	11.6	14.6	16.6	22.5	27.7	33.2	42.7	51.1
e	min	7.66	8.79	11.05	14.38	17.77	20.03	26.75	32.95	39.55	50.85	60.79
m	max	5	6.7	7.7	9.8	12.4	15.8	20.8	24	29.5	34.6	40
	min	4.7	6.34	7.34	9.44	11.97	15.37	20.28	23.16	28.66	33.6	39
m'	min	2.32	3.52	3.92	5.15	6.43	8.3	11.28	13.52	16.16	19.44	23.52
n	min	1.2	1.4	2	2.5	2.8	3.5	4.5	4.5	5.5	7	7
	max	1.8	2	2.6	3.1	3.4	4.25	5.7	5.7	6.7	8.5	8.5
s	max	7	8	10	13	16	18	24	30	36	46	55
	min	6.78	7.78	9.78	12.73	15.73	17.73	23.67	29.16	35	45	53.8
w	max	3.2	4.7	5.2	6.8	8.4	10.8	14.8	18	21.5	25.6	31
	min	2.9	4.4	4.9	6.44	8.04	10.37	14.37	17.3	20.66	24.76	30
开口销		1×10	1.2×12	1.6×14	2×16	2.5×20	3.2×22	4×28	4×36	5×40	6.3×50	6.3×63

注：A 级用于 $D \leqslant 16$ mm 的螺母；B 级用于 $D > 16$ mm 的螺母。

附表 2-5　小垫圈——A 级（GB/T 848—2002）、平垫圈——A 级（GB/T 97.1—2002）
平垫圈　倒角型——A 级（GB/T 97.2—2002）、大垫圈——A 级（GB/T 96.1—2002）摘编　mm

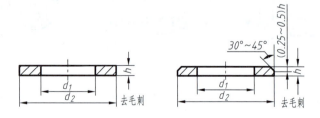

标 记 示 例

标准系列、规格 8 mm、性能等级为 140 HV 级、不经表面处理的平垫圈：

垫圈　GB/T 97.1　8

续表

规格（螺纹大径）			3	4	5	6	8	10	12	14	16	20	24	30	36
内径 d_1	公称（min）	GB/T 848—2002	3.2	4.3	5.3	6.4	8.4	10.5	13	15	17	21	25	31	37
		GB/T 97.1—2002	3.2	4.3	5.3	6.4	8.4	10.5	13	15	17	21	25	31	37
		GB/T 97.2—2002	—	—	5.3	6.4	8.4	10.5	13	15	17	21	25	31	37
		GB/T 96.1—2002	3.2	4.3	5.3	6.4	8.4	10.5	13	15	17	22	26	33	39
	max	GB/T 848—2002	3.38	4.48	5.48	6.62	8.62	10.77	13.27	15.27	17.27	21.33	25.33	31.39	37.62
		GB/T 97.1—2002	3.38	4.48	5.48	6.62	8.62	10.77	13.27	15.27	17.27	21.33	25.33	31.39	37.62
		GB/T 97.2—2002	—	—	5.48	6.62	8.62	10.77	13.27	15.27	17.27	21.33	25.33	31.39	37.62
		GB/T 96.1—2002	3.38	4.48	5.48	6.62	8.62	10.77	13.27	15.27	17.27	22.52	26.84	34	40
内径 d_2	公称（max）	GB/T 848—2002	6	8	9	11	15	18	20	24	28	34	39	50	60
		GB/T 97.1—2002	7	9	10	12	16	20	24	28	30	37	44	56	66
		GB/T 97.2—2002	—	—	10	12	16	20	24	28	30	37	44	56	66
		GB/T 96.1—2002	9	12	15	18	24	30	37	44	50	60	72	92	110
	min	GB/T 848—2002	5.7	7.64	8.64	10.57	14.57	17.57	19.48	23.48	27.48	33.38	38.38	49.38	58.8
		GB/T 97.1—2002	6.64	8.64	9.64	11.57	15.57	19.48	23.48	27.48	29.48	36.38	43.38	55.26	64.8
		GB/T 97.2—2002	—	—	9.64	11.57	15.57	19.48	23.48	27.48	29.48	36.38	43.38	55.26	64.8
		GB/T 96.1—2002	8.64	11.57	14.57	17.57	23.48	29.48	36.38	43.38	49.38	58.1	70.1	89.8	107.8
厚度 h	公称	GB/T 848—2002	0.5	0.5	1	1.6	1.6	1.6	2	2.5	2.5	3	4	4	5
		GB/T 97.1—2002	0.5	0.8	1	1.6	1.6	2	2.5	2.5	3	3	4	4	5
		GB/T 97.2—2002	—	—	1	1.6	1.6	2	2.5	2.5	3	3	4	4	5
		GB/T 96.1—2002	0.8	1	1.2	1.6	2	2.5	3	3	3	4	5	6	8
	max	GB/T 848—2002	0.55	0.55	1.1	1.8	1.8	1.8	2.2	2.7	2.7	3.3	4.3	4.3	5.6
		GB/T 97.1—2002	0.55	0.9	1.1	1.8	1.8	2.2	2.7	2.7	3.3	3.3	4.3	4.3	5.6
		GB/T 97.2—2002	—	—	1.1	1.8	1.8	2.2	2.7	2.7	3.3	3.3	4.3	4.3	5.6
		GB/T 96.1—2002	0.9	1.1	1.4	1.8	2.2	2.7	3.3	3.3	3.3	4.6	6	7	9.2
	min	GB/T 848—2002	0.45	0.45	0.9	1.4	1.4	1.4	1.8	2.3	2.3	2.7	3.7	3.7	4.4
		GB/T 97.1—2002	0.45	0.7	0.9	1.4	1.4	1.8	2.3	2.3	2.7	2.7	3.7	3.7	4.4
		GB/T 97.2—2002	—	—	0.9	1.4	1.4	1.8	2.3	2.3	2.7	2.7	3.7	3.7	4.4
		GB/T 96.1—2002	0.7	0.9	1	1.4	1.8	2.3	2.7	2.7	2.7	3.4	4	5	6.8

附表 2-6　标准型弹簧垫圈（GB/T 93—1987）、轻型弹簧垫圈（GB/T 859—1987）摘编　mm

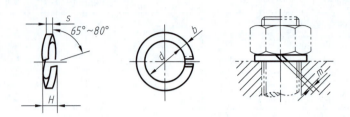

标 记 示 例

规格 16 mm、材料为 65 Mn、表面氧化的标准型弹簧垫圈：

垫圈　GB/T 93　16

规格 16 mm、材料为 65 Mn、表面氧化的轻型弹簧垫圈：

垫圈　GB/T 859　16

规格（螺纹大径）			2	2.5	3	4	5	6	8	10	12	16	20	24	30	36	42	48
d		min	2.1	2.6	3.1	4.1	5.1	6.1	8.1	10.2	12.2	16.2	20.2	24.5	30.5	36.5	42.5	48.5
		max	2.35	2.85	3.4	4.4	5.4	6.68	8.68	10.9	12.9	16.9	21.04	25.5	31.5	37.7	43.7	49.7
$s(b)$ 公称	GB/T 93—1987		0.5	0.65	0.8	1.1	1.3	1.6	2.1	2.6	3.1	4.1	5	6	7.5	9	10.5	12
s 公称	GB/T 859—1987		—	—	0.6	0.8	1.1	1.3	1.6	2	2.5	3.2	4	5	6	—	—	—
b 公称	GB/T 859—1987		—	—	1	1.2	1.5	2	2.5	3	3.5	4.5	5.5	7	9	—	—	—
H	GB/T 93—1987	min	1	1.3	1.6	2.2	2.6	3.2	4.2	5.2	6.2	8.2	10	12	15	18	21	24
		max	1.25	1.63	2	2.75	3.25	4	5.25	6.5	7.75	10.25	12.5	15	18.75	22.5	26.25	30
	GB/T 859—1987	min	—	—	1.2	1.6	2.2	2.6	3.2	4	5	6.4	8	10	12	—	—	—
		max	—	—	1.5	2	2.75	3.25	4	5	6.25	8	10	12.5	15	—	—	—
$m\leqslant$	GB/T 93—1987		0.25	0.33	0.4	0.55	0.65	0.8	1.05	1.3	1.55	2.05	2.5	3	3.75	4.5	5.25	6
	GB/T 859—1987		—	—	0.3	0.4	0.55	0.65	0.8	1	1.25	1.6	2	2.5	3	—	—	—

注：m 应大于零。

附表 2-7　开槽圆柱头螺钉(GB/T 65—2016)、开槽盘头螺钉(GB/T 67—2016)摘编　mm

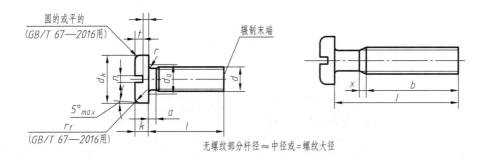

无螺纹部分杆径≈中径或=螺纹大径

标 记 示 例

螺纹规格 M5、公称长度 l = 20 mm、性能等级为 4.8 级、不经表面处理的 A 级开槽圆柱头螺钉:

螺钉　GB/T 65　M5×20

螺纹规格 M5、公称长度 l = 20 mm、性能等级为 4.8 级、不经表面处理的 A 级开槽盘头螺钉:

螺钉　GB/T 67　M5×20

螺纹规格 d	M1.6	M2	M2.5	M3	M4		M5		M6		M8		M10	
类　别	GB/T 67—2000				GB/T 65—2000	GB/T 67—2000	GB/T 65—2000	GB/T 67—2000	GB/T 65—2000	GB/T 67—2000	GB/T 65—2000	GB/T 67—2000	GB/T 65—2000	GB/T 67—2000
螺距 P	0.35	0.4	0.45	0.5	0.7		0.8		1		1.25		1.5	
a　max	0.7	0.8	0.9	1	1.4		1.6		2		2.5		3	
b　min	25	25	25	25	38		38		38		38		38	
d_k　max	3.2	4.0	5.0	5.6	7.00	8.00	8.50	9.50	10.00	12.00	13.00	16.00	16.00	20.00
d_k　min	2.9	3.7	4.7	5.3	6.78	7.64	8.28	9.14	9.78	11.57	12.73	15.57	15.73	19.48
d_a　max	2	2.6	3.1	3.6	4.7		5.7		6.8		9.2		11.2	
k　max	1.00	1.30	1.50	1.80	2.60	2.40	3.30	3.00	3.9	3.6	5.0	4.8	6.0	
k　min	0.86	1.16	1.36	1.66	2.46	2.26	3.12	2.86	3.6	3.3	4.7	4.5	5.7	
n　公称	0.4	0.5	0.6	0.8	1.2		1.2		1.6		2		2.5	
n　min	0.46	0.56	0.66	0.86	1.26		1.26		1.66		2.06		2.56	
n　max	0.60	0.70	0.80	1.00	1.51		1.51		1.91		2.31		2.81	
r　min	0.1	0.1	0.1	0.1	0.2		0.2		0.25		0.4		0.4	
r_f　参考	0.5	0.6	0.8	0.9	1.2		1.5		1.8		2.4			3
t　min	0.35	0.5	0.6	0.7	1.1	1	1.3	1.2	1.6	1.4	2	1.9	2.4	
w　min	0.3	0.4	0.5	0.7	1.1	1	1.3	1.2	1.6	1.4	2	1.9	2.4	
x　max	0.9	1	1.1	1.25	1.75		2		2.5		3.2		3.8	
l(商品规格范围公称长度)	2~16	2.5~20	3~25	4~30	5~40		6~50		8~60		10~80		12~80	
l(系列)	2,2.5,3,4,5,6,8,10,12,(14),16,20,25,30,35,40,45,50,(55),60,(65),70,(75),80													

注:1. 螺纹规格 M1.6~M3、公称长度 l≤30 mm 的螺钉,应制出全螺纹;螺纹规格 M4~M10、公称长度 l≤40 mm 的螺钉,应制出全螺纹(b=l-a)。

2. 尽可能不采用括号内的规格。

附表 2-8　开槽沉头螺钉(GB/T 68—2016)、开槽半沉头螺钉(GB/T 69—2000)摘编　mm

GB/T 68—2016

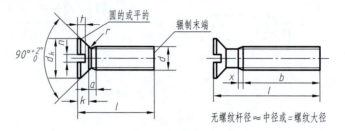

无螺纹杆径≈中径或=螺纹大径

GB/T 69—2000

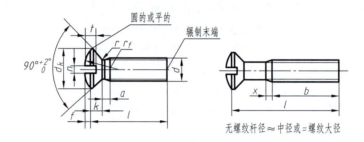

无螺纹杆径≈中径或=螺纹大径

标 记 示 例

螺纹规格 M5、公称长度 $l=20$ mm、性能等级为 4.8 级、不经表面处理的 A 级开槽沉头螺钉：

螺钉 GB/T 68　M5×20

螺纹规格 d			M1.6	M2	M2.5	M3	M4	M5	M6	M8	M10
螺距 P			0.35	0.4	0.45	0.5	0.7	0.8	1	1.25	1.5
a	max		0.7	0.8	0.9	1	1.4	1.6	2	2.5	3
b	min		25				38				
d_k	理论值	max	3.6	4.4	5.5	6.3	9.4	10.4	12.6	17.3	20
	实际值	公称 = max	3.0	3.8	4.7	5.5	8.40	9.30	11.30	15.80	18.30
		min	2.7	3.5	4.4	5.2	8.04	8.94	10.87	15.37	17.78
k	公称 = max		1	1.2	1.5	1.65	2.7	2.7	3.3	4.65	5
n	公称		0.4	0.5	0.6	0.8	1.2	1.2	1.6	2	2.5
	min		0.46	0.56	0.66	0.86	1.26	1.26	1.66	2.06	2.56
	max		0.60	0.70	0.80	1.00	1.51	1.51	1.91	2.31	2.81

续表

r	max	0.4	0.5	0.6	0.8	1	1.3	1.5	2	2.5
x	max	0.9	1	1.1	1.25	1.75	2	2.5	3.2	3.8
f	≈	0.4	0.5	0.6	0.7	1	1.2	1.4	2	2.3
r_f	≈	3	4	5	6	9.5	9.5	12	16.5	19.5
t	max GB/T 68—2000	0.50	0.6	0.75	0.85	1.3	1.4	1.6	2.3	2.6
	max GB/T 69—2000	0.80	1.0	1.2	1.45	1.9	2.4	2.8	3.7	4.4
	min GB/T 68—2000	0.32	0.4	0.50	0.60	1.0	1.1	1.2	1.8	2.0
	min GB/T 69—2000	0.64	0.8	1.0	1.20	1.6	2.0	2.4	3.2	3.8
l(商品规格范围公称长度)		2.5~16	3~20	4~25	5~30	6~40	8~50	8~60	10~80	12~80
l(系列)		2.5,3,4,5,6,8,10,12,(14),16,20,25,30,35,40,45,50,(55),60,(65),70,(75),80								

注:1. 公称长度 $l \leqslant 30$ mm,而螺纹规格 d 为 M1.6~M3 的螺钉,应制出全螺纹;公称长度 $l \leqslant 45$ mm,而螺纹规格为 M4~M10 的螺钉也应制出全螺纹 $[b=l-(k+a)]$。

2. 尽可能不采用括号内的规格。

附表 2-9　内六角圆柱头螺钉(GB/T 70.1—2008)摘编　　　　　　　　mm

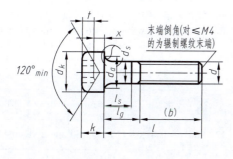

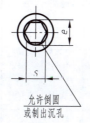

标 记 示 例

螺纹规格 M5、公称长度 $l=20$ mm、性能等级为 8.8 级、表面氧化的 A 级内六角圆柱头螺钉:

螺钉　GB/T 70.1 M5×20

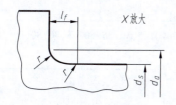

X 放大

续表

螺纹规格 d		M3	M4	M5	M6	M8	M10	M12	M16	M20	M24
螺距 P		0.5	0.7	0.8	1	1.25	1.5	1.75	2	2.5	3
$b_{参考}$		18	20	22	24	28	32	36	44	52	60
d_k	max	5.50	7.00	8.50	10.00	13.00	16.00	18.00	24.00	30.00	36.00
	min	5.32	6.78	8.28	9.78	12.73	15.73	17.73	23.67	29.67	35.61
d_a	max	3.6	4.7	5.7	6.8	9.2	11.2	13.7	17.7	22.4	26.4
d_s	max	3.00	4.00	5.00	6.00	8.00	10.00	12.00	16.00	20.00	24.00
	min	2.86	3.82	4.82	5.82	7.78	9.78	11.73	15.73	19.67	23.67
e	min	2.87	3.44	4.58	5.72	6.86	9.15	11.43	16	19.44	21.73
l_f	max	0.51	0.6	0.6	0.68	1.02	1.02	1.45	1.45	2.04	2.04
k	max	3.00	4.00	5.00	6.0	8.00	10.00	12.00	16.00	20.00	24.00
	min	2.86	3.82	4.82	5.7	7.64	9.64	11.57	15.57	19.48	23.48
r	min	0.1	0.2	0.2	0.25	0.4	0.4	0.6	0.6	0.8	0.8
s	公称	2.5	3	4	5	6	8	10	14	17	19
	max	2.58	3.080	4.095	5.140	6.140	8.175	10.175	14.212	17.23	19.275
	min	2.52	3.020	4.020	5.020	6.020	8.025	10.025	14.032	17.05	19.065
t	min	1.3	2	2.5	3	4	5	6	8	10	12
d_w	min	5.07	6.53	8.03	9.38	12.33	15.33	17.23	23.17	28.87	34.81
w	min	1.15	1.4	1.9	2.3	3.3	4	4.8	6.8	8.6	10.4
l(商品规格范围)		5~30	6~40	8~50	10~60	12~80	16~100	20~120	25~160	30~200	40~200
$l \leqslant$ 表中数值时,螺纹制到距头部 $3P$ 以内		20	25	25	30	35	40	50	60	70	80
l(系列)		5,6,8,10,12,16,20,25,30,35,40,45,50,55,60,65,70,80,90,100,110,120,130,140,150,160,180,200									

注:1. l_g 与 l_s 表中未列出。

2. s_{max} 用于除 12.9 级外的其他性能等级。

3. d_{kmax} 只对光滑头部,滚花头部未列出。

附表 2-10　开槽锥端紧定螺钉（GB/T 71—1985）

开槽平端紧定螺钉（GB/T 73—2017）

开槽长圆柱端紧定螺钉（GB/T 75—1985）摘编　　　　　mm

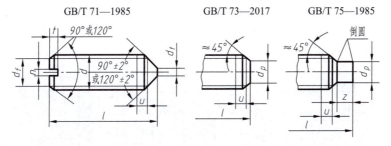

公称长度为短螺钉时,应制成120°,u 为不完整螺纹的长度≤2P

标 记 示 例

螺纹规格 M5、公称长度 l = 12 mm、性能等级为 14H 级、表面氧化的开槽平端紧定螺钉:

螺钉 GB/T 73　M5×12

螺纹规格 d			M1.2	M1.6	M2	M2.5	M3	M4	M5	M6	M8	M10	M12
螺距 P			0.25	0.35	0.4	0.45	0.5	0.7	0.8	1	1.25	1.5	1.75
d_f		≈					螺 纹 小 径						
d_t		min	—	—	—	—	—	—	—	—	—	—	—
		max	0.12	0.16	0.2	0.25	0.3	0.4	0.5	1.5	2	2.5	3
d_p		min	0.35	0.55	0.75	1.25	1.75	2.25	3.2	3.7	5.2	6.64	8.14
		max	0.6	0.8	1	1.5	2	2.5	3.5	4	5.5	7	8.5
n		公称	0.2	0.25	0.25	0.4	0.4	0.6	0.8	1	1.2	1.6	2
		min	0.26	0.31	0.31	0.46	0.46	0.66	0.86	1.06	1.26	1.66	2.06
		max	0.4	0.45	0.45	0.6	0.6	0.8	1	1.2	1.51	1.91	2.31
t		min	0.4	0.56	0.64	0.72	0.8	1.12	1.28	1.6	2	2.4	2.8
		max	0.52	0.74	0.84	0.95	1.05	1.42	1.63	2	2.5	3	3.6
z		min	—	0.8	1	1.25	1.5	2	2.5	3	4	5	6
		max	—	1.05	1.25	1.5	1.75	2.25	2.75	3.25	4.3	5.3	6.3
GB/T 71—1985	l(公称长度)		2~6	2~8	3~10	3~12	4~16	6~20	8~25	8~30	10~40	12~50	14~60
	l(短螺钉)		2	2~2.5	2~2.5	2~3	2~4	2~4	2~5	2~6	2~8	2~10	2~12
GB/T 73—2017	l(公称长度)		2~6	2~8	2~10	2.5~12	3~16	4~20	5~25	6~30	8~40	10~50	12~60
	l(短螺钉)		—	2	2~2.5	2~3	2~3	2~4	2~5	2~6	2~6	2~8	2~10
GB/T 75—1985	l(公称长度)		—	2.5~8	3~10	4~12	5~16	6~20	8~25	8~30	10~40	12~50	14~60
	l(短螺钉)		—	2~2.5	2~3	2~4	2~5	2~6	2~8	2~10	2~14	2~16	2~20
l(系列)			2,2.5,3,4,5,6,8,10,12,(14),16,20,25,30,35,40,45,50,(55),60										

注:1. 公称长度为商品规格尺寸。

2. 尽可能不采用括号内的规格。

三、 键与销

附表 3-1　普通平键键槽的尺寸与公差（GB/T 1095—2003）摘编　　　　　　mm

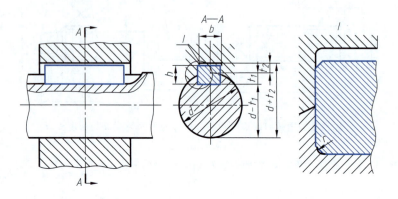

键尺寸 b×h	键　槽												
	宽　度　b						深　度				半径 r		
	基本尺寸	极限偏差					轴 t₁		毂 t₂				
		正常联结		紧密联结	松联结		基本尺寸	极限偏差	基本尺寸	极限偏差			
		轴 N9	毂 JS9	轴和毂 P9	轴 H9	毂 D10					min	max	
2×2	2	−0.004 −0.029	±0.012 5	−0.006 −0.031	+0.025 0	+0.060 +0.020	1.2		1.0				
3×3	3						1.8		1.4		0.08	0.16	
4×4	4	0 −0.030	±0.015	−0.012 −0.042	+0.030 0	+0.078 +0.030	2.5	+0.10	1.8	+0.10			
5×5	5						3.0		2.3				
6×6	6						3.5		2.8		0.16	0.25	
8×7	8	0 −0.036	±0.018	−0.015 −0.051	+0.036 0	+0.098 +0.040	4.0	+0.20	3.3	+0.20			
10×8	10						5.0		3.3		0.25	0.40	

键尺寸 $b×h$	键槽										
	宽 度 b						深度				半径 r
	基本尺寸	极限偏差					轴 t_1		毂 t_2		
		正常联结		紧密联结	松联结		基本尺寸	极限偏差	基本尺寸	极限偏差	
		轴 N9	毂 JS9	轴和毂 P9	轴 H9	毂 D10					min | max
12×8	12	0 −0.043	±0.021 5	−0.018 −0.061	+0.043 0	+0.120 +0.050	5.0	+0.20	3.3	+0.20	0.25 | 0.40
14×9	14						5.5		3.8		
16×10	16						6.0		4.3		
18×11	18						7.0		4.4		
20×12	20	0 −0.052	±0.026	−0.022 −0.074	+0.052 0	+0.149 +0.065	7.5		4.9		0.40 | 0.60
22×14	22						9.0		5.4		
25×14	25						9.0		5.4		
28×16	28						10.0		6.4		
32×18	32						11.0		7.4		
36×20	36	0 −0.062	±0.031	−0.026 −0.088	+0.062 0	+0.180 +0.080	12.0		8.4		0.70 | 1.00
40×22	40						13.0		9.4		
45×25	45						15.0		10.4		
50×28	50						17.0		11.4		
56×32	56	0 −0.074	±0.037	−0.032 −0.106	+0.074 0	+0.220 +0.100	20.0	+0.30	12.4	+0.30	1.20 | 1.60
63×32	63						20.0		12.4		
70×36	70						22.0		14.4		
80×40	80						25.0		15.4		
90×45	90	0 −0.087	±0.043 5	−0.037 −0.124	+0.087 0	+0.260 +0.120	28.0		17.4		2.00 | 2.50
100×50	100						31.0		19.5		

注:1. 在零件图中,轴槽深用 $d-t_1$ 标注,$d-t_1$ 的极限偏差值应取负号,轮毂槽深用 $d+t_2$ 标注。

2. 普通型平键应符合 GB/T 1096 规定。

3. 平键轴槽的长度公差用 H14。

4. 轴槽、轮毂槽的键槽宽度 b 两侧的表面粗糙度参数 Ra 值推荐为 1.6~3.2 μm;轴槽底面、轮毂槽底面的表面粗糙度参数 Ra 值为 6.3 μm。

5. 这里未述及的有关键槽的其他技术条件,需用时可查阅该标准。

附表 3-2　普通平键的尺寸与公差（GB/T 1096—2003）摘编　　　　mm

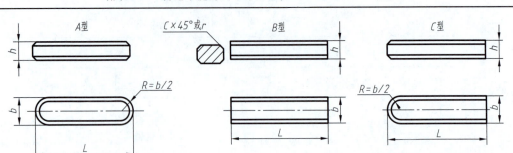

标 记 示 例

圆头普通平键（A 型）、b=18 mm、h=11 mm、L=100 mm：GB/T 1096—2003 键　18×11×100

平头普通平键（B 型）、b=18 mm、h=11 mm、L=100 mm：GB/T 1096—2003 键　B　18×11×100

单圆头普通平键（C 型）、b=18 mm、h=11 mm、L=100 mm：GB/T 1096—2003 键　C　18×11×100

宽度 b		2	3	4	5	6	8	10	12	14	16	18	20	22
	基本尺寸	2	3	4	5	6	8	10	12	14	16	18	20	22
	极限偏差 (h8)	0 / −0.014		0 / −0.018			0 / −0.022		0 / −0.027			0 / −0.033		

高度 h			2	3	4	5	6	7	8	8	9	10	11	12	14
	基本尺寸		2	3	4	5	6	7	8	8	9	10	11	12	14
	极限偏差	矩形 (h11)	—		—			0 / −0.090					0 / −0.110		
		方形 (h8)	0 / −0.014		0 / −0.018			—							

倒角或圆角 s	0.16~0.25	0.25~0.40	0.40~0.60	0.60~0.80

长度 L 基本尺寸	极限偏差 (h14)	2	3	4	5	6	8	10	12	14	16	18	20	22
6	0 / −0.36			—	—	—	—	—	—	—	—	—	—	—
8					—	—	—	—	—	—	—	—	—	—
10					—	—	—	—	—	—	—	—	—	—
12	0 / −0.48					—	—	—	—	—	—	—	—	—
14						—	—	—	—	—	—	—	—	—
16						—	—	—	—	—	—	—	—	—
18							—	—	—	—	—	—	—	—
20	0 / −0.52						—	—	—	—	—	—	—	—
22		—				标准			—	—	—	—	—	—
25		—							—	—	—	—	—	—
28		—								—	—	—	—	—
32	0 / −0.62	—								—	—	—	—	—
36		—									—	—	—	—
40		—	—								—	—	—	—
45		—	—						长度			—	—	—
50		—	—	—									—	—
56	0 / −0.74	—	—	—										—
63		—	—	—	—									
70		—	—	—	—									
80		—	—	—	—	—								
90	0 / −0.87	—	—	—	—	—					范围			
100		—	—	—	—	—	—							
110		—	—	—	—	—	—							
125	0 / −1.00	—	—	—	—	—	—	—						
140		—	—	—	—	—	—	—						
160		—	—	—	—	—	—	—	—					
180		—	—	—	—	—	—	—	—	—				
200	0 / −1.15	—	—	—	—	—	—	—	—	—	—			
220		—	—	—	—	—	—	—	—	—	—	—		
250		—	—	—	—	—	—	—	—	—	—	—	—	

附表 3-3　圆柱销　不淬硬钢和奥氏体不锈钢(GB/T 119.1—2000)

圆柱销　淬硬钢和马氏体不锈钢(GB/T 119.2—2000)摘编　　　　　　mm

末端形状,由制造者确定

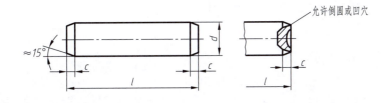

标　记　示　例

公称直径 $d=6$ mm、公差为 m6、公称长度 $l=30$ mm、材料为钢、不经淬火、不经表面处理的圆柱销:

销　GB/T 119.1　6m6×30

公称直径 $d=6$ mm、公差为 m6、公称长度 $l=30$ mm、材料为钢、普通淬火(A 型)、表面氧化处理的圆柱销:

销　GB/T 119.2　6×30

d(公称)		1.5	2	2.5	3	4	5	6	8
$c\approx$		0.3	0.35	0.4	0.5	0.63	0.8	1.2	1.6
l(商品长度范围)	GB/T 119.1	4～16	6～20	6～24	8～30	8～40	10～50	12～60	14～80
	GB/T 119.2	4～16	5～20	6～24	8～30	10～40	12～50	14～60	18～80
d(公称)		10	12	16	20	25	30	40	50
$c\approx$		2	2.5	3	3.5	4	5	6.3	8
l(商品长度范围)	GB/T 119.1	18～95	22～140	26～180	35～200 以上	50～200 以上	60～200 以上	80～200 以上	95～200 以上
	GB/T 119.2	22～100 以上	26～100 以上	40～100 以上	50～100 以上	—	—	—	—
l(系列)		3,4,5,6,8,10,12,14,16,18,20,22,24,26,28,30,32,35,40,45,50,55,60, 65,70,75,80,85,90,95,100,120,140,160,180,200,…							

注:1. 公称直径 d 的公差:GB/T 119.1—2000 规定为 m6 和 h8,GB/T 119.2—2000 仅有 m6。其他公差由供需双方协议。

2. GB/T 119.2—2000 中淬硬钢按淬火方法不同,分为普通淬火(A 型)和表面淬火(B 型)。

3. 公称长度大于 200 mm,按 20 mm 递增。

附表 3-4　圆锥销（GB/T 117—2000）摘编　　　　　　　　　　　mm

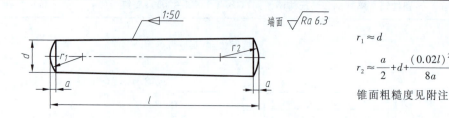

$r_1 \approx d$

$$r_2 \approx \frac{a}{2} + d + \frac{(0.02l)^2}{8a}$$

锥面粗糙度见附注

标 记 示 例

公称直径 $d=6$ mm、公称长度 $l=30$ mm、材料为 35 钢、热处理硬度 28～38 HRC、表面氧化处理的 A 型圆锥销：

销　GB/T 117　6×30

d（公称）	0.6	0.8	1	1.2	1.5	2	2.5	3	4	5
$a\approx$	0.08	0.1	0.12	0.16	0.2	0.25	0.3	0.4	0.5	0.63
l（商品长度范围）	4～8	5～12	6～16	6～20	8～24	10～35	10～35	12～45	14～55	18～60
d（公称）	6	8	10	12	16	20	25	30	40	50
$a\approx$	0.8	1	1.2	1.6	2	2.5	3	4	5	6.3
l（商品长度范围）	22～90	22～120	26～160	32～180	40～200 以上	45～200 以上	50～200 以上	55～200 以上	60～200 以上	65～200 以上
l（系列）	2,3,4,5,6,8,10,12,14,16,18,20,22,24,26,28,30,32,35,40,45,50,55,60,65,70,75, 80,85,90,95,100,120,140,160,180,200,…									

注：1. 公称直径 d 的公差规定为 h10，其他公差如 a11，c11 和 f8 由供需双方协议。

2. 圆锥销有 A 型和 B 型。A 型为磨削，锥面表面粗糙度 $Ra=0.8$ μm，B 型为切削或冷镦，锥面表面粗糙度 $Ra=3.2$ μm。

3. 公称长度大于 200 mm，按 20 mm 递增。

附表 3-5　开口销（GB/T 91—2000）摘编　　　　　　　　　　　mm

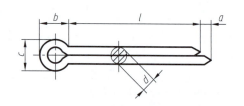

允许制造的形式

标 记 示 例

公称规格为 5 mm、公称长度 $l=50$ mm、材料为 Q215 或 Q235、不经表面处理的开口销：

销　GB/T 91　5×50

续表

公 称 规 格			0.6	0.8	1	1.2	1.6	2	2.5	3.2
d		max	0.5	0.7	0.9	1.0	1.4	1.8	2.3	2.9
		min	0.4	0.6	0.8	0.9	1.3	1.7	2.1	2.7
a		max	1.6	1.6	1.6	2.50	2.50	2.50	2.50	3.2
b		≈	2	2.4	3	3	3.2	4	5	6.4
c		max	1.0	1.4	1.8	2.0	2.8	3.6	4.6	5.8
适用的直径	螺栓	>	—	2.5	3.5	4.5	5.5	7	9	11
		≤	2.5	3.5	4.5	5.5	7	9	11	14
	U形销	>	—	2	3	4	5	6	8	9
		≤	2	3	4	5	6	8	9	12
商品长度范围			4~12	5~16	6~20	8~25	8~32	10~40	12~50	14~63

公 称 规 格			4	5	6.3	8	10	13	16	20
d		max	3.7	4.6	5.9	7.5	9.5	12.4	15.4	19.3
		min	3.5	4.4	5.7	7.3	9.3	12.1	15.1	19.0
a		max	4	4	4	4	6.30	6.30	6.30	6.30
b		≈	8	10	12.6	16	20	26	32	40
c		max	7.4	9.2	11.8	15.0	19.0	24.8	30.8	38.5
适用的直径	螺栓	>	14	20	27	39	56	80	120	170
		≤	20	27	39	56	80	120	170	—
	U形销	>	12	17	23	29	44	69	110	160
		≤	17	23	29	44	69	110	160	—
商品长度范围			18~80	22~100	32~125	40~160	45~200	71~250	112~280	160~280
l(系列)			4,5,6,8,10,12,14,16,18,20,22,25,28,32,36,40,45,50,56,63,71,80,90,100,112,125,140,160,180,200,224,250,280							

注:1. 公称规格等于开口销孔的直径。对销孔直径推荐的公差为:

公称规格≤1.2:H13;公称规格>1.2:H14

根据供需双方协议,允许采用公称规格为3、6和12 mm的开口销。

2. 用于铁道和在U形销中开口销承受交变横向力的场合,推荐使用的开口销规格应较本表规定的加大一档。

四、滚动轴承

附表 4-1　深沟球轴承（GB/T 276—2013）摘编

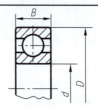

60000 型

轴承代号	尺寸/mm			轴承代号	尺寸/mm		
	d	D	B		d	D	B
10 系列				03 系列			
606	6	17	6	633	3	13	5
607	7	19	6	634	4	16	5
608	8	22	7	635	5	19	6
609	9	24	7	6300	10	35	11
6000	10	26	8	6301	12	37	12
6001	12	28	8	6302	15	42	13
6002	15	32	9	6303	17	47	14
6003	17	35	10	6304	20	52	15
6004	20	42	12	63/22	22	56	16
60/22	22	44	12	6305	25	62	17
6005	25	47	12	63/28	28	68	18
60/28	28	52	12	6306	30	72	19
6006	30	55	13	63/32	32	75	20
60/32	32	58	13	6307	35	80	21
6007	35	62	14	6308	40	90	23
6008	40	68	15	6309	45	100	25
6009	45	75	16	6310	50	110	27
6010	50	80	16	6311	55	120	29
6011	55	90	18	6312	60	130	31
6012	60	95	18	6313	65	140	33
02 系列				6314	70	150	35
623	3	10	4	6315	75	160	37
624	4	13	5	6316	80	170	39
625	5	16	5	6317	85	180	41
626	6	19	6	6318	90	190	43
627	7	22	7	04 系列			
628	8	24	8	6403	17	62	17
629	9	26	8	6404	20	72	19
6200	10	30	9	6405	25	80	21
6201	12	32	10	6406	30	90	23
6202	15	35	11	6407	35	100	25
6203	17	40	12	6408	40	110	27
6204	20	47	14	6409	45	120	29
62/22	22	50	14	6410	50	130	31
6205	25	52	15	6411	55	140	33
62/28	28	58	16	6412	60	150	35
6206	30	62	16	6413	65	160	37
62/32	32	65	17	6414	70	180	42
6207	35	72	17	6415	75	190	45
6208	40	80	18	6416	80	200	48
6209	45	85	19	6417	85	210	52
6210	50	90	20	6418	90	225	54
6211	55	100	21	6419	95	240	55
6212	60	110	22	6420	100	250	58
				6422	110	280	65

附表 4-2　推力球轴承(GB/T 301—2015)摘编

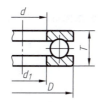

51000 型

轴承代号	尺寸/mm				轴承代号	尺寸/mm			
	d	d_{1min}	D	T		d	d_{1min}	D	T
11 系列					12 系列				
51100	10	11	24	9	51213	65	67	100	27
51101	12	13	26	9	51214	70	72	105	27
51102	15	16	28	9	51215	75	77	110	27
51103	17	18	30	9	51216	80	82	115	28
51104	20	21	35	10	51217	85	88	125	31
51105	25	26	42	11	51218	90	93	135	35
51106	30	32	47	11	51220	100	103	150	38
51107	35	37	52	12	13 系列				
51108	40	42	60	13	51304	20	22	47	18
51109	45	47	65	14	51305	25	27	52	18
51110	50	52	70	14	51306	30	32	60	21
51111	55	57	78	16	51307	35	37	68	24
51112	60	62	85	17	51308	40	42	78	26
51113	65	67	90	18	51309	45	47	85	28
51114	70	72	95	18	51310	50	52	95	31
51115	75	77	100	19	51311	55	57	105	35
51116	80	82	105	19	51312	60	62	110	35
51117	85	87	110	19	51313	65	67	115	36
51118	90	92	120	22	51314	70	72	125	40
51120	100	102	135	25	51315	75	77	135	44
12 系列					51316	80	82	140	44
51200	10	12	26	11	51317	85	88	150	49
51201	12	14	28	11	51318	90	93	155	50
51202	15	17	32	12	51320	100	103	170	55
51203	17	19	35	12	14 系列				
51204	20	22	40	14	51405	25	27	60	24
51205	25	27	47	15	51406	30	32	70	28
51206	30	32	52	16	51407	35	37	80	32
51207	35	37	62	18	51408	40	42	90	36
51208	40	42	68	19	51409	45	47	100	39
51209	45	47	73	20	51410	50	52	110	43
51210	50	52	78	22	51411	55	57	120	48
51211	55	57	90	25	51412	60	62	130	51
51212	60	62	95	26	51413	65	67	140	56
					51414	70	72	150	60
					51415	75	77	160	65
					51416	80	82	170	68
					51417	85	88	180	72
					51418	90	93	190	77
					51420	100	103	210	85

五、 常用标准数据和标准结构

附表 5-1　零件倒圆与倒角（GB/T 6403.4—2008）摘编 mm

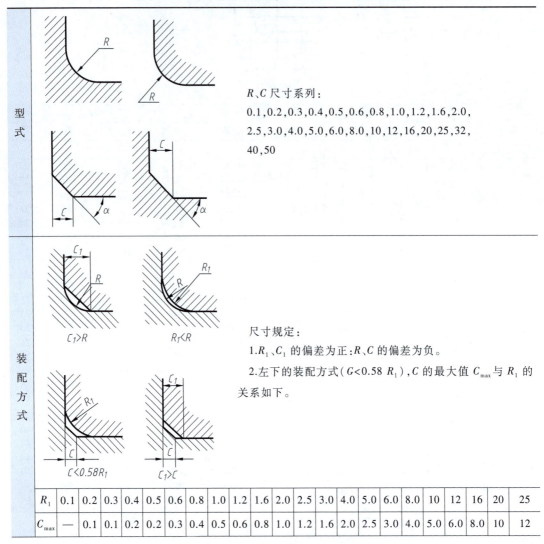

型式

R、C 尺寸系列：

0.1,0.2,0.3,0.4,0.5,0.6,0.8,1.0,1.2,1.6,2.0,
2.5,3.0,4.0,5.0,6.0,8.0,10,12,16,20,25,32,
40,50

装配方式

$C_1 > R$ 　 $R_1 < R$

$C < 0.58R_1$ 　 $C_1 > C$

尺寸规定：

1. R_1、C_1 的偏差为正；R、C 的偏差为负。

2. 左下的装配方式（$G < 0.58 R_1$），C 的最大值 C_{max} 与 R_1 的关系如下。

R_1	0.1	0.2	0.3	0.4	0.5	0.6	0.8	1.0	1.2	1.6	2.0	2.5	3.0	4.0	5.0	6.0	8.0	10	12	16	20	25
C_{max}	—	0.1	0.1	0.2	0.2	0.3	0.4	0.5	0.6	0.8	1.0	1.2	1.6	2.0	2.5	3.0	4.0	5.0	6.0	8.0	10	12

直径 ϕ 相应的倒角 C、倒圆 R 的推荐值

ϕ	~3	>3~6	>6~10	>10~18	>18~30	>30~50	>50~80	>80~120	>120~180
C 或 R	0.2	0.4	0.6	0.8	1.0	1.6	2.0	2.5	3.0
ϕ	>180 ~250	>250 ~320	>320 ~400	>400 ~500	>500 ~630	>630 ~800	>800 ~1 000	>1 000 ~1 250	>1 250 ~1 600
C 或 R	4.0	5.0	6.0	8.0	10	12	16	20	25

附表 5-2　砂轮越程槽（用于回转面及端面）（GB/T 6403.5—2008）摘编　　mm

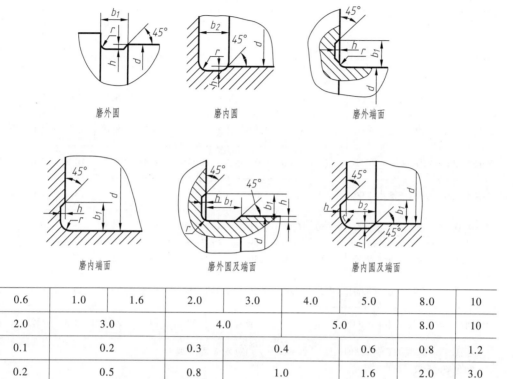

b_1	0.6	1.0	1.6	2.0	3.0	4.0	5.0	8.0	10
b_2	2.0	3.0		4.0		5.0		8.0	10
h	0.1	0.2		0.3	0.4		0.6	0.8	1.2
r	0.2	0.5		0.8	1.0		1.6	2.0	3.0
d	~10			>10~15		>50~100		>100	

注：1. 越程槽内两直线相交处，不允许产生尖角。

2. 越程槽深度 h 与圆弧半径 r 要满足 $r \leqslant 3h$。

3. 磨削具有数个直径的工件时，可使用同一规格的越程槽。

4. 直径 d 值大的零件，允许选择小规格的砂轮越程槽。

附表 5-3　中心孔的形式与尺寸（GB/T 145—2001）、中心孔表示法（GB/T 4459.5—1999）摘编

mm

中心孔尺寸

A 型				B 型					C 型					
d	D	l_2	t 参考	d	D_1	D_2	l_2	t 参考	d	D_1	D_2	D_3	l	l_1 参考
2.00	4.25	1.95	1.8	2.00	4.25	6.30	2.54	1.8	M4	4.3	6.7	7.4	3.2	2.1
2.50	5.30	2.42	2.2	2.50	5.30	8.00	3.20	2.2	M5	5.3	8.1	8.8	4.0	2.4
3.15	6.70	3.07	2.8	3.15	6.70	10.00	4.03	2.8	M6	6.4	9.6	10.5	5.0	2.8
4.00	8.50	3.90	3.5	4.00	8.50	12.50	5.05	3.5	M8	8.4	12.2	13.2	6.0	3.3
(5.00)	10.60	4.85	4.4	(5.00)	10.60	16.00	6.41	4.4	M10	10.5	14.9	16.3	7.5	3.8
6.30	13.20	5.98	5.5	6.30	13.20	18.00	7.36	5.5	M12	13.0	18.1	19.8	9.5	4.4
(8.00)	17.00	7.79	7.0	(8.00)	17.00	22.40	9.36	7.0	M16	17.0	23.0	25.3	12.0	5.2
10.00	21.20	9.70	8.7	10.00	21.20	28.00	11.66	8.7	M20	21.0	28.4	31.3	15.0	6.4

注:1. 尺寸 l_1 取决于中心钻的长度,此值不应小于 t 值(对 A 型、B 型)。

2. 括号内的尺寸尽量不采用。

3. R 型中心孔未列入。

中心孔表示法

要 求	符 号	表示法示例	说 明
在完工的零件上要求保留中心孔		GB/T 4459.5-B2.5/8	采用 B 型中心孔 $d = 2.5$ mm $D_2 = 8$ mm 在完工的零件上要求保留
在完工的零件上可以保留中心孔		GB/T 4459.5-A4/8.5	采用 A 型中心孔 $d = 4$ mm $D = 8.5$ mm 在完工的零件上是否保留 都可以
在完工的零件上不允许保留中心孔		GB/T 4459.5-A1.6/3.35	采用 A 型中心孔 $d = 1.6$ mm $D = 3.35$ mm 在完工的零件上不允许保留

注:在不致引起误解时,可省略标记中的标准编号。

六、常用金属材料

附表 6-1 常用钢材牌号及用途

名　　称	牌　　号	应　用　举　例
碳素结构钢 （GB/T 700 —2006）	Q215 Q235	塑性较高,强度较低,焊接性好,常用作各种板材及型钢,制作工程结构或机器中受力不大的零件,如螺钉、螺母、垫圈、吊钩、拉杆等;也可渗碳,制作不重要的渗碳零件
	Q275	强度较高,可制作承受中等应力的普通零件,如紧固件、吊钩、拉杆等;也可经热处理后制造不重要的轴
优质碳素结构钢 （GB/T 699— 2015）	15 20	塑性、韧性、焊接性和冷冲性很好,但强度较低。用于制造受力不大、韧性要求较高的零件、紧固件、渗碳零件及不要求热处理的低载荷零件,如螺栓、螺钉、拉条、法兰等
	35	有较好的塑性和适当的强度,用于制造曲轴、转轴、轴销、杠杆、连杆、横梁、链轮、垫圈、螺钉、螺母等。这种钢多在正火和调质状态下使用,一般不作焊接作用
	40 45	用于要求强度较高、韧性要求中等的零件,通常进行调质或正火处理。用于制造齿轮、齿条、链轮、轴、曲轴等;经高频表面淬火后可替代渗碳钢制作齿轮、轴、活塞销等零件
	55	经热处理后有较高的表面硬度和强度,具有较好韧性,一般经正火或淬火、回火后使用。用于制造齿轮、连杆、轮圈及轧辊等。焊接性及冷变形性均低
	65	一般经淬火中温回火,具有较高弹性,适用于制作小尺寸弹簧
	15Mn	性能与15钢相似,但其淬透性、强度和塑性均稍高于15钢。用于制作中心部分的力学性能要求较高且需渗碳的零件。这种钢焊接性好
	65Mn	性能与65钢相似,适于制造弹簧、弹簧垫圈、弹簧环和片,以及冷拔钢丝（≤7 mm）和发条
合金结构钢 （GB/T 3077 —2015）	20Cr	用于渗碳零件,制作受力不太大、不需要强度很高的耐磨零件,如机床齿轮、齿轮轴、蜗杆、凸轮、活塞销等
	40Cr	调质后强度比碳钢高,常用作中等截面、要求力学性能比碳钢高的重要调质零件,如齿轮、轴、曲轴、连杆螺栓等
	20CrMnTi	强度、韧性均高,是铬镍钢的代用材料。经热处理后,用于承受高速、中等或重载荷以及冲击、磨损等的重要零件,如渗碳齿轮、凸轮等
	38CrMoAl	是渗氮专用钢种,经热处理后用于要求高耐磨性、高疲劳强度和相当高的强度且热处理变形小的零件,如镗杆、主轴、齿轮、蜗杆、套筒、套环等
	35SiMn	除了要求低温（-20 ℃以下）及冲击韧性很高的情况外,可全面替代40Cr作调质钢;亦可部分替代40CrNi,制作中小型轴类、齿轮等零件
	50CrVA	用于 $\phi30\sim\phi50$,重要的承受大应力的各种弹簧也可用作大截面的温度低于400 ℃的气阀弹簧、喷油嘴弹簧等
铸造碳钢 （GB/T 11352 —2009）	ZG200-400	用于各种形状的零件,如机座、变速箱壳等
	ZG230-450	用于铸造平坦的零件,如机座、机盖、箱体等
	ZG270-500	用于各种形状的零件,如飞轮、机架、水压机工作缸、横梁等

附表 6-2　常用铸铁牌号及用途

名　称	牌号	应 用 举 例	说 明
灰铸铁 （GB/T 9439 —2010）	HT100	低载荷和不重要零件,如盖、外罩、手轮、支架、重锤等	牌号中"HT"是"灰铁"二字汉语拼音的第一个字母,其后的数字表示最低抗拉强度（MPa）,但这一力学性能与铸件壁厚有关
	HT150	承受中等应力的零件,如支柱、底座、齿轮箱、工作台、刀架、端盖、阀体、管路附件及一般无工作条件要求的零件	
	HT200 HT225 HT250	承受较大应力和较重要零件,如汽缸体、齿轮、机座、飞轮、床身、缸套、活塞、刹车轮、联轴器、齿轮箱、轴承座、油缸等	
	HT300 HT275 HT350	承受高弯曲应力及抗拉应力的重要零件,如齿轮、凸轮、车床卡盘、剪床和压力机的机身、床身、高压油缸、滑阀壳体等	
球墨铸铁 （GB/T 1348 —2009）	QT400-15 QT450-10 QT500-7 QT600-3 QT700-2	球墨铸铁可替代部分碳钢、合金钢,用来制造一些受力复杂,强度、韧性和耐磨性要求高的零件。前两种牌号的球墨铸铁,具有较高的韧性与塑性,常用来制造受压阀门、机器底座、汽车后桥壳等;后两种牌号的球墨铸铁,具有较高的强度与耐磨性,常用来制造拖拉机或柴油机中的曲轴、连杆、凸轮轴,各种齿轮,机床的主轴、蜗杆、蜗轮,轧钢机的轧辊、大齿轮,大型水压机的工作缸、缸套、活塞等	牌号中"QT"是"球铁"二字汉语拼音的第一个字母,后面两组数字分别表示其最低抗拉强度（MPa）和最小伸长率（δ）×100

附表 6-3　常用有色金属牌号及用途

名　称		牌　号	应 用 举 例
加工铜 （GB/T 5231 —2012）	普通黄铜	H62	销钉、铆钉、螺钉、螺母、垫圈、弹簧等
		H68	复杂的冷冲压件、散热器外壳、弹壳、导管、波纹管、轴套等
		H90	双金属片、供水和排水管、证章、艺术品等
	铅黄铜	HPb59-1	适用于仪器仪表等工业部门用的切削加工零件,如销、螺钉、螺母、轴套等
	加工 锡青铜	QSn4-3	弹性元件、管配件、化工机械中耐磨零件及抗磁零件
		QSn6.5-0.1	弹簧、接触片、振动片、精密仪器中的耐磨零件
铸造铜合金 （GB/T 1176 —2013）	铸造 锡青铜	ZCuSn10Pb1	重要的减摩零件,如轴承、轴套、蜗轮、摩擦轮、机床丝杠螺母等
		ZCuSn5Pb5Zn5	中速、中载荷的轴承、轴套、蜗轮等耐磨零件

续表

名　称	牌　号	应 用 举 例
铸造铝合金 （GB/T 1173—2013）	ZAlSi7Mg （ZL101）	形状复杂的砂型、金属型和压力铸造零件，如飞机、仪器的零件，抽水机壳体，工作温度不超过 185 ℃ 的汽化器等
	ZAlSi12 （ZL102）	形状复杂的砂型，金属型和压力铸造零件，如仪表、抽水机壳体，工作温度在 200 ℃ 以下要求气密性、承受低载荷的零件
	ZAlSi5Cu1Mg （ZL105）	砂型、金属型和压力铸造的形状复杂、在 225 ℃ 以下工作的零件，如风冷发动机的气缸头，机匣、油泵壳体等
	ZAlSi12Cu2Mg1 （ZL108）	砂型、金属型铸造的、要求高温强度及低膨胀系数的高速内燃机活塞及其他耐热零件

七、极限与配合

附表 7-1　优先配合中轴的上、下极限偏差数值（从 GB/T 1800.1—2020

和 GB/T 1800.2—2020 摘录后整理列表）　　　　　　μm

公称尺寸/mm		公　差　带												
大于	至	c	d	f	g	h				k	n	p	s	u
		11	9	7	6	6	7	9	11	6	6	6	6	6
—	3	−60 −120	−20 −45	−6 −16	−2 −8	0 −6	0 −10	0 −25	0 −60	+6 0	+10 +4	+12 +6	+20 +14	+24 +18
3	6	−70 −145	−30 −60	−10 −22	−4 −12	0 −8	0 −12	0 −30	0 −75	+9 +1	+16 +8	+20 +12	+27 +19	+31 +23
6	10	−80 −170	−40 −76	−13 −28	−5 −14	0 −9	0 −15	0 −36	0 −90	+10 +1	+19 +10	+24 +15	+32 +23	+37 +28
10	14	−95 −205	−50 −93	−16 −34	−6 −17	0 −11	0 −18	0 −43	0 −110	+12 +1	+23 +12	+29 +18	+39 +28	+44 +33
14	18													
18	24	−110 −240	−65 −117	−20 −41	−7 −20	0 −13	0 −21	0 −52	0 −130	+15 +2	+28 +15	+35 +22	+48 +35	+54 +41
24	30													+61 +48
30	40	−120 −280	−80 −142	−25 −50	−9 −25	0 −16	0 −25	0 −62	0 −160	+18 +2	+33 +17	+42 +26	+59 +43	+76 +60
40	50	−130 −290												+86 +70
50	65	−140 −330	−100 −174	−30 −60	−10 −29	0 −19	0 −30	0 −74	0 −190	+21 +2	+39 +20	+51 +32	+72 +53	+106 +87
65	80	−150 −340											+78 +59	+121 +102

公称尺寸 /mm		公 差 带											
		c	d	f	g	h				k	n	p	s	u
大于	至	11	9	7	6	6	7	9	11	6	6	6	6	6
80	100	−170 −390	−120 −207	−36 −71	−12 −34	0 −22	0 −35	0 −87	0 −220	+25 +3	+45 +23	+59 +37	+93 +71	+146 +124
100	120	−180 −400											+101 +79	+166 +144
120	140	−200 −450	−145 −245	−43 −83	−14 −39	0 −25	0 −40	0 −100	0 −250	+28 +3	+52 +27	+68 +43	+117 +92	+195 +170
140	160	−210 −460											+125 +100	+215 +190
160	180	−230 −480											+133 +108	+235 +210
180	200	−240 −530	−170 −285	−50 −96	−15 −44	0 −29	0 −46	0 −115	0 −290	+33 +4	+60 +31	+79 +50	+151 +122	+265 +236
200	225	−260 −550											+159 +130	+287 +258
225	250	−280 −570											+169 +140	+313 +284
250	280	−300 −620	−190 −320	−56 −108	−17 −49	0 −32	0 −52	0 −130	0 −320	+36 +4	+66 +34	+88 +56	+190 +158	+347 +315
280	315	−330 −650											+202 +170	+382 +350
315	355	−360 −720	−210 −350	−62 −119	−18 −54	0 −36	0 −57	0 −140	0 −360	+40 +4	+73 +37	+98 +62	+226 +190	+426 +390
355	400	−400 −760											+244 +208	+471 +435
400	450	−440 −840	−230 −385	−68 −131	−20 −60	0 −40	0 −63	0 −155	0 −400	+45 +5	+80 +40	+108 +68	+272 +232	+530 +490
450	500	−480 −880											+292 +252	+580 +540

附表 7-2　优先配合中孔的上、下极限偏差数值（从 GB/T 1800.1—2020
和 GB/T 1800.2—2020 摘录后整理列表）　μm

公称尺寸/mm 大于	至	C11	D9	F8	G7	H7	H8	H9	H11	K7	N7	P7	S7	U7
—	3	+120 / +60	+45 / +20	+20 / +6	+12 / +2	+10 / 0	+14 / 0	+25 / 0	+60 / 0	0 / −10	−4 / −14	−6 / −16	−14 / −24	−18 / −28
3	6	+145 / +70	+60 / +30	+28 / +10	+16 / +4	+12 / 0	+18 / 0	+30 / 0	+75 / 0	+3 / −9	−4 / −16	−8 / −20	−15 / −27	−19 / −31
6	10	+170 / +80	+76 / +40	+35 / +13	+20 / +5	+15 / 0	+22 / 0	+36 / 0	+90 / 0	+5 / −10	−4 / −19	−9 / −24	−17 / −32	−22 / −37
10	14	+205 / +95	+93 / +50	+43 / +16	+24 / +6	+18 / 0	+27 / 0	+43 / 0	+110 / 0	+6 / −12	−5 / −23	−11 / −29	−21 / −39	−26 / −44
14	18	+205 / +95	+93 / +50	+43 / +16	+24 / +6	+18 / 0	+27 / 0	+43 / 0	+110 / 0	+6 / −12	−5 / −23	−11 / −29	−21 / −39	−26 / −44
18	24	+240 / +110	+117 / +65	+53 / +20	+28 / +7	+21 / 0	+33 / 0	+52 / 0	+130 / 0	+6 / −15	−7 / −28	−14 / −35	−27 / −48	−33 / −54
24	30	+240 / +110	+117 / +65	+53 / +20	+28 / +7	+21 / 0	+33 / 0	+52 / 0	+130 / 0	+6 / −15	−7 / −28	−14 / −35	−27 / −48	−40 / −61
30	40	+280 / +120	+142 / +80	+64 / +25	+34 / +9	+25 / 0	+39 / 0	+62 / 0	+160 / 0	+7 / −18	−8 / −33	−17 / −42	−34 / −59	−51 / −76
40	50	+290 / +130	+142 / +80	+64 / +25	+34 / +9	+25 / 0	+39 / 0	+62 / 0	+160 / 0	+7 / −18	−8 / −33	−17 / −42	−34 / −59	−61 / −86
50	65	+330 / +140	+174 / +100	+76 / +30	+40 / +10	+30 / 0	+46 / 0	+74 / 0	+190 / 0	+9 / −21	−9 / −39	−21 / −51	−42 / −72	−76 / −106
65	80	+340 / +150	+174 / +100	+76 / +30	+40 / +10	+30 / 0	+46 / 0	+74 / 0	+190 / 0	+9 / −21	−9 / −39	−21 / −51	−48 / −78	−91 / −121
80	100	+390 / +170	+207 / +120	+90 / +36	+47 / +12	+35 / 0	+54 / 0	+87 / 0	+220 / 0	+10 / −25	−10 / −45	−24 / −59	−58 / −93	−111 / −146
100	120	+400 / +180	+207 / +120	+90 / +36	+47 / +12	+35 / 0	+54 / 0	+87 / 0	+220 / 0	+10 / −25	−10 / −45	−24 / −59	−66 / −101	−131 / −166
120	140	+450 / +200	+245 / +145	+106 / +43	+54 / +14	+40 / 0	+63 / 0	+100 / 0	+250 / 0	+12 / −28	−12 / −52	−28 / −68	−77 / −117	−155 / −195
140	160	+460 / +210	+245 / +145	+106 / +43	+54 / +14	+40 / 0	+63 / 0	+100 / 0	+250 / 0	+12 / −28	−12 / −52	−28 / −68	−85 / −125	−175 / −215
160	180	+480 / +230	+245 / +145	+106 / +43	+54 / +14	+40 / 0	+63 / 0	+100 / 0	+250 / 0	+12 / −28	−12 / −52	−28 / −68	−93 / −133	−195 / −235

公称尺寸 /mm		公 差 带											
		C	D	F	G		H			K	N	P	S	U
大于	至	11	9	8	7	7	8	9	11	7	7	7	7	7
180	200	+530 +240											−105 −151	−219 −265
200	225	+550 +260	+285 +170	+122 +50	+61 +15	+46 0	+72 0	+115 0	+290 0	+13 −33	−14 −60	−33 −79	−113 −159	−241 −287
225	250	+570 +280											−123 −169	−267 −313
250	280	+620 +300	+320 +190	+137 +56	+69 +17	+52 0	+81 0	+130 0	+320 0	+16 −36	−14 −66	−36 −88	−138 −190	−295 −347
280	315	+650 +330											−150 −202	−330 −382
315	355	+720 +360	+350 +210	+151 +62	+75 +18	+57 0	+89 0	+140 0	+360 0	+17 −40	−16 −73	−41 −98	−169 −226	−369 −426
355	400	+760 +400											−187 −244	−414 −471
400	450	+840 +440	+385 +230	+165 +68	+83 +20	+63 0	+97 0	+155 0	+400 0	+18 −45	−17 −80	−45 −108	−209 −272	−467 −530
450	500	+880 +480											−229 −292	−517 −580

附表 7-3 公称尺寸至 3 150 mm 的标准公差数值

公称尺寸 /mm		标准公差等级																	
		IT1	IT2	IT3	IT4	IT5	IT6	IT7	IT8	IT9	IT10	IT11	IT12	IT13	IT14	IT15	IT16	IT17	IT18
大于	至	μm											mm						
—	3	0.8	1.2	2	3	4	6	10	14	25	40	60	0.1	0.14	0.25	0.4	0.6	1	1.4
3	6	1	1.5	2.5	4	5	8	12	18	30	48	75	0.12	0.18	0.3	0.48	0.75	1.2	1.8
6	10	1	1.5	2.5	4	6	9	15	22	36	58	90	0.15	0.22	0.36	0.58	0.9	1.5	2.2
10	18	1.2	2	3	5	8	11	18	27	43	70	110	0.18	0.27	0.43	0.7	1.1	1.8	2.7
18	30	1.5	2.5	4	6	9	13	21	33	52	84	130	0.21	0.33	0.52	0.84	1.3	2.1	3.3
30	50	1.5	2.5	4	7	11	16	25	39	62	100	160	0.25	0.39	0.62	1	1.6	2.5	3.9
50	80	2	3	5	8	13	19	30	46	74	120	190	0.3	0.46	0.74	1.2	1.9	3	4.6
80	120	2.5	4	6	10	15	22	35	54	87	140	220	0.35	0.54	0.87	1.4	2.2	3.5	5.4

续表

公称尺寸 /mm		标准公差等级																	
		IT1	IT2	IT3	IT4	IT5	IT6	IT7	IT8	IT9	IT10	IT11	IT12	IT13	IT14	IT15	IT16	IT17	IT18
大于	至	μm											mm						
120	180	3.5	5	8	12	18	25	40	63	100	160	250	0.4	0.63	1	1.6	2.5	4	6.3
180	250	4.5	7	10	14	20	29	46	72	115	185	290	0.46	0.72	1.15	1.85	2.9	4.6	7.2
250	315	6	8	12	16	23	32	52	81	130	210	320	0.52	0.81	1.3	2.1	3.2	5.2	8.1
315	400	7	9	13	18	25	36	57	89	140	230	360	0.57	0.89	1.4	2.3	3.6	5.7	8.9
400	500	8	10	15	20	27	40	63	97	155	250	400	0.63	0.97	1.55	2.5	4	6.3	9.7
500	630	9	11	16	22	32	44	70	110	175	280	440	0.7	1.1	1.75	2.8	4.4	7	11
630	800	10	13	18	25	36	50	80	125	200	320	500	0.8	1.25	2	3.2	5	8	12.5
800	1 000	11	15	21	28	40	56	90	140	230	360	560	0.9	1.4	2.3	3.6	5.6	9	14
1 000	1 250	13	18	24	33	47	66	105	165	260	420	660	1.05	1.65	2.6	4.2	6.6	10.5	16.5
1 250	1 600	15	21	29	39	55	78	125	195	310	500	780	1.25	1.95	3.1	5	7.8	12.5	19.5
1 600	2 000	18	25	35	46	65	92	150	230	370	600	920	1.5	2.3	3.7	6	9.2	15	23
2 000	2 500	22	30	41	55	78	110	175	280	440	700	1 100	1.75	2.8	4.4	7	11	17.5	28
2 500	3 150	26	36	50	68	96	135	210	330	540	860	1 350	2.1	3.3	5.4	8.6	13.5	21	33

注 1. 公称尺寸大于 500 mm 的 IT1~IT5 的标准公差数值为试行的。

2. 公称尺寸小于或等于 1 mm 时,无 IT14~IT18。

参 考 文 献

[1] 同济大学,上海交通大学,等.机械制图.6 版.北京:高等教育出版社,2010.
[2] 唐克中,郑镁.画法几何及工程制图.5 版.北京:高等教育出版社,2017.
[3] 王槐德.机械制图课教学参考书.北京:中国劳动社会保障出版社,2007.
[4] 王槐德.机械制图新旧标准代换教程.3 版.北京:中国标准出版社,2017.
[5] 徐祖茂,杨裕根,姜献峰.机械工程图学.3 版.上海:上海交通大学出版社,2015.
[6] 陆国栋,施岳定.工程图学解题指导与学习引导.北京:高等教育出版社,2007.
[7] 王冰,李莉.机械制图及测绘实训.4 版.北京:高等教育出版社,2019.

读者意见反馈

为收集对教材的意见建议，进一步完善教材编写并做好服务工作，读者可将对本教材的意见建议通过如下渠道反馈至我社。

咨询电话　400-810-0598
反馈邮箱　gjdzfwb@pub.hep.cn
通信地址　北京市朝阳区惠新东街4号富盛大厦1座
　　　　　高等教育出版社总编辑办公室
邮政编码　100029

防伪查询说明

用户购书后刮开封底防伪涂层，使用手机微信等软件扫描二维码，会跳转至防伪查询网页，获得所购图书详细信息。

防伪客服电话　（010）58582300